安全生产监督管理工作指南系列丛书
Anquan Shengchan Jiandu Guanli Gongzuo Zhinan Xilie Congshu

Weixian Huaxuepin Qiye Anquan Shengchan Jiandu Guanli Gongzuo Zhinan

危险化学品企业安全生产监督管理工作指南

广东省安全生产监督管理局
广东省安全生产技术中心　组织编写

华南理工大学出版社
SOUTH CHINA UNIVERSITY OF TECHNOLOGY PRESS
·广州·

图书在版编目(CIP)数据

危险化学品企业安全生产监督管理工作指南/广东省安全生产监督管理局,广东省安全生产技术中心组织编写.—广州:华南理工大学出版社,2016.3(2019.10重印)

(安全生产监督管理工作指南系列丛书)

ISBN 978-7-5623-4916-7

Ⅰ.①危… Ⅱ.①广… ②广… Ⅲ.①化工产品-危险品-安全生产-监管制度-中国-指南 Ⅳ.①TQ086.5-62

中国版本图书馆 CIP 数据核字(2016)第 057730 号

Weixian Huaxuepin Qiye Anquan Shengchan Jiandu Guanli Gongzuo Zhinan
危险化学品企业安全生产监督管理工作指南

广东省安全生产监督管理局
广东省安全生产技术中心 组织编写

出 版 人:卢家明
出版发行:华南理工大学出版社
　　　　(广州五山华南理工大学17号楼,邮编510640)
　　　　http://www.scutpress.com.cn　E-mail:scutc13@scut.edu.cn
　　　　营销部电话:020-87113487　87111048(传真)
策划编辑:吴兆强　庄　严
责任编辑:吴兆强
印 刷 者:虎彩印艺股份有限公司
开　　本:787mm×1092mm　1/16　印张:17.75　字数:444千
版　　次:2016年3月第1版　2019年10月第3次印刷
印　　数:4001~4500册
定　　价:48.00元

版权所有　盗版必究　印装差错　负责调换

安全生产监督管理工作指南系列丛书

《危险化学品企业安全生产监督管理工作指南》

编委会

主　　编：徐三元

副 主 编：朱江安　李　茵

编写人员：朱江安　吴江南　赵远飞　镡志伟
　　　　　刘　霞　张志春　彭家赟　郑　月
　　　　　韩光胜

序

　　安全生产工作事关人民生命和财产安全，事关国家改革发展大局。切实抓好、抓实安全生产，保障人民生命安全、生产有序和社会稳定，是国家和人民对安全监管部门寄予的厚望，更是对每一名安全监管人员的重托。本人有幸成为奋斗在安监一线上的一名组织者、推动者，深感责任重大和使命光荣。

　　安全监管干部素质高低、能力强弱、作风好坏，关系到干部队伍的整体形象，关系到安全监管部门的职责履行，关系到党和国家的各项事业发展。当前，我省正处在率先全面建成小康社会的关键时期和深化改革开放、加快转变经济发展方式的攻坚时期，安全监管任务繁重，监管队伍自身的能力建设正面临新的挑战。因此，抓好安全监管干部教育培训，对于提高干部队伍素质能力，促进改革、发展、稳定各项任务落实，都将具有十分重要的意义。

　　近年来，我省在安全监管干部培训方面虽进行了一系列大胆探索并取得了一定成绩，但现时的培训教材开发还缺乏科学性、系统性。为此，2015年广东省安全生产技术中心在省安全监管局的指导下，总结多年安全监管干部培训经验，认真分析我省安全监管干部队伍现状和未来的发展需要，按照干部需要什么就培训什么、干部缺什么就补什么的要求，组织专家学者研究编写"安全生产监管干部培训系列教材"。该系列教材紧密结合安全监管工作实际，分为《安全生产监督管理知识读本》和"安全生产监督管理工作指南系列丛书"。教材形式新颖，特色鲜明，理论联系实际，针对性、指导性强，既包含专业安全管理和技术知识，又有各项安全监管业务特点，适合各级安全监管干部培训使用，同时也可作为安全监管干部参考工具书。相信该系列教材将成为全面提升安全监管队伍的业务能力，打造一支素质高、能力强、业务精的监管队伍的强有力支撑。

　　这套系列教材的推出，对促进安全监管干部培训工作具有里程碑意义。希望各级安全监管干部要加强学习，系统掌握，学以致用，更好地履行安全监管职责，为推动广东安全生产形势根本好转，为广东实现"三个定位、两个率先"目标提供安全保障。

黄晗

2015年12月

编写说明

2013 年，中共中央下发了《2013—2017 年全国干部教育培训规划》，体现党中央对干部培训的重视。干部是党的路线方针政策的具体执行者，肩负着推动科学发展、促进社会和谐、服务人民群众的重要职责。适逢《安全生产法》、《广东省安全生产条例》修订及省政府转变政府职能之时，对安全监管部门及干部提出更高的要求。

安全监管干部是监督企业落实安全生产主体责任的执行者，肩负着重要使命。由于安全生产工作涉及面广，安全监管法律法规及标准较多，企业生产工艺差别大，生产环境要求不一致等，致使对安全监管人员的监管面临重大考验。与此同时，目前还存在很多基层安全监管干部法规标准不熟悉、安全管理和专业知识欠缺、职责定位不清、业务不懂等问题，为此，在广东省安全生产监督管理局的指导下，广东省安全生产技术中心组织编写了"安全生产监管干部培训系列教材"，以提高我省安全监管干部安全监管的能力和水平。

"安全生产监管干部培训系列教材"包括《安全生产监督管理知识读本》和"安全生产监督管理工作指南系列丛书"，共 11 种。《安全生产监督管理知识读本》分上下册，包括安全生产监督管理、"三同时"、职业卫生监督管理、安全生产标准化、监督检查、监督执法、应急管理、事故调查处理和现代安全管理方法及机械、电气等专业知识。"安全生产监督管理工作指南系列丛书"包括非煤矿山、危险化学品、烟花爆竹、冶金机械、其他工贸行业安全健康、行政许可、事故调查、执法、乡镇监管、应急管理等。希望通过这套系列培训教材，能使各级安全监管干部从管理知识、专业能力到法律法规、部门职责、监督检查等有全面、系统的提升，成为安全监管能手。

参加这套系列培训教材编写的主要人员均是来自安全生产监督管理、安全生产技术研究单位，高等院校从事理论研究和实际工作的专家。本系列培训教材由徐三元高级工程师主编，除教材已署名的主要编写人员外，广东省安全生产监督管理局、广东省安全生产技术中心等单位的技术人员参与了文字编写、摄影、制图及编排方面的大量工作。

编者
2015 年 10 月

目 录

第一章 危险化学品安全管理概述 ... 1
第一节 危险化学品安全管理概况 ... 1
一、国外政府高度重视危险化学品安全管理 ... 1
二、国内危险化学品法规体系现状 ... 1
第二节 危险化学品安全生产形势 ... 2
一、国内危险化学品企业现状 ... 2
二、广东省危险化学品安全生产形势 ... 3
第三节 广东省危险化学品安全监督管理现状 ... 4

第二章 危险化学品安全监督管理职责 ... 5
第一节 国家、省有关部门危险化学品安全监督管理职责 ... 5
一、《危险化学品安全管理条例》的有关规定 ... 5
二、《广东省危险化学品安全监督管理部门职责》的有关规定 ... 5
第二节 各级安全生产监督管理部门危险化学品安全监督管理职责 ... 10

第三章 危险化学品安全监督管理的主要内容和要求 ... 12
第一节 法律、法规和标准的识别和合规性 ... 12
一、法律、法规和标准的识别和获取 ... 12
二、法律、法规和标准的符合性 ... 14
第二节 机构和职责 ... 15
一、方针目标 ... 15
二、负责人 ... 20
三、职责 ... 26
四、组织机构 ... 28
五、安全生产投入 ... 31
第三节 管理制度 ... 35
一、安全生产规章制度 ... 35
二、操作规程 ... 37
三、修订 ... 38
第四节 培训教育 ... 40
一、培训教育管理 ... 40
二、从业人员岗位标准 ... 44
三、管理人员培训教育 ... 46
四、从业人员培训教育 ... 47
五、其他人员培训教育 ... 52
六、日常安全教育 ... 54

第五节 生产设施及工艺安全 ... 57
一、生产设施建设 ... 57
二、安全设施 ... 65
三、特种设备 ... 90
四、工艺安全 ... 95
五、关键装置及重点部位 ... 100
六、检维修 ... 103
七、拆除和报废 ... 105

第六节 风险管理 ... 106
一、范围与评价方法 ... 106
二、风险评价 ... 108
三、风险控制 ... 109
四、隐患排查与治理 ... 110
五、重大危险源 ... 112
六、变更 ... 117
七、风险信息更新 ... 118
八、供应商 ... 119

第七节 作业安全 ... 120
一、作业许可证 ... 120
二、警示标志 ... 131
三、作业环节 ... 135
四、承包商 ... 138

第八节 职业健康 ... 139
一、职业危害项目申报 ... 139
二、作业场所职业危害管理 ... 146
三、职业病防护设施建设 ... 149
四、劳动防护用品 ... 150

第九节 危险化学品管理 ... 153
一、危险化学品档案 ... 153
二、化学品分类 ... 155
三、化学品安全技术说明书和安全标签 ... 158
四、化学事故应急咨询服务电话 ... 161
五、危险化学品登记 ... 162
六、危害告知 ... 165
七、储存和运输 ... 171

第十节 事故与应急 ... 175
一、应急指挥与救援系统 ... 175
二、应急救援设施 ... 177
三、应急救援预案与演练 ... 179

四、抢险与救护 ·· 183
　　五、事故报告 ·· 185
　　六、事故调查 ·· 187
　第十一节　检查与自评 ··· 191
　　一、安全检查 ·· 191
　　二、安全检查形式与内容 ·· 196
　　三、整改 ·· 198
　　四、自评 ·· 199
　第十二节　本地区要求 ··· 200
　　一、从业人员素质基本要求 ·· 200
　　二、危险化学品重大危险源安全管理 ··· 203
　　三、安全设施设计管理 ··· 204
　　四、事故状态"清净下水"收集处置 ··· 206
　　五、隐患排查 ·· 207
　　六、化工过程安全管理 ··· 209
　　七、危化企业泄漏安全管理 ·· 210
　　八、化学品罐区安全管理 ·· 212
第四章　危险化学品安全监督检查工作规范 ··· 214
　第一节　监督检查的计划组织 ·· 214
　第二节　监督检查的前期准备 ·· 214
　第三节　监督检查的正式实施 ·· 214
　　一、告知 ·· 214
　　二、查阅资料 ·· 215
　　三、现场核查 ·· 215
　第四节　监督检查的台账记录 ·· 215
　第五节　监督检查的意见反馈 ·· 215
　第六节　监督检查结果处理（执法、处罚）······································· 215
　　一、责令整改 ·· 215
　　二、受检单位制定整改计划 ·· 216
　　三、整改复查 ·· 216
　　四、行政处罚 ·· 216
　　五、情况通报 ·· 216
第五章　非药品类易制毒化学品管理 ··· 217
　第一节　非药品类易制毒化学品的范围及生产、经营许可管理 ······· 217
　第二节　非药品类易制毒化学品生产、经营单位管理基础知识 ······· 217
　第三节　企业办理易制毒化学品生产、经营许可证所需资料和流程 ···· 221
　　一、非药品类易制毒化学品生产单位办证流程 ····························· 221
　　二、非药品类易制毒化学品经营单位管理 ···································· 222
　第四节　监管工作重点内容 ·· 224

3

第六章 国内外危险化学品典型事故案例分析 ···································· 227
案例1 印度博帕尔毒气泄漏事故 ···································· 227
案例2 山东省青岛市"11·22"中石化东黄输油管道泄漏爆炸特别重大事故 ······ 228
案例3 晋济高速公路山西晋城段岩后隧道"3·1"特别重大道路交通危化品燃爆事故 ···································· 234
附 录 ···································· 243
附录1 危险化学品安全监督管理工作中常见问题及释疑 ···································· 243
附录2 危险化学品有关法律法规标准规范目录 ···································· 249
附录3 危险化学品安全生产法律法规有关罚则摘录 ···································· 254
附录4 名词术语解释 ···································· 272
附录5 化工危化常用网址 ···································· 273

第一章　危险化学品安全管理概述

第一节　危险化学品安全管理概况

一、国外政府高度重视危险化学品安全管理

经济发达国家政府对危险化学品安全管理的主要做法，就是加强危险化学品安全立法和严格执法。以美国为例，针对危险化学品安全管理的法律法规有 16 部之多，劳工部直辖的联邦安全监察官多达 2000 多人。政府还积极支持和资助学术团体和行业协会制定了完备的安全卫生标准，使之既有执法的法律依据，又有执法的客观标准。

政府对企业的要求主要有：
(1) 危险化学品生产经营企业的设立，生产经营的安全卫生设施及管理条件必须符合相关标准，否则不得设立；
(2) 危险化学品生产必须到指定部门登记，否则不得生产；
(3) 化学品出厂和流通过程中必须附有安全技术说明书（MSDS），其包装必须贴（挂）安全标签；
(4) 化学品生产经营企业必须建立化学品事故应急预案，包括制定现场应急预案和协助地方当局制定厂外应急预案；
(5) 企业必须将可能危及员工和公众的危险化学品的危害性和应急措施向员工、社区公众公开。

二、国内危险化学品法规体系现状

2002 年 3 月 15 日，国务院总理温家宝在《中国发展高层论坛》上说："中国把加入 WTO 作为新起点，以更加积极的姿态参与国际经济合作与竞争，按国际准则和我国国情，进一步完善法律法规体系，建立有利于公平竞争的统一市场。"

针对危险化学品安全管理的特点，国家先后颁布了《中华人民共和国民用爆炸物品管理条例》、《中华人民共和国农药管理条例》、《化学品毒性鉴定管理规范》、《使用有毒物质作业场所劳动保护条例》、《工作场所安全使用化学品的规定》、《有毒作业危害分级监察规定》、《化学品安全技术说明书编写规定》、《化学品安全标签编写规定》、《重大危险源辨识》、《危险化学品目录》等规章、标准。

2002 年《危险化学品安全管理条例》施行后，先后制定了《危险化学品登记管理办法》、《危险化学品经营许可证管理办法》、《危险化学品包装物、容器定点生产管理办法》、《危险化学品生产储存建设项目安全审查办法》等部门规章。《安全生产许可证条例》和《国务院关于进一步加强安全生产工作的决定》发布实施后，又制定了《危险化学品生产企业安全生产许可证实施办法》。各省、区、市人民政府也制定了一系列地方性法规和

规章。

2011年2月16日，国务院第144次常务会议修订通过了新的《危险化学品安全管理条例》，自2011年12月1日起施行。

2014年8月31日中华人民共和国第十二届全国人民代表大会常务委员会第十次会议通过了《全国人民代表大会常务委员会关于修改〈中华人民共和国安全生产法〉的决定》，自2014年12月1日起施行。新法明确了危险物品的生产、储存单位以及矿山单位应当有注册安全工程师从事安全生产管理工作；扩大了监管部门在监督检查中采取查封、扣押措施的对象范围。除原来规定的可以查封、扣押不满足安全生产条件的生产设备设施和器材外，新安全生产法增加规定安监部门和负有安全监管职责的其他部门（即行业主管部门、直线主管部门）可以查封、扣押违法生产、储存、使用、经营、运输的危险物品，以及查封其作业场所。

目前，危险化学品安全法律法规体系已经初步形成并逐步完善，危险化学品安全工作基本上可以做到有法可依。这些法律和行政法规对依法加强安全生产管理工作发挥了重要作用，促进了安全生产法制建设。

第二节 危险化学品安全生产形势

一、国内危险化学品企业现状

我国是化学品生产和使用大国，主要化学品产量和使用量都居世界前列，目前全球能够生产十几万种化学品，我国能生产各种化学品40000多种（品种、规格）。据统计，2004年化肥总产量4519.8万吨、硫酸3824.9万吨、纯碱1266.8万吨、染料84.3万吨，居世界第一；原油加工量2.73亿吨、烧碱1060.3万吨，居世界第二；乙烯625万吨，居世界第三。截至2005年6月底，全国共有危险化学品从业单位305728家，其中生产单位24055家，储存单位3473家，经营单位214463家，运输单位5755家，使用单位57719家，废弃处置单位263家，涉及剧毒化学品的从业单位16186家。

我国危险化学品生产企业安全管理水平参差不齐，大体可分为四种情况：一是中石油、中石化、中海油等中央企业，技术和装备先进，规章制度健全，管理水平较高，安全状况比较稳定。二是地方国有化工企业，约8000多家，大多建于20世纪50—60年代，企业安全管理有一定基础，但多数单位历史包袱重，经济效益差，安全投入不足，生产工艺陈旧，设备带病运转，安全保障能力下降。三是以私营为主的小化工企业，约15000多家，普遍工艺落后，设备简陋，人员素质低，安全管理差，事故多发。四是大型化工跨国公司在华企业，工艺、技术和设备先进，安全环保管理较严，职工队伍素质较高。

随着我国改革开放的逐步深化，国内经济市场化和国际经济活动全球化的深刻变化，化学品安全管理工作也面临着许多新的问题和难点。我国经济成分的多样化，给化学品安全管理造成了非常复杂的局面。在一些地区、一些企业，以牺牲安全为代价获取短期、局部经济利益的情况相当普遍，整体安全素质下降趋势比较明显。我国国有企业长期以来习惯于上级行业部门的行政管理，政府的行业主管部门也习惯于直接管理企业内部事务。国家机关改革后，行业行政职能削弱甚至撤销（如化工部、石油和化学工业局以及地方化工厅局相继撤销），要求企业依法自主经营、自我约束、自己承担法律责任。但是，由于相关的法律法规的不健全或监督执行不力，安全工作又不直接与效益相关联，有些危险化学品企业在工作中就往往把经济效益放在首要的位置，而仅仅把"安全第一"挂在口头上。某些私企、合资企业或小型外商独资化工企业的安全工作比国有企业还要差，频频发生事故。有相当一部分从事危险化学品生产的中小企业没有建立和完善安全生产规章制度和岗位安全技术操作规程，有的即使有基本安全生产规章制度和操作规程，也只是为了应付检查、做表面文章，没有真正落到实处。并且，许多企业的安全生产规章制度和安全操作规程多年不进行修订，满足不了不断变化的新技术、新设备、新工艺的安全要求。有的企业没有建立和健全安全生产管理机构，未按规定配备足够的安全管理人员，造成安全管理混乱，安全事故不断发生。

面对这种严峻的安全生产形势，迫切要求国家建立更完备的化学品安全管理机制，制定更加完备的危险化学品安全管理法规，加大依法严管的力度，推行现代化的安全监管模式。

二、广东省危险化学品安全生产形势

广东省是危险化学品生产、经营、使用大省。据统计，现有危险化学品从业单位2.2万家，居全国第三位。广东省又是全国涂料生产大省，涂料生产企业超过1100家，总产量超过1.5亿吨/年，占全国的1/3，居全国第一位。预计到"十二五"末期，广东省总炼油能力将近1亿吨/年，乙烯生产能力达到415万吨/年，居全国第一位。

广东省现有持证危险化学品生产企业1520家；成品油经营单位5253家、剧毒化学品经营单位52家、其他危险化学品经营单位5374家，主要分布在广州、深圳、东莞、惠州、佛山、江门、中山、顺德等珠三角城市和湛江、茂名两个传统石化市，大部分是规模较小的经营企业。石油库160座（其中原油库10座，总库容1063.52万m^3，成品油库150座，总库容1248.65万m^3）和经营氰化钾、氰化钠、氰化金钾、氰化银钾等36家剧毒化学品经营单位。目前，广东省已初步建成了广州南沙、广州黄埔港、深圳南山半岛、珠海高栏港、东莞立沙岛、惠州大亚湾、湛江港、茂名水东港以及揭阳揭东港9大危险化学品生产（储存）专区和韶关南雄、翁源、惠州鸿海、肇庆大旺等54个市级化工转移园区。

在广东省现有1520家持证危险化学品生产企业中大多数是涂料类（各种涂料、油墨、稀释剂、树脂等）企业，共1148家，占全省总数的75.52%。目前，广东省涂料类、工业气体类、林产化工类和酒精类企业虽然数量众多，但其规模一般较小，工艺相对简单。石油化工类、液氯类、液氨类企业数量虽然较少，但因其规模大，工艺复杂，安全风险较大，是广东省安全监管的重点，主要有茂名石化、广石化、湛江东兴、中海炼化、中海壳牌、乳源东阳光电化厂、江门广悦电化有限公司等重点企业。

近年来，广东省各级安全监管部门认真贯彻落实省委、省政府和国家安全监管总局的决策部署，以党的十八大精神为指导，牢固树立科学发展、安全发展理念，认真落实安全生产"一岗双责"，狠抓危险化学品行业领域安全监管各项重点工作落实并取得了明显成效，确保了行业领域安全生产形势持续稳定。但由于广东省危险化学品企业数量大，安全生产基础仍然薄弱，涉及危险化学品生产安全事故和非法违法行为还不时发生，安全生产形势依然严峻。

第三节 广东省危险化学品安全监督管理现状

随着广东省行政审批制度改革的进一步深入,涉及危险化学品的安全许可审批事项已全部调整下放由市、县安全监管部门负责实施。由于涉及危险化学品生产、储存安全监管和许可事项专业技术性较强,基层安全监管部门专业力量相对薄弱的问题凸显。同时,随着中海炼化二期、中委炼化、中科炼化等大型石油炼化项目即将上马建设以及粤北等地双转移园区承接珠三角精细化工转移,部分工业园、化工园区消防安全等公共基础设施和应急救援体系建设滞后,一体化管理水平较低,安全监管长效机制建设滞后,防范重特大事故灾难的能力有待进一步加强。

因此,深化安全生产管理体制改革必须以加强基层建设为重点,健全基层安全监管机构,提高基层安全监管能力,使隐患排查治理、打非治违等各项工作都形成"一级抓一级,层层抓落实"的良好局面,并对安全监管人员专业能力、技术水平进行培训,切实提升基层危险化学品行业安全监管人员的业务水平。

第二章 危险化学品安全监督管理职责

第一节 国家、省有关部门危险化学品安全监督管理职责

一、《危险化学品安全管理条例》的有关规定

2011年,修订后的《危险化学品安全管理条例》(国务院令第591号)第六条对危险化学品的生产、储存、使用、经营、运输实施安全监督管理的有关部门职责规定如下:

(1)安全生产监督管理部门负责危险化学品安全监督管理综合工作,组织确定、公布、调整危险化学品目录,对新建、改建、扩建生产、储存危险化学品(包括使用长输管道输送危险化学品,下同)的建设项目进行安全条件审查,核发危险化学品安全生产许可证、危险化学品安全使用许可证和危险化学品经营许可证,并负责危险化学品登记工作。

(2)公安机关负责危险化学品的公共安全管理,核发剧毒化学品购买许可证、剧毒化学品道路运输通行证,并负责危险化学品运输车辆的道路交通安全管理。

(3)质量监督检验检疫部门负责核发危险化学品及其包装物、容器(不包括储存危险化学品的固定式大型储罐,下同)生产企业的工业产品生产许可证,并依法对其产品质量实施监督,负责对进出口危险化学品及其包装实施检验。

(4)环境保护主管部门负责废弃危险化学品处置的监督管理,组织危险化学品的环境危害性鉴定和环境风险程度评估,确定实施重点环境管理的危险化学品,负责危险化学品环境管理登记和新化学物质环境管理登记;依照职责分工调查相关危险化学品环境污染事故和生态破坏事件,负责危险化学品事故现场的应急环境监测。

(5)交通运输主管部门负责危险化学品道路运输、水路运输的许可以及运输工具的安全管理,对危险化学品水路运输安全实施监督,负责危险化学品道路运输企业、水路运输企业驾驶人员、船员、装卸管理人员、押运人员、申报人员、集装箱装箱现场检查员的资格认定。铁路主管部门负责危险化学品铁路运输的安全管理,负责危险化学品铁路运输承运人、托运人的资质审批及其运输工具的安全管理。民用航空主管部门负责危险化学品航空运输以及航空运输企业及其运输工具的安全管理。

(6)卫生主管部门负责危险化学品毒性鉴定的管理,负责组织、协调危险化学品事故受伤人员的医疗卫生救援工作。

(7)工商行政管理部门依据有关部门的许可证件,核发危险化学品生产、储存、经营、运输企业营业执照,查处危险化学品经营企业违法采购危险化学品的行为。

(8)邮政管理部门负责依法查处寄递危险化学品的行为。

二、《广东省危险化学品安全监督管理部门职责》的有关规定

2013年,经省人民政府同意,广东省安全生产委员会修订并印发了《广东省危险化学

品安全监督管理部门职责》(粤安〔2013〕3号),对省有关部门的危险化学品安全监督管理职责进一步明确和细化如下:

1. 省发展改革委员会

(1)按照合理布局、严格控制的原则,在对危险化学品生产、储存建设项目立项核准时,对未进行安全生产条件可行性论证的建设项目不予核准。

(2)负责石油、天然气等能源的管理,监测和分析能源产业、能源安全的发展状况,落实能源安全保障工作。负责石油、天然气管道保护工作,协调处理石油天然气管道保护的重大问题,指导、监督有关单位履行石油天然气管道保护义务。

(3)参与编制危险化学品事故应急救援预案。

2. 省经济和信息化委员会

(1)对危险化学品生产、储存技术改造项目审批、核准或备案时,对未进行安全生产条件可行性论证以及不符合国家和省安全生产政策的技术改造项目不予审批、核准或备案。

(2)参与编制危险化学品事故应急救援预案。

(3)制定落实危险化学品布局规划,按照产业集聚和节约用地原则,统筹区域环境容量、安全容量,充分考虑区域产业链的合理性,有序规划化工园区(化工集中区)。制定区域产业转移政策,引导化工企业搬迁进入园区。

(4)制定危险化学品行业准入标准,将安全风险大的落后能力列入淘汰落后产能目录,加快产业重组与落后产能淘汰,优化产业结构和布局。

3. 省公安厅

(1)在职责范围内参与危险化学品专项整治工作,参与编制和组织实施危险化学品事故应急救援预案,监督危险化学品从业单位对重大危险源的监控和重大事故隐患的整改。

(2)负责危险化学品的公共安全管理,指导和参与剧毒化学品、易制爆危险化学品从业单位的安全监督管理和治安防范。查处剧毒化学品、易制爆危险化学品丢失、被盗抢案件,查处非法或违规购买、使用、运输剧毒化学品和易制爆危险化学品的行为,查处生产、储存、销售、使用剧毒化学品和易制爆危险化学品单位违反流向登记管理规定的行为。接收公众发现、捡拾的无主危险化学品并移交环境保护部门认定的专业单位处理。

(3)指导、监督剧毒化学品购买许可证、道路运输通行证的审查与核发。

(4)负责危险化学品运输车辆的道路交通安全管理,依法查处危险化学品道路运输的交通违法行为。依法调查处理涉及危险化学品运输的道路交通事故。

(5)负责对危险化学品从业单位履行法定消防安全职责情况的监督检查;负责危险化学品从业单位建筑工程消防设计审核和消防验收;参加危险化学品事故应急抢险救援工作。

4. 省国土资源厅

按照合理布局、严格控制的原则,负责对危险化学品生产、储存建设项目的用地审核。

6. 省环境保护厅

(1)负责废弃危险化学品处置的监督管理,组织危险化学品的环境危害性鉴定和环境风险程度评估,负责实施重点环境管理的危险化学品的监督管理,协助国家开展危险化学品环境管理登记和新化学物质环境管理登记工作。

（2）在本级政府的统一组织下，依照职责分工调查相关危险化学品环境污染事故和生态破坏事件，负责危险化学品事故现场的应急环境监测，发布危险化学品事故造成环境污染的信息；提出发布环境质量变化、有关危险化学品事故造成环境污染事态发展和环境应急处置工作信息的建议；协调解决重大和跨区域的危险化学品事故引发的环境污染问题。

（3）按管理权限审批危险化学品建设项目环境影响评价文件，负责建设项目相应竣工环境保护验收。

（4）负责危险化学品建设项目环境保护设施与主体工程同时设计、同时施工、同时投产使用的监督管理。

（5）负责监督有废弃危险化学品处置资质的专业单位，依法对公安机关接收或者有关部门依法没收的、需要进行无害化处理的废弃危险化学品进行无害化处理。

6. 省住房城乡建设厅

（1）指导和督促各市在组织编制城市（镇）总体规划、控制性详细规划时，选取远离中心城区（镇区）的独立地段安排危险化学品的生产、仓储用地，并根据经审批的规划依法办理危险化学品生产、经营、仓储建设项目的规划许可。

（2）负责危险化学品工程建设中涉及房屋建筑、市政工程建设的质量安全监督管理。在对危险化学品新建、改建、扩建大中型建设项目初步设计审查时，对没有进行安全条件审查和不能提供安全生产专篇的不予审查通过。

（3）指导、监督城镇燃气设施的建设、安全和应急管理，指导燃气经营许可的审批工作，对燃气经营活动进行安全监督检查，发现燃气事故隐患的，及时通知有关单位和个人排除事故隐患。

7. 省交通运输厅

（1）在职责范围内组织实施危险化学品运输专项整治工作，参与编制和组织实施危险化学品事故应急救援预案和危险化学品道路运输事故应急救援预案。根据法定职责，指导、监督港区内危险化学品仓储单位对重大危险源的监控和重大事故隐患的整改。

（2）根据法定职责，负责危险化学品运输单位（除水路）、运输工具（除水路）和港口危险货物的安全管理。指导、监督港区内存储、装卸危险货物的新（改、扩）建港口建设项目的安全条件审查工作。负责道路危险货物运输作业企业、港口危险货物作业人员（包括作业现场的管理人员、现场作业人员、企业管理人员）、驾驶人员、装卸管理人员和押运人员的资质认定。负责危险化学品《道路运输经营许可证》、《道路运输证》和《道路危险货物非营业运输证》的发放。负责对液货危险品水路运输企业发放《水路运输许可证》，对液货危险品营运船舶发放《船舶营运证》并实施行业指导和监督。

（3）负责依法查处委托未取得危险货物道路运输许可、危险货物水路运输许可的企业承运危险化学品的违法行为，依法查处不具备危险化学品运输企业资质，擅自从事危险化学品运输的违法行为。依法查处运输、装载危险化学品的不规范行为。依法查处未经安全条件审查的新建、改建、扩建储存、装卸危险化学品的港口建设项目。

（4）组织或参与调查处理危险化学品运输事故。

8. 省农业厅

（1）负责对含危险化学品的农药使用实施安全监督管理。

（2）在职责范围内组织实施含危险化学品的农药使用安全的专项整治；参与编制和组织实施含危险化学品的农药使用安全事故应急救援预案。

9. 省卫生厅

（1）在职责范围内参与危险化学品专项整治工作，参与编制和组织实施危险化学品事故应急救援预案。

（2）依据有关法律法规规章和标准，负责对危险化学品毒性鉴定的管理；负责组织、协调危险化学品事故伤员的医疗卫生救护工作。

（3）负责对医疗机构内部属危险化学品的医疗废物收集、运送、暂时贮存、机构内处置活动中的安全和疾病防治实施监督管理。

10. 省工商局

（1）依据有关部门的许可证件，核发危险化学品生产、储存、经营、运输企业营业执照；监督危险化学品从业单位依法进行工商登记注册，对涉及危险化学品安全的有关登记事项严格按照规定审查核定，对发现不依法登记的行为依法予以查处。

（2）依法查处危险化学品经营企业违法采购危险化学品的行为。

（3）配合有关部门开展危险化学品专项整治，对原发证机关吊销其相关许可证件的，收到告知后依法责令其办理经营范围变更登记或者吊销其营业执照，并及时将有关情况告知相关部门。

11. 省海洋渔业局

（1）指导、督促各地海洋与渔业主管部门对在渔港水域内装卸易燃、易爆、有毒等危险品的船舶落实安全监管，并对运输燃油的渔业辅助船进行监督检查。

（2）在职责范围内组织实施渔港水域危险化学品安全专项整治工作，参与编制和组织实施危险化学品事故应急救援预案编制工作。

（3）负责危险化学品污染海洋环境事故的调查、监测、监视、评价，以及职责范围内的渔业水域生态环境事故调查处理工作；参与渔港水域危险化学品及运输燃油的渔业辅助船安全事故的调查处理。

（4）参与渔港水域加油站的布点规划及其安全技术标准的制定工作；指导各地海洋与渔业主管部门对渔港水域加油站的监督管理工作。

12. 省质监局

（1）负责核发危险化学品及其包装物、容器（不包括储存危险化学品的固定式大型储罐，下同）生产企业的工业产品生产许可证，并依法对其产品质量实施监督。

（2）对危险化学品从业单位使用的特种设备实施安全监察；依法调查处理危险化学品特种设备事故。

（3）依法查处危险化学品及其包装物、容器生产单位的产品质量违法行为。

（4）在职责范围内参与危险化学品专项整治工作，参与编制和组织实施危险化学品事故应急救援预案。

13. 省安全监管局

（1）负责危险化学品安全监督管理综合工作；依法组织调查危险化学品安全生产事

故，提出事故责任追究的意见并监督检查事故查处的落实情况。

（2）根据职责范围，依法查处不具备安全生产条件的危险化学品生产、经营、使用单位和未经安全条件审查新建、改建、扩建的生产、储存危险化学品建设项目；在职责范围内依法监督危险化学品生产、经营单位对重大危险源的监控和对重大事故隐患的整改工作。

（3）依法指导、监督各地危险化学品安全生产许可证、经营许可证、安全使用许可证的颁发管理工作；负责危险化学品登记管理，监督检查危险化学品生产企业按规定编印化学品中文安全技术说明书和中文安全标签。

（4）组织有关部门编制并实施危险化学品事故应急救援预案；指导协调各地及有关部门开展危险化学品事故应急救援工作。

14. 省气象局

（1）负责灾害性天气的监测及预报、预警信息发布。

（2）负责雷电灾害安全防御工作，组织做好危险化学品从业单位新建、改建、扩建工程防雷装置设计审核、竣工验收、防雷设施的安全检查及雷电防护装置的安全检测工作；负责对防雷工程设计、施工单位实施监督管理。

（3）负责雷电等气象灾害事故的调查和鉴定工作；负责制定危险化学品场所气候可行性论证和雷电灾害风险评估办法，组织对气候可行性论证和雷电灾害风险评估活动的监督检查。

（4）负责危险化学品生产经营场所防雷装置定期检测的监督检查；负责对防雷检测单位实施监督管理；对危险化学品从业单位违反有关气象、防雷安全管理法律、法规、规章，以及气象、防雷、防静电安全技术规范和标准要求的行为依法进行查处。

15. 广东海事局

（1）负责组织实施危险化学品水路运输专项整治工作；参与编制危险化学品事故应急救援预案；根据法定职责，监督危险化学品水路运输单位对重大危险源的监控和重大事故隐患的整改工作。

（2）负责对船舶载运危险化学品安全监督管理；审核、发放危险化学品船舶的注册登记及证书；对船舶载运危险化学品进出港口进行审批；负责从事危险化学品运输船舶的船员的适任证书和特殊培训证书的考试、评估与发证工作；对危险化学品船舶靠泊作业安全及防污条件进行监督检查；对从事船舶载运危险化学品的申报人员进行资格管理；并对上述涉及危险化学品安全的行政许可事项严格按照有关规定审查把关。

（3）负责对危险化学品船舶进行安全与防污监督检查；根据法定职责和业务分工，按照国家关于船舶检验的法律、法规、规章及规范，对运输危险化学品的船舶实施法定检验，签发法定证书。

（4）根据法定职责，负责依法查处不具备安全管理资质的危险化学品水上运输企业和擅自从事危险化学品水上运输的违法行为；依法查处水上运输、装卸危险化学品不安全行为；负责调查处理危险化学品水上运输事故。

（5）负责对渔港之外的水上加油站的布点规划和安全技术条件的监督检查。

16. 民航中南管理局

（1）在职责范围内组织实施危险品航空运输的专项整治工作；参与编制危险品事故应

急救援预案,编制和组织实施危险品航空运输事故应急救援预案。

(2)负责对中南地区危险品航空运输活动实施安全管理及监督检查;在职责范围内负责危险品航空运输承运人的资质审批,负责危险品航空运输事故、事件的调查处理,监督危险品航空运输和危险品航空运输单位的重大危险源监控、重大事故隐患的整改工作。

17. 省邮政管理局

(1)负责组织实施危险化学品寄递的专项整治工作;参与编制危险化学品事故应急救援预案,编制和组织实施危险化学品寄递事故应急救援预案。

(2)负责对寄递危险化学品的监督检查,依法查处收寄危险化学品的邮政企业、快递企业;对违反法律法规规定交寄危险化学品或在邮件、快件中夹带危险化学品,以及将危险化学品匿报或谎报为普通物品交寄的,协助公安部门予以查处。

18. 广州铁路(集团)公司

(1)负责组织实施危险化学品铁路运输的专项整治工作;参与编制危险化学品事故应急救援预案,编制和组织实施危险化学品铁路运输事故应急救援预案。

(2)负责危险化学品铁路运输的安全管理和监督检查;负责危险化学品铁路运输承运人、托运人的资质审批;对办理危险化学品铁路运输的车站和危险化学品铁路运输工具(包括自备铁路罐车)进行安全管理和监督检查;对铁路部门及其所属单位危险化学品的重大危险源进行监控,对重大事故隐患的整改工作进行跟踪监控。

第二节　各级安全生产监督管理部门危险化学品安全监督管理职责

《危险化学品安全管理条例》(国务院令第591号)第十二条规定:新建、改建、扩建生产、储存危险化学品的建设项目(以下简称建设项目),应当由安全生产监督管理部门进行安全条件审查。

第二十二条规定:生产、储存危险化学品的企业,应当将安全评价报告以及整改方案的落实情况报所在地县级人民政府安全生产监督管理部门备案。

第二十五条规定:对剧毒化学品以及储存数量构成重大危险源的其他危险化学品,储存单位应当将其储存数量、储存地点以及管理人员的情况,报所在地县级人民政府安全生产监督管理部门(在港区内储存的,报港口行政管理部门)和公安机关备案。

第三十一条规定:申请危险化学品安全使用许可证的化工企业,应当向所在地设区的市级人民政府安全生产监督管理部门提出申请,并提交其符合本条例第三十条规定条件的证明材料。

第三十五条规定:从事剧毒化学品、易制爆危险化学品经营的企业,应当向所在地设区的市级人民政府安全生产监督管理部门提出申请,从事其他危险化学品经营的企业,应当向所在地县级人民政府安全生产监督管理部门提出申请(有储存设施的,应当向所在地设区的市级人民政府安全生产监督管理部门提出申请)。

根据《国务院关于同意广东省"十二五"时期深化行政审批制度改革先行先试的批复》(国函〔2012〕177号),"危险化学品建设项目安全条件审查、设计审查和竣工验收"以及

"危险化学品生产企业安全生产许可证核发"这两项事项已明确规定下放至地级以上市安全监管部门实施,除法律、法规另有规定外,不应再下放至其他部门实施。

新修订的《中华人民共和国安全生产法》第三十一条第二款规定"矿山、金属冶炼建设项目和用于生产、储存危险物品的建设项目竣工投入生产或者使用前,应当由建设单位负责组织对安全设施进行验收;验收合格后,方可投入生产和使用。安全生产监督管理部门应当加强对建设单位验收活动和验收结果的监督核查"。国家从行政审批制度改革的要求出发,取消了政府部门承担的安全设施竣工验收的行政许可,由建设单位自行组织对安全设施的验收,并对验收结果负责,体现了企业是安全生产责任主体的法制思维。经省法制办审查同意,省安全监管局制定印发了《关于危险化学品建设项目安全设施验收有关工作的通知》(粤安监〔2015〕62号),明确危险化学品建设项目安全设施验收由企业自行组织并对验收结果负责,安全监管部门不再组织对建设项目安全设施的验收。

第三章 危险化学品安全监督管理的主要内容和要求

第一节 法律、法规和标准的识别和合规性

一、法律、法规和标准的识别和获取

1. 企业应建立识别和获取适用的安全生产法律、法规、标准及其他要求的管理制度，明确责任部门，确定获取渠道、方式和时机，及时识别和获取，定期更新。

【依据】

《安全生产法》(中华人民共和国主席令第十三号)：

第四条 生产经营单位必须遵守本法和其他有关安全生产的法律、法规，加强安全生产管理，建立、健全安全生产责任制和安全生产规章制度，改善安全生产条件，推进安全生产标准化建设，提高安全生产水平，确保安全生产。

当国家出台新的法律、法规、标准及其他要求时，相关适用部门必须立即进行识别、获取。当现已获取的法律、法规、标准及其他要求被修订时，识别和获取部门需立即对其进行更新。

《安全生产法律法规及其他要求的识别、获取、更新及传达管理制度》。

【解释】

企业应根据自身的实际情况，建立识别和获取适用的安全生产法律法规、标准及其他要求的管理制度，明确此项工作的责任部门，确定获取的渠道、方式和时机，正常情况下应按制度要求定期进行识别和获取，如遇到重大法律法规变更时，应及时进行识别、获取和更新。

【要求】

(1)企业建立识别和获取适用的安全生产法律、法规、标准及政府其他有关要求的管理制度；

(2)明确责任部门、获取渠道、方式；

(3)及时识别和获取适用的安全生产法律、法规和标准及政府其他有关要求；

(4)形成法律、法规、标准及政府其他有关要求的清单和文本数据库，并定期更新。

为使企业了解并遵守与其生产经营活动有关的安全生产法律法规及其他要求，企业应

制定识别和获取使用的安全生产法律、法规及其他要求的管理制度，在制度中明确获取使用的法律、法规及其他要求的责任部门，获取的时机、频次和方式，建立有效的获取渠道（如各级政府、行业协会或团体、数据库和服务机构、媒体、网络等），并按照要求定期和及时获取国家有关的安全生产法律、法规和其他要求。

企业获取法律、法规及其他要求的行为应该是主动的、经常性的。对获取的法律、法规及其他要求内容应识别到条款，明确企业适用的具体条款和适用部门。企业应建立适用的法律、法规及其他要求的目录清单和文本数据库，并定期更新。

【检查内容】

查文件，主要包括：

(1) 识别和获取适用的安全生产法律、法规、标准及政府其他要求的制度；

(2) 适用的法律、法规、标准及政府其他要求的清单和文本数据库；

(3) 定期更新记录。

【案例说明】

危险化学品安全管理法规清单：

序号	类别	法律法规及其他要求名称	发文部门	发布日期
1	法律	中华人民共和国安全生产法	全国人大常委会	2002.6.29
2	法规	安全生产许可证条例	国务院	2004.1.7
3	国标	安全标志及其使用导则（GB 2894—2008）	国家技术监督局	2008.12.11
4	法规	《危险化学品安全管理条例》	国务院	2011.3.2

序号	类别	实施日期	修订日期	适用性条款或内容	应用范围	落实部门	备注
1	法律	2002.11.1	2014.8.31	全部条款	安全生产管理	安全环保	电子版
2	法规	2004.1.13		全部条款	安全生产管理	安全环保	电子版
3	国标	2009.10.1		全部条款	安全生产管理	安全环保	电子版
4	法规	2011.12.1		全部条款	安全生产管理	安全环保	电子版

2. 企业应将适用的安全生产法律、法规、标准及其他要求及时传达给相关方。

【依据】

《安全生产法律法规及其他要求的识别、获取、更新及传达管理制度》。

【解释】

对于获取的法律、法规、标准、规范等，企业应根据自身的实际情况进行分类管理，制作适用的法律法规清单，筛选出法律法规中适用于本企业的条款，并定期进行更新以及对从业人员进行培训教育。

企业应将适用的法律、法规以及其他要求及时传达给相关方，如供应商、承包商、母公司、子公司和周边企业等。

【要求】

采用适当的方式、方法，将适用的安全生产法律、法规、标准及其他要求及时传达给相关方。

企业应采取适当的实施、方法，将获取的适用的安全生产法律、法规及其他要求及时传达给相关方，尤其是承包商、周围的社区居民等，提高相关方的法律意识，规范安全生产行为。企业应保留相关的传达记录。

【检查内容】

1. 查文件

（1）文件发放记录；

（2）培训记录、告知书、宣传材料。

2. 询问

相关方是否接收到企业传达的相关信息。

【参考案例】

法律、法规、标准及其他要求签发记录表：

序号	法律、法规、标准名称	文号	传达		签收		备注
			部门/人员	时间	部门/人员	时间	

二、法律、法规和标准的符合性

企业应每年至少 1 次对适用的安全生产法律、法规、标准及其他要求的执行情况进行符合性评价，消除违规现象和行为。

【解释】

企业应每年至少 1 次进行符合性评价，评价企业自身安全生产管理制度和所获取的安全生产法律、法规、标准等要求的符合性。管理制度中存在与法律、法规等要求不一致的，应立即进行修改完善，并加强对从业人员的宣传培训。

【要求】
(1)每年至少1次对适用的安全生产法律、法规、标准及其他有关要求的执行情况进行符合性评价；
(2)对评价出的不符合项进行原因分析，制定整改计划和措施；
(3)编制符合性评价报告。

为了保证法律、法规和标准的有效贯彻和落实，规范从业人员的行为，消除违规现象和行为，企业应每年至少开展一次法律、法规和标准的符合性评价，查找违法现象和行为，确保企业和从业人员能够按照法律、法规的要求安全生产。

企业可以自行组织进行符合性评价，也可委托中介机构进行。

企业对评价出的不符合项，应进行原因分析，制定整改计划和措施，及时整改。

企业应编制符合性评价报告，记录评价过程、结果以及整改情况。

【检查内容】
查阅相关文件，包括：
(1)符合性评价报告、记录；
(2)不符合项整改记录。

第二节 机构和职责

一、方针目标

1. 企业应坚持"安全第一，预防为主，综合治理"的安全生产方针。主要负责人应依据国家法律法规，结合企业实际，组织制定文件化的安全生产方针和目标。安全生产方针和目标应满足：
(1)形成文件，并得到本单位所有从业人员的贯彻和实施；
(2)符合或严于相关法律法规的要求；
(3)与企业的职业安全健康风险相适应；
(4)目标予以量化；
(5)公众易于获得。

【依据】
《安全生产法》(中华人民共和国主席令第十三号)：
第三条 安全生产工作应当以人为本，坚持安全发展，坚持安全第一、预防为主、综合治理的方针，强化和落实生产经营单位的主体责任，建立生产经营单位负责、职工参与、政府监管、行业自律和社会监督的机制。

【解释】
(1)安全生产方针：安全生产方针是指政府对安全生产工作总的要求，它是安全生产工作的方向。我国的安全生产方针是"安全第一、预防为主、综合治理"。
(2)安全目标：为实现企业的安全使命而确定的安全绩效标准，该标准决定了必须采取的行动计划。

安全目标管理是指企业内部各个部门以至每个职工，从上到下围绕企业安全生产的总目标，层层展开各自的目标，确定行动方针，安排安全工作进度，制定实施有效组织措施，并对安全成果严格考核的一种管理制度。

安全目标管理的实施过程可分为四个阶段，即安全管理目标的制定，建立安全目标体系，安全管理目标的实施，目标的评价与考核。

安全目标的制定原则：

①突出重点，分清主次，不能平均分配、面面俱到。安全目标应突出重大事故、负伤频率、施工环境标准合格率等方面指标。同时注意次要目标对重点目标的有效配合。

②安全目标具有先进性，即目标的适用性和挑战性。也就是说制定的目标一般略高于实施者的能力和水平，使之经过努力可以完成，应是"跳一跳，够得到"，但不能高不可攀，令人望目标兴叹，也不能低而不费力，容易达到。

③使目标的预期结果做到具体化、定量化、数据化。如负伤率比去年降低百分之几，以利于进行同期比较，易于检查和评价。

④目标要有综合性，又有实现的可能性。制定的企业安全管理目标，既要保证上级下达指标的完成，又要考虑企业各部门、各项目部及每个职工的承担目标能力，目标的高低要有针对性和实现的可能性，以利各部门、各项目部及每个职工都能接受，努力去完成。

⑤坚持安全目标与保证目标实现措施的统一性。为使目标管理具有科学性、针对性和有效性，在制定目标时必须有保证目标实现的措施，使措施为目标服务，以利目标的实现。

安全目标的贯彻实施：

①安全生产方针目标必须形成文件，经主要安全负责人批准并发布。

②安全生产方针目标与企业生产经营方针和目标具有同等的重要性。

③主要负责人对安全生产方针目标应充分考虑安全承诺的履行，各项指标应适合企业安全生产的过程并得到生产、经营、行政管理等各部门执行。

④主要负责人对安全生产方针目标，可以通过各种方式传达（培训、会议、告示、宣传等）至企业所有从业人员并得到执行。

⑤安全生产方针目标应采用有效方式（文件、告示、宣传等）公布于众（顾客、供应商、承包方、访问者、社区、政府有关部门等），并且公众易于了解，并得到公众理解、支持和合作；至少在厂区明显区域设置一块广告牌，宣传本企业的"安全生产方针目标"。

⑥为持续改进企业安全管理，应定期对安全生产方针目标进行评审。

⑦为保持安全生产方针的有效性，必要时可以修订，并批准和重新发布。

⑧安全生产方针目标必须展开成为生产、经营、行政管理等各部门的安全指标（可测量的），落实为各级安全生产责任，并进行绩效考核。

【要求】

(1)主要负责人组织制定符合本企业实际的、文件化的安全生产方针。

(2)主要负责人组织制定符合企业实际的、文件化的年度安全生产目标。

(3)安全生产目标应满足：

①形成文件，并得到所有从业人员的贯彻和实施；

②符合或严于相关法律法规的要求；

③与企业的职业安全健康风险相适应；
④根据安全生产目标制定量化的安全生产工作指标；
⑤应以公众易于获得的方式发布安全生产目标。

安全生产方针。企业应该贯彻、执行"安全第一、预防为主、综合治理"的安全生产方针，企业的主要负责人在追求效益不断增长的前提下，要切实将安全生产工作做好，不能只抓经济效益，忽视安全生产管理。安全生产管理工作有助于促进经济效益的增长，降低事故成本。

企业制定的安全生产方针要文件化、公开化，应由主要负责人制定和签发。企业安全生产方针明确企业安全生产方针的发展方向和行动纲领，确定企业的安全生产职责和绩效总目标，表明企业实现安全生产的正式承诺，尤其是主要负责人的安全承诺。企业的安全生产方针应贯彻到每一位从业人员并得到执行，应向社会公开。企业的安全生产方针应该与企业的其他方针(质量方针、环境方针等)保持一致，并具有同等重要的程度。

企业在制定安全生产方针时，应考虑以下因素：
①企业的风险；
②法律法规及其他要求；
③企业的安全生产状况、绩效；
④相关方的需求；
⑤所需要的资源；
⑥从业人员与相关方的意见和建议；
⑦持续改进的可能性和必要性。

安全生产目标。企业应制定一个可测量的、持续改进的、能够实现的年度安全生产目标，以实现安全生产方针，为评价安全绩效提供依据。

企业在制定年度安全生产目标时，应考虑以下因素：
①企业的整体经营方针和目标；
②安全生产方针；
③风险评价结果；
④法律法规和其他要求；
⑤可选择的技术方案；
⑥财物、经营要求；
⑦从业人员及相关方的要求和意见；
⑧对以前安全生产目标完成情况的分析；
⑨生产安全事故、时间、隐患、不符合；
⑩绩效考核的结果等。

【检查内容】

1. 查文件

查看安全生产方针，年度安全生产目标。

2. 询问

抽查从业人员是否知道本企业安全生产方针和安全生产目标。

3. 现场检查

检查安全生产方针和安全生产目标告知情况。

【参考案例】

安全方针

建立安全理念	建设安全文化
坚持以人为本	认识安全效益
营建预防系统	把握本质安全
不断持续改进	落实安全责任
完善自律机制	重视相关利益

建立安全理念：建立"安全第一"的哲学观念。安全与生产、安全与效益是一个整体，当发生矛盾时，必须坚持"安全第一"的原则。为此，管理层必须作出承诺，领导必须作出表率。

建设安全文化：将健康安全环境视为企业文化的重要组成，作为企业核心竞争力之一。安全生产将提高企业的竞争地位，在社会公众和顾客中产生积极的影响。健康安全环保是企业综合素质的反映。

坚持以人为本：以人的生命为最高价值的原则。员工是企业的资源，员工是企业最重要的财富，而且是不可再生的财富。关心员工的安全与健康至关重要，必须优先于其他的各项目标。

认识安全效益：追求安全综合效益的观念。安全生产不仅是经济效益，更是社会效益。

建立预防系统：安全生产的保障需要人机环境的安全系统协调。认识到所有意外事故和职业病都是可以预防的，但需要建立人机环境的安全系统观念，从人机环境的综合治理入手。

把握本质安全：为有效地消除和控制危害，需要建立本质安全的科学观念。预防是最佳的选择。需要推行科学的管理体系，实行风险预防型管理，积极采用先进的技术、工艺和设计。

不断持续改进：安全管理的核心是持续改进。健康安全环境非一日之功，要坚持不懈、持续改进，没有最好，只有更好。建立现代企业的管理模式和管理体系。

落实安全责任：安全生产人人有责。健康安全环境融于生产全过程及每个工作岗位，落实"谁主管，谁负责"的原则。

完善自律机制：追求企业的自觉管理、自我约束。实行内审监控，内审是自我评估和监控的重要手段。

重视相关利益：重视与企业相关方的利益。将承包方、用户的健康安全环保纳入企业安全管理的组成部分，关心员工职业以外的安全。

> 2. 企业应签订各级组织的安全目标责任书，确定量化的年度安全工作目标，并予以考核。各级组织应制定年度安全工作计划，以保证年度安全目标的有效完成。

【依据】

《安全生产法》等法律、法规和上级文件精神要求。

【解释】

为了确保企业人、机、物及环境始终处于安全状态,加强对安全生产工作全过程的管理,明确各部门、各级员工的责任,必须制定安全目标责任书。安全生产目标责任制是企业安全管理的一项重要管理制度,按照"安全生产,人人有责"的要求,企业的每位员工都必须严格认真地履行各自的安全职责和义务,坚持"安全第一,预防为主,综合治理"的方针,做到责任明确、恪尽职守、环环相扣、互相监督,有效防止和减少生产安全事故的发生,保障员工生命和国家财产的安全,促进企业的经济可持续发展。

【要求】

(1)将企业年度安全目标分解到各级组织(包括各个管理部门、车间、班组),签订安全生产目标责任书;

(2)定期考核安全生产目标完成情况;

(3)企业及各级组织应制定切实可行的年度安全生产工作计划。

【检查内容】

1. 查文件

(1)企业的年度安全生产目标和安全生产工作计划;

(2)各级组织的安全生产目标责任书;

(3)各级组织年度安全生产工作计划;

(4)安全生产目标责任书的考核与奖惩记录。

2. 询问

(1)主要负责人及各级组织负责人是否了解各自安全生产目标;

(2)抽查从业人员是否了解本组织的安全生产目标。

【参考案例】

安全生产目标责任书

为认真贯彻"安全第一,预防为主"的方针,做好公司2009年度安全生产工作,强化企业内部安全管理,落实单位负责人安全生产责任制,保证完成上级下达的安全控制指标,确保公司及全体职工的生命财产安全,减少事故和职业病的发生,依据《中华人民共和国安全生产法》及其他有关安全生产的法律法规,按照"管生产必须管安全"和"谁主管、谁负责"的原则,公司安全生产委员会与责任单位负责人签订2009年安全生产目标责任书。

一、工作目标

(1)人身伤亡事故为零	(7)急性中毒事故为零
(2)火灾事故为零	(8)职业病事故为零
(3)爆炸事故为零	(9)轻伤率小于3‰
(4)生产事故为零	(10)安全隐患的整改率达100%
(5)设备事故为零	(11)职工工作、生活环境符合国家法律、法规规定的各项卫生标准
(6)"三废"排放符合国家标准,污染事故为零	

查找引发事故的原因,制定有针对性的整改措施,追究责任人的相应责任,并做好会议记录。对事故整改措施的实施情况,单位负责人要组织有关人员进行实地考察,使整改效果达到安全标准,杜绝类似事故的再次发生,并以书面形式作出整改效果评价报告。报告一式两份,一份留存,一份报公司安全环保部存档。(满分10分,未按上述规定处理不得分。)

重大事故年内出现两次及以上,单位负责人要立即停职审查,由公司派遣工作组进行调查,若涉及刑事案件的上报公安机关依法处理。

二、评比与考核

年底,集团公司安全环保部统一对责任单位安全责任目标完成情况进行考核,并排出名次,400分满分,380分以上为优秀单位,360分以上为合格单位。考核得分低于360分按20元/分进行处罚,年终直接从责任单位负责人工资中扣除(承包单位在接到通知后将扣罚款交公司财务部,拒不缴纳的按扣罚款的3至5倍从承包人风险抵押金中扣除)。本次目标责任书完成情况考核得分同时作为本单位年度评先树优的条件。

三、附则

(1)本责任书有效期限为一年,即:2009年1月1日至2009年12月31日。

(2)本责任书一式两份,双方各执一份。

×××× ×有限公司
安全生产委员会代表人签字:
责任单位负责人签字:
二〇〇九年一月一日

二、负责人

1. 企业主要负责人是本单位安全生产的第一责任人,应全面负责安全生产工作,落实安全生产基础和基层工作。

【依据】

《安全生产法》(中华人民共和国主席令第十三号);

《广东省安全生产条例》(2013年9月27日广东省第十二届人民代表大会常务委员会第四次会议修订);

《危险化学品安全管理条例》(国务院令第591号)。

【解释】

1. 主要负责人

生产经营单位的主要负责人包括生产经营单位参与经营管理的法定代表人、投资人和实际负有本单位生产经营最高管理权限的人员(广东省安全生产条例第五十二条)。

主要负责人的基本从业条件:

(1)能认真履行安全生产法律、法规赋予的安全生产工作职责,无严重违反国家有关安全生产法律法规行为;

(2)近5年内无因未履行法定安全生产工作职责,导致发生生产安全事故,依法受到行政处罚或刑事处罚的记录；

(3)有1年以上化工行业从业经历；

(4)身体健康，没有职业病禁忌；

(5)按规定接受危险化学品安全生产法律法规和安全管理知识的专门教育培训，经安全生产监督管理部门考核合格，取得危险化学品生产经营单位主要负责人安全资格证书。

分管安全负责人的基本从业条件：

(1)能认真履行安全生产管理职责，执行企业领导层制定的各项安全生产决策；

(2)具有化学或化工类相关专业大学专科以上学历；或者具有该专业中级以上技术职称；

(3)有3年以上化工行业从业经历；

(4)身体健康，没有职业病禁忌；

(5)按规定接受危险化学品安全生产法律法规和安全管理知识的专门教育培训，经安全生产监督管理部门考核合格，取得危险化学品生产经营单位安全生产管理人员安全资格证书。

2. 主要负责人的职责

根据《安全生产法》第十八条，生产经营单位的主要负责人对本单位安全生产工作负有下列职责（但不限于）：

(1)建立、健全本单位安全生产责任制；

(2)组织制定本单位安全生产规章制度和操作规程；

(3)组织制定并实施本单位安全生产教育和培训计划；

(4)保证本单位安全生产投入的有效实施；

(5)督促、检查本单位的安全生产工作，及时消除生产安全事故隐患；

(6)组织制定并实施本单位的生产安全事故应急救援预案；

(7)及时、如实报告生产安全事故。

根据《危险化学品安全管理条例》第四条，生产、储存、使用、经营、运输危险化学品的单位（以下统称危险化学品单位）的主要负责人对本单位的危险化学品安全管理工作全面负责。

根据《广东省安全生产条例》第十一条，生产经营单位的主要负责人应当履行下列安全生产职责（但不限于）：

(1)组织制定本条例第十条规定的安全生产制度并督促实施；

(2)每半年至少组织一次安全生产全面检查，研究分析安全生产存在问题，并督促事故防范、隐患排查和整改措施的落实；

(3)每年至少组织和参与一次事故应急救援演练；

(4)发生事故时迅速组织抢险救援，并及时向安全生产监督管理等有关部门报告事故情况，做好善后处理工作，配合调查处理；

(5)每年向职工大会或者职工代表大会、股东会或者股东大会报告安全生产情况，接受工会、从业人员、股东对安全生产工作的监督；

(6)法律、法规规定的其他安全生产职责。

【要求】

（1）明确企业主要负责人是安全生产第一责任人；

（2）主要负责人对本单位的危险化学品安全管理工作全面负责，落实安全生产基础与基层工作。

【检查内容】

1. 查文件

查看安全生产责任制。

2. 询问

（1）主要负责人的安全生产职责；

（2）对本单位的危险化学品安全管理工作情况；

（3）本单位安全生产基础和基层工作情况和做法。

2. 企业主要负责人应组织实施安全标准化，建设企业安全文化。

【概念】

（1）安全标准化：为安全生产活动获得最佳秩序，保证安全管理及生产条件达到法律、行政法规、部门规章和标准等要求制定的规则。

（2）安全文化：安全文化是保护人的身心健康、尊重人的生命、实现人的价值的文化。是搞好安全生产工作的根本。对生产经营单位来讲，安全文化就是以人为本价值观在生产经营活动中的体现，它体现在对人的价值的关注，体现在注重生产过程中人的安全、健康和应享有的权益；还体现在生产经营单位对社会的责任和贡献。安全文化对于推动生产经营单位安全生产管理、提高全员安全意识和安全技能，规范从业人员安全行为将起到潜移默化的作用。

（3）企业安全文化：被企业组织的员工群体所共享的安全价值观、态度、道德和行为规范组成的统一体。

【依据】

《安全生产法》第四条；

《危险化学品从业单位安全标准化通用规范》；

《企业安全文化建设评价准则》（AQ/T9005—2008）。

【要求】

（1）主要负责人组织开展安全生产标准化建设；

（2）制定安全生产标准化实施方案，明确实施时间、计划、责任部门和责任人；

（3）制定安全文化建设计划或方案；

（4）企业应初步形成安全文化体系。

（5）企业有效运行安全文化体系。

【检查内容】

1. 查文件

（1）企业安全生产标准化实施方案；

（2）主要负责人组织和参与安全生产标准化建设的记录；

（3）安全文化建设计划或方案；

(4)一、二级企业安全文化体系有关文件。
2. 询问
询问一、二级企业主要负责人及有关人员对安全文化内容掌握情况。
3. 现场检查
一级企业现场检查安全文化运行效果。

3. 企业主要负责人应作出明确的、公开的、文件化的安全承诺，并确保安全承诺转变为必需的资源支持。

【解释】
安全承诺：由企业公开做出的、代表了全体员工在关注安全和追求安全绩效方面所具有的稳定意愿及实践行动的明确表示。
安全承诺的内容：
(1)遵守法律、法规、标准和规程的承诺；
(2)坚持预防为主，开展风险管理，定期排查隐患，抓好隐患治理的承诺；
(3)提供必要资源的承诺；
(4)贯彻安全生产方针，实现安全生产目标的承诺；
(5)持续改进安全绩效的承诺；
(6)对从业人员、相关方的承诺。
安全承诺的要求：
(1)切合企业特点和实际，反映共同安全志向；
(2)明确安全问题在组织内部具有最高优先权；
(3)声明所有与企业安全有关的重要活动都追求卓越；
(4)含义清晰明了，并被全体员工和相关方所知晓和理解。
【要求】
(1)安全承诺的内容应明确、公开、文件化；
(2)主要负责人应确保安全生产标准化所需的资金、人员、时间、设备设施等资源。
【检查内容】
1. 查文件
(1)主要负责人安全承诺书；
(2)资源配备文件及使用记录。
2. 询问
(1)主要负责人如何提供资源支持；
(2)从业人员是否知道主要负责人的安全承诺。
3. 现场检查
检查安全承诺告知情况。
【参考案例】
杜邦公司之安全、健康、环保承诺：
杜邦公司向所有员工、客户、股东及社会大众承诺，杜邦一定会在尊重与爱护环境之前提下营运；在执行引领公司迈向成功的政策时，极力为员工、客户、股东及社会大众创造最高利益，所有作为决不损及后代子孙之利益。

基于科技的不断进步与安全、卫生、环保的新知不断出炉，杜邦将持续提升我们在安全、卫生、环保的作为。我们遍布于全世界的营运单位也将执行此安全、卫生、环保的承诺，同时展示出持续又显著的进步。杜邦全力支持"责任照顾"及"环保伙伴"两大方案之推动，来达成承诺。

卓越经营最高的准则：

我们将秉持最高的标准来安全地运转我们的设施及保护我们的环境、员工、顾客及社区的民众。

安全、卫生、环保是我们事业不可分割的一环，我们将持续地竭尽所能来契合社区的期望并藉此来强化事业的经营。

持续改善制程、操作及产品：

我们将在安全及兼顾环境的前提下提炼、制造、使用、处理、包装、运输及弃置我们的物资。我们要持续分析及改善我们的作业、制程及产品，以避免产品在生命周期中造成任何风险及影响。我们要发展对人体健康及环境更有利的新产品、新制程。

我们将与所有的供货商、运输商、行销商及客户共同来维护杜邦的产品，并提供信息与协助，来支持他们的努力。

零伤害、零疾病、零事故的目标：

我们深信所有的职业伤害与疾病，如安全、环保事故，都是可以避免的。因此我们的目标是零伤害、零疾病、零事故。此外，我们也必须努力推动员工非工作时间的安全。

对于新建的工厂，我们会先进行环境评估，同时在设计、建造、生产、维修、运输等各方面都进行考量，以确保其安全性为社区所接受，并达到环境保护的意旨。我们有周详的紧急应变准备。我们也将协助当地社区来强化紧急应变的准备。

节约能源、资源保护及动物保育：

我们将有限地利用煤炭、石油、天燃气、水、矿物及其他天然资源。

我们要规划土地利用，来改善野生动物之栖息环境。

开诚布公、导引政策：

我们将与员工、客户、股东及社会大众，公开有关我们制造、使用及运送的物资，以及我们的营运对于在安全、健康、环保各方面所造成的影响。

我们将与政府、政策拟定者、产业及民间团体来共同制定更完善的公共政策、法律、法规及作业模式来改善安全、健康与环保。

管理者及员工之承诺、责任：

有关安全、健康、环保的事件须报告给董事会及执行长，董事会及执行长须制定政策，及采取相关措施来达成此承诺。

遵守此承诺及相关法令是每一位员工及协力厂商的责任，同时也是雇用条件或合约条件之一。

各事业部之管理阶层有责任教育、训练及鼓励员工来了解及遵守杜邦的承诺及相关法令。

我们将运用此研究、发展资金等资源来达成公司的承诺，同时强化公司的经营。

我们将定期检讨及报告杜邦在全球的业务。

4. 企业主要负责人应定期组织召开安全生产委员会或领导小组会议(以下简称安委会)。

【解释】

企业主要负责人每季度至少组织和主持1次企业的安全生产领导机构(安全生产委员会或安全生产领导小组)工作会议,计划、实施、检查、评估企业安全生产的阶段性工作;研究、决策安全生产的重大问题,提出持续改进的安全对策和措施。

安全生产工作会议基本要求:

(1)制订安全计划要符合当前安全生产的需要和年度方针目标;

(2)安全计划实施要明确主管领导、职能部门、分工责任人,实施时间和进度要求;

(3)安全检查要根据上述要求预先设计安全检查表,对计划和实施进行检查并列出符合项或不符合项;

(4)评估上述实施项目的绩效,提出持续改进的安全对策和措施;

(5)形成会议记录、文件、纪要、报告或档案材料。

【要求】

主要负责人定期组织召开安委会会议,或定期听取安全生产工作情况汇报,了解安全生产状况,解决安全生产问题。

【检查内容】

1. 查文件

(1)安委会会议记录或纪要;

(2)安全生产工作汇报资料。

2. 询问

主要负责人听取安全生产工作汇报的情况。

5. 落实领导干部带班制度,主要负责人要对领导干部带班负全责。

【依据】

《安全生产法》(中华人民共和国主席令第十三号);

《国务院关于进一步加强企业安全生产工作的通知》(国发〔2010〕23号);

《关于危险化学品企业贯彻落实〈国务院关于进一步加强企业安全生产工作的通知〉的实施意见》(安监总管三〔2010〕186号)。

【解释】

《国务院关于进一步加强企业安全生产工作的通知》(国发〔2010〕23号)要求:"强化生产过程管理的领导责任。企业主要负责人和领导班子成员要轮流现场带班。煤矿、非煤矿山要有矿领导带班并与工人同时下井、同时升井,对无企业负责人带班下井或该带班而未带班的,对有关责任人按擅离职守处理,同时给予规定上限的经济处罚。发生事故而没有领导现场带班的,对企业给予规定上限的经济处罚,并依法从重追究企业主要负责人的责任。"

《关于危险化学品企业贯彻落实〈国务院关于进一步加强企业安全生产工作的通知〉的实施意见》(安监总管三〔2010〕186号)明确要求建立和严格执行领导干部带班制度。企业要建立领导干部现场带班制度，带班领导负责指挥企业重大异常生产情况和突发事件的应急处置，抽查企业各项制度的执行情况，保障企业的连续安全生产。企业副总工程师以上领导干部要轮流带班。生产车间也要建立由管理人员参加的车间值班制度。要切实加强企业夜间和节假日值班工作，及时报告和处理异常情况和突发事件。

企业要建立健全领导带班制度，要明确带班人员、每月带班的次数、带班工作时间、带班的任务、职责权限、群众监督和考核奖惩等内容。

【要求】
(1) 落实领导干部带班制度；
(2) 主要负责人要对领导干部带班负全责。

【检查内容】
1. 查文件
(1) 领导干部带班制度；
(2) 领导干部带班记录及考核记录。
2. 询问：
主要负责人等有关负责人了解和执行带班制度的情况。

三、职责

1. 企业应制定安委会和管理部门的安全职责。

【依据】
《安全生产法》(中华人民共和国主席令第十三号)；
《企业安全生产责任制度》。

【要求】
制定安委会和各管理部门及基层单位的安全职责。

企业应明确各职能部门的安全职责，衔接好不同职能间和不同层级间的职责，形成文件。企业应明确以下安全生产管理机构和职能部门的安全职责：
(1) 决策机构；
(2) 安委会或领导小组；
(3) 安全生产管理机构；
(4) 机械、动力、设备部门；
(5) 生产、技术、计划、调度、质量、计量部门；
(6) 消防、保卫部门；
(7) 职业卫生、环保部门；
(8) 供销、运输部门；
(9) 基建部门；
(10) 劳动人事、教育部门；
(11) 财务部门；
(12) 工会部门；
(13) 科研、设计、规划部门；

(14)行政、后勤部门；
(15)其他有关部门。

企业还应该明确生产基层单位和班组的安全职责。企业应将安全生产职责和权限向所有相关人员传达，确保其了解各自职责的范围、接口关系和实施途径。

【检查内容】

1. 查文件

查看安全生产责任制文件及内容。

2. 询问

各管理部门及基层单位负责人是否清楚本部门安全职责。

2. 企业应制定主要负责人、各级管理人员和从业人员的安全职责。

【依据】

《安全生产法》(中华人民共和国主席令第十三号)；

《广东省安全生产条例》(2013 年 9 月 27 日广东省第十二届人民代表大会常务委员会第四次会议修订)；

《国务院关于进一步加强企业安全生产工作的通知》(国发[2010]23 号)；

广东省《关于进一步加强安全生产工作的意见》(粤发[2011]13 号)。

【要求】

(1)明确主要负责人安全职责，对《安全生产法》规定的主要负责人安全职责进行细化；明确党政领导干部安全生产"一岗双责"制度。

(2)明确各级管理人员的安全职责，做到"一岗双责"；

(3)明确从业人员安全职责，做到"一岗双责"。

企业要建立、完善并严格履行"一岗双责"的全员安全生产责任制，尤其是要完善并严格履行企业领导层和管理人员的安全生产责任制。岗位安全生产责任制的内容要与本人的职务和岗位职责相匹配。

企业应明确以下人员的安全职责：

(1)主要负责人或个体经营的投资人；

(2)经理(厂长、总裁等)、副经理(副厂长、副总裁等)；

(3)总工程师、总经济师、总会计师、总机械师、总动力师及各副总；

(4)各级管理人员；

(5)各级专(兼)职安全员、安全工程师及技术人员；

(6)从业人员等。

【检查内容】

1. 查文件

查看安全生产责任制。

2. 询问

(1)主要负责人是否了解《安全生产法》规定的安全职责和细化后的安全职责内容；

(2)各级管理人员、从业人员对各自职责是否清楚。

3. 企业应建立安全责任考核机制，对各级管理部门、管理人员及从业人员安全职责的履行情况和安全生产责任制的实现情况进行定期考核，予以奖惩。

【要求】
(1) 建立安全生产责任制考核机制。
(2) 对企业负责人、各级管理部门、管理人员及从业人员安全生产责任制进行定期考核，予以奖惩。
(3) 企业建立了健全的安全生产责任制和安全生产规章制度体系，并能够持续改进。

企业应建立安全责任考核制度，规定考核职责、频次、方法、标准、奖惩办法等，建立考核机制，定期对安全职责的履行情况和安全生产责任制的实现情况进行考核。

安全生产责任是企业各项安全生产规章制度的核心，是企业行政岗位责任制度和经济责任制度的重要组成部分。安全生产责任制是按照安全生产方针和"管生产必须管安全"的原则，将各级管理人员、各职能部门、各基层单位、班组和广大从业人员在安全生产方面应做的工作和应负的责任加以明确规定的一种制度。企业安全生产责任制的核心是实现安全生产的"五同时"，即在计划、布置、检查、总结和评比生产的同时，计划、布置、检查、总结和评比安全工作。安全生产责任制包括两个方面：一是纵向，从主要负责人到一般从业人员的安全生产责任制；二是横向，从安委会到各职能部门的安全生产责任制。

【检查内容】
1. 查文件
(1) 安全生产责任制考核制度；
(2) 考核、奖惩决定文件，及奖惩兑现情况；
(3) 企业查安全生产责任制和安全生产规章制度文件。
2. 现场检查
检查财务记录、行政文件。

四、组织机构

1. 企业应设置安委会，设置安全生产管理部门或配备专职安全生产管理人员，并按规定配备注册安全工程师。

【依据】
《安全生产法》（中华人民共和国主席令第十三号）；
《注册安全工程师管理规定》；
《广东省注册安全主任管理规定》。

【解释】
1. 安全生产管理部门及安全管理人员
指的是生产经营单位专门负责安全生产监督管理的内设部门及配备的管理人员。
安全生产管理部门的作用是落实国家有关安全生产法律法规，组织生产经营单位内部各种安全检查活动，负责日常安全检查，及时整改各种事故隐患，监督安全生产责任制落实，等等。它是生产经营单位安全生产的重要组织保证。

安全管理人员是指在企业专职从事安全生产管理工作的人员，包括企业安全生产管理机构的负责人和管理人员，以及未设安全生产管理机构的专职安全生产管理人员。

安全管理人员的基本从业条件：①具有化学或化工类相关专业大学专科以上学历；或者取得注册安全工程师执业资格证书；或者具有化学或化工类相关专业中级技术职称；②有3年以上化工行业从业经历；③身体健康，没有职业病禁忌；④按规定配备的专职安全管理人员，应当由安全生产监督管理部门对其安全生产知识和管理能力考核合格。

2. 注册安全工程师配备要求

根据《安全生产法》规定，危险物品的生产、储存单位应当有注册安全工程师从事安全生产管理工作。

(1) 按照《注册安全工程师管理规定》(国家安全生产监督管理总局令第11号)规定，每个企业应当按照不少于专职安全生产管理人员总人数15%的比例配备注册安全工程师，且不得少于1名；若从业人员不足300人的企业，可以委托安全生产中介机构选派注册安全工程师提供安全生产技术服务。

(2) 按照《广东省注册安全主任管理规定》(广东省人民政府令第85号)规定，从业人员300人以下的企业，必须聘任不少于1名专职注册安全主任；300人以上(含300人)至500人的企业，必须聘任不少于2名专职注册安全主任；500人以上(含500人)至1000人的企业，必须按不少于从业人员总人数4‰的比例聘任专职注册安全主任；超过1000人以上(含1000人)的企业，超过部分按不少于从业人员总人数的2‰的比例加聘注册安全主任。在聘任的注册安全主任中，中级以上注册安全主任的比例应当不少于三分之一。

【要求】

(1) 企业设置安委会。

(2) 企业设置安全管理机构或配备专职安全管理人员。安全生产管理机构要具备相对独立职能。专职安全生产管理人员应不少于企业员工总数的2%(不足50人的企业至少配备1人)，要具备化工或安全管理相关专业中专以上学历，有从事化工生产相关工作2年以上经历。

(3) 按规定配备注册安全工程师，且至少有一名具有3年化工安全生产经历；或委托安全生产中介机构选派注册安全工程师提供安全生产管理服务。

企业应根据规模大小，建立安委会或领导小组，安委会或领导小组应该由企业的主要负责人领导，由安全生产相关人员、工会参加。

企业应按照《安全生产法》，设置专门的安全生产管理机构或配备专职的安全生产管理人员。《国家安全生产监督管理总局、工业和信息化部关于危险化学品企业贯彻落实〈国务院关于进一步加强企业安全生产工作的通知〉的实施意见》(安监总管三〔2010〕186号)对企业安全生产管理机构的设置和专职安全生产管理人员的配备作了具体规定。

企业应按照国家有关注册安全工程师的有关规定，配备、使用注册安全工程师。如果企业没有条件培养注册安全工程师，则应与安全生产中介机构签订委托协议，由其选派符合要求的注册安全工程师为企业提供安全生产管理服务。配备或选派的注册安全工程师应至少有一名具有3年化工安全生产经历。

【检查内容】
查文件：
(1)安委会、安全生产管理部门或专职安全管理人员配备文件；
(2)注册安全工程师配备或委托文件；
(3)安全生产管理人员的学历、工作经历；
(4)与提供安全生产管理服务的中介机构签订的协议(合同)。

2. 企业应根据生产经营规模大小，设置相应的管理部门。

【要求】
(1)根据生产经营规模设置相应管理部门；
(2)生产、储存剧毒化学品、易制毒危险化学品的单位，应当设置治安保卫机构，配备专职治安保卫人员。

企业应根据规模大小和风险特点，设置设备、技术、生产、动力、后勤等管理部门。为了加强对剧毒化学品、易制毒危险化学品的管理，防止其被盗失窃而引发事故，企业还应设置治安保卫部门或配备专职治安保卫人员。

【检查内容】
查文件：
(1)管理部门设置文件；
(2)治安保卫部门设置及专职治安保卫人员配置文件。

【参考案例】
管理要素划分(各企业应按实际的部门设立，并予以全面覆盖)：

序号	要求		主管部门及相关部门										
			办公室	宣传科	人事科	财务科	供销科	生产科	技术科	设备科	安全科	环保科	生产分厂	后勤科	其他
1	1 法律、法规和标准	▲												
	1.1 法律、法规和标准的识别和获取		△	△	△	△	△	△	△	△	△	△	△	△	△
	1.2 法律、法规和标准符合性评价										△			
2	2 机构和职责	▲												
	2.1 方针目标		△	△	△	△	△	△	△	△	△	△	△	△	△
	2.2 负责人		△											
	2.3 职责		△	△	△	△	△	△	△	△	△	△	△	△	△
	2.4 组织机构		△		△									
	2.5 安全生产投入					△					△			
3	3 风险管理													
	……													

3. 企业应建立、健全从安委会到基层班组的安全生产管理网络。

【要求】

建立从安全生产委员会到管理部门、车间、基层班组的安全生产管理网络，各级机构要配备负责安全生产的人员。

企业应健全基层单位和基层班组的安全生产管理组织，建立从安委会、管理部门、基层单位、基层班组的安全生产管理网络，各级组织在其管辖范围内都应有负责安全生产的管理人员。

【检查内容】

1. 查文件

查看安全生产委员会、管理部门、车间、基层班组的安全生产管理网络的文件。

2. 询问

询问有关人员是否了解安全生产管理网络构成。

五、安全生产投入

1. 企业应依据国家、当地政府的有关安全生产费用提取规定，自行提取安全生产费用，专项用于安全生产。

【依据】

《安全生产法》（中华人民共和国主席令第十三号）；

《关于印发〈企业安全生产费用提取和使用管理办法〉的通知》（财企〔2012〕16号）；

《广东省高危行业安全费用管理办法》（粤安监〔2005〕25号）。

【解释】

按照《关于印发〈企业安全生产费用提取和使用管理办法〉的通知》（财企〔2012〕16号）的有规定，安全生产费用是指企业按照规定标准提取在成本中列支，专门用于完善和改进企业或者项目安全生产条件的资金。

危险品生产与储存企业以上年度实际营业收入为计提依据，采取超额累退方式按照以下标准平均逐月提取：

（1）营业收入不超过1000万元的，按照4%提取；

（2）营业收入超过1000万元至1亿元的部分，按照2%提取；

（3）营业收入超过1亿元至10亿元的部分，按照0.5%提取；

（4）营业收入超过10亿元的部分，按照0.2%提取。

企业在上述标准的基础上，根据安全生产实际需要，可适当提高安全费用提取标准。

按《广东省高危行业安全费用管理办法》（粤安监〔2005〕25号）要求，安全费用的提取标准：危险化学品和民爆器材生产、储存、运输企业按不低于其销售总额的2%提取。

在《关于印发〈企业安全生产费用提取和使用管理办法〉的通知》（财企〔2012〕16号）实施前，各省级政府已制定下发企业安全费用提取使用办法的，其提取标准如果低于该办法规定的标准，应当按照本办法进行调整；如果高于本办法规定的标准，按照原标准执行。

【要求】

根据国家及当地政府规定,建立和落实安全生产费用管理制度,确保安全生产需要。

为了保证企业改善劳动条件所具备的资金,国务院于1979年规定"企业每年在固定资产更新和技术改造费用中提取10%～20%用于改善劳动条件"。1993年新的会计制度实行后,取消了这一规定。但新的财务制度规定"企业在基本建设和技术改造过程中发生的劳动安全措施有关费用,直接计入在建工程成本,企业在生产过程中发生的劳动保护费用直接计入制造费用,"新制度使劳动安全措施经费不受任何比例限制,拓宽了费用来源。《安全生产法》中规定,生产经营单位应当具备的安全生产条件所必需的资金投入,由生产经营单位的决策机构、主要负责人或者个人经营的投资人予以保证,并对由于安全生产所必需的资金投入不足导致的后果承担责任。财政部、国家安全生产监督管理总局于2006年联合下发了《高危行业企业安全生产费用财务管理暂行办法》的通知(财企〔2016〕478号),明确规定了安全费用提取的标准、范围、使用和管理以及财务监督的管理办法。2012年2月,财政部、国家安全生产监督管理总局又联合发布了《企业安全生产费用提取和使用管理办法》(财企〔2012〕16号),该办法对(财企〔2006〕478)进行了修订完善,扩大了办法的适用范围,安全生产费用的提取和使用不再仅仅局限高危行业。同时,安全生产费用提取和使用管理也由暂行办法变为正式管理办法。

为了保证安全生产所需的费用,满足《安全生产法》、《国务院进一步加强安全生产工作的决定》等有关规定,企业应建立安全投入保障制度,明确安全费用的提取标准,按照确定的提取标准自行提取,并且用于安全生产,不得挪作他用。

企业决策机构、主要负责人或个人经营的投资人应该确保安全生产的资金投入,避免产生严重的后果。

【检查内容】

查文件:

查看安全生产费用管理制度。

2. 企业应按照规定的安全生产费用使用范围,合理使用安全生产费用,建立安全生产费用台账。

【要求】

(1)按照国家及地方规定合理使用安全生产费用;

(2)建立安全生产费用台账,载明安全生产费用使用情况。

按照《关于印发〈企业安全生产费用提取和使用管理办法〉的通知》(财企〔2012〕16号)的有关规定,危险品生产与储存企业安全费用应当按照以下范围使用:

(1)完善、改造和维护安全防护设施设备支出(不含"三同时"要求初期投入的安全设施),包括车间、库房、罐区等作业场所的监控、监测、通风、防晒、调温、防火、灭火、防爆、泄压、防毒、消毒、中和、防潮、防雷、防静电、防腐、防渗漏、防护围堤或者隔离操作等设施设备支出;

(2)配备、维护、保养应急救援器材、保障设备支出和应急演练支出;

(3)开展重大危险源和事故隐患评估、监控和整改支出;

(4)安全生产检查、评价(不包括新建、改建、扩建项目安全评价)、咨询和标准化建设支出；
(5)配备和更新现场作业人员安全防护用品支出；
(6)安全生产宣传、教育、培训支出；
(7)安全生产适用的新技术、新标准、新工艺、新装备的推广应用支出；
(8)安全设施及特种设备检测检验支出；
(9)其他与安全生产直接相关的支出。

主要承担安全管理责任的集团公司经过履行内部决策程序，可以对所属企业提取的安全费用进行一定比例集中管理，统筹使用。

【检查内容】

1. 查文件

(1)安全生产费用管理制度；
(2)安全生产费用台账。

2. 询问

询问安全生产费用管理部门对安全生产费用的使用情况。

3. 现场检查

检查安全生产费用使用情况与台账记录是否符合。

3. 企业应依法参加工伤保险或安全生产责任保险，为从业人员缴纳保险费。

【依据】

《安全生产法》(中华人民共和国主席令第十三号)；
《职业病防治法》(中华人民共和国主席令第五十二号)；
《国务院关于修改〈工伤保险条例〉的决定》；
《广东省安全生产条例》(2013年9月27日广东省第十二届人民代表大会常务委员会第四次会议修订)。

【解释】

与参加工伤社会保险相关的法律法规主要有：
(1)《国务院关于修改〈工伤保险条例〉的决定》；
(2)《广东省工伤保险条例》(广东省第十一届人民代表大会常务委员会公告(第69号))；
(3)《广东省社会工伤保险条例实施细则》(广东省人民政府令第58号)。

《工伤保险条例》规定：中华人民共和国境内的企业、事业单位、社会团体、民办非企业单位、基金会、律师事务所、会计师事务所等组织和有雇工的个体工商户(以下称用人单位)应当依照本条例规定参加工伤保险，为本单位全部职工或者雇工(以下称职工)缴纳工伤保险费。

《广东省工伤保险条例》规定：广东省行政区域内的各类企业、个体工商户、民办非企业单位、国家机关、社会团体及事业单位(以下称用人单位)应当为与之建立劳动关系的职工或者雇工(以下称职工)缴纳工伤保险费。

《广东省社会工伤保险条例实施细则》规定：条例所列所有企业、实行企业化管理和经费自收自支或差额结算的事业单位及其所属全部员工、国家机关中的合同制职工、临时工,无论隶属关系如何,均要按规定在领取工商营业执照的登记地、事业单位登记地或机关所在地参加社会工伤保险。

与参加安全生产责任保险的法律法规主要有:

(1)《安全生产法》;

(2)《广东省安全生产条例》。

《安全生产法》规定,国家鼓励生产经营单位投保安全生产责任保险。

《广东省安全生产条例》规定,本省推行安全生产责任保险制度。危险化学品生产、经营、储存单位,应当按照国家有关规定参加安全生产责任保险。

【要求】

依法参加工伤保险,为全体从业人员缴纳保险费。

按照国家有关规定参加安全生产责任保险,为全体从业人员投保安全生产责任保险,缴纳保险费。

【检查内容】

查文件:

查看企业为从业人员缴纳保险凭证。

4. 企业应实行全员安全风险抵押金制度或安全责任保险。

【依据】

《安全生产法》(中华人民共和国主席令第十三号);

《国务院关于进一步加强企业安全生产工作的通知》(国发〔2010〕23号);

《国家安全监管总局、工业和信息化部关于危险化学品企业贯彻落实〈国务院进一步加强企业安全生产工作的通知〉的实施意见》(安监总管三〔2010〕186号);

《企业安全生产风险抵押金管理暂行办法》。

【解释】

安全生产风险抵押金是指企业以其法人或合伙人名义将本企业资金专户存储,用于本企业生产安全事故抢险、救灾和善后处理的专项资金。

【要求】

实行全员安全风险抵押金制度或安全责任保险。

《国务院关于进一步加强企业安全生产工作的通知》(国发〔2010〕23号)规定,高危行业企业要探索实行全员安全风险抵押金制度,积极稳妥推行安全生产责任保险制度。《国家安全监管总局、工业和信息化部关于危险化学品企业贯彻落实〈国务院进一步加强企业安全生产工作的通知〉的实施意见》(安监总管三〔2010〕186号)也对此作出了相关规定,明确企业要积极推行安全生产责任险,实现安全生产保障渠道多样化。

【检查内容】

查文件:

查看风险抵押金或安全责任保险考核记录。

第三节 管理制度

一、安全生产规章制度

1. 企业应制订的安全生产规章制度，至少包括：
（1）安全生产职责；
（2）识别和获取适用的安全生产法律法规、标准及其他要求；
（3）安全生产会议管理；
（4）安全生产费用；
（5）安全生产奖惩管理；
（6）管理制度评审和修订；
（7）安全培训教育；
（8）特种作业人员管理；
（9）管理部门、基层班组安全活动管理；
（10）风险评价；
（11）隐患治理；
（12）重大危险源管理；
（13）变更管理；
（14）事故管理；
（15）防火、防爆管理，包括禁烟管理；
（16）消防管理；
（17）仓库、罐区安全管理；
（18）关键装置、重点部位安全管理；
（19）生产设施管理，包括安全设施、特种设备等管理；
（20）监视和测量设备管理；
（21）安全作业管理，包括动火作业、进入受限空间作业、临时用电作业、高处作业、起重吊装作业、破土作业、断路作业、设备检维修作业、高温作业、抽堵盲板作业管理等；
（22）危险化学品安全管理，包括剧毒化学品安全管理及危险化学品储存、出入库、运输、装卸等；
（23）检维修管理；
（24）生产设施拆除和报废管理；
（25）承包商管理；
（26）供应商管理；
（27）职业卫生管理，包括防尘、防毒管理；
（28）劳动防护用品（具）和保健品管理；
（29）作业场所职业危害因素检测管理；
（30）应急救援管理；
（31）安全检查管理。

【依据】

《安全生产法》(中华人民共和国主席令第十三号)。

【解释】

企业应根据自身的实际情况,制定相关适用的、有针对性和可操作性的安全管理制度(其内容包含但不限于上述要求)。

【要求】

(1)通过识别和评估,将适用于本企业的有关法律法规和有关标准规定转化为企业安全生产规章制度或安全操作规程的具体内容,并严格落实;

(2)安全生产规章制度内容应符合标准要求;

(3)明确责任部门、职责、工作要求;

(4)安全生产规章制度应具有可操作性;

(5)除制定《通用规范》要求的规章制度以外,还应制定包括以下内容的规章制度:工艺管理、开停车管理、设备管理、建(构)筑物管理、电气管理、公用工程管理、易制毒管理、危险化学品输送管道定期巡线制度、领导干部带班、厂区交通安全、文件、档案管理制度等;

(6)企业主要负责人应组织审定并签发安全生产规章制度。

为规范企业及员工的安全生产行为,确保企业安全生产正常运行,企业应结合自身的实际,制定相关的安全生产规章制度。

在制定安全生产规章制度时,企业应明确责任部门和协助部门,将职责、权限以及工作要求规定清楚,尽量使规章制度最小化,力求简明、适用、易操作;应通过识别和评估,将适用于本企业的有关法律法规和有关标准规定转化为企业安全生产规章制度或操作规程的具体内容,并严格落实,规章制度的名称、格式由企业自行规定,保证内容符合要求。

企业安全生产规章制度应由企业主要负责人组织审定,确保制度合法、合规、适用和易操作,最后,经主要负责人签发,方可生效。

【检查内容】

1. 查文件

(1)适用的法律法规和标准、规章制度和安全操作规程清单;

(2)企业安全生产规章制度签发文件。

2. 询问

询问有关人员对法律、法规和标准规范的了解、掌握情况。

3. 现场检查

检查法律、法规和标准的遵守情况。

2. 企业应将安全生产规章制度发放到有关的工作岗位。

【解释】

企业应把重要的管理制度张贴在相应的工作岗位上。

【要求】

将安全生产规章制度发放到有关的工作岗位。

企业应将最新和有效的安全生产规章制度发放到相关部门、基层单位和人员手中，并及时将废止的规章制度收回，妥善处理。

【检查内容】

1. 查文件

查看文件发放记录。

2. 现场检查

检查工作岗位是否有有效的规章制度。

二、操作规程

1. 企业应根据生产工艺、技术、设备设施特点和原材料、辅助材料、产品的危险性，编制操作规程，并发放到相关岗位。

【解释】

企业应制定适用的操作规程，并张贴在对应的操作岗位。对于某些（主要是大型或连续性）关键装置的操作规程，应包含开车、正常停车、紧急停车、不正常现象及其处理、安全注意事项等内容。

【要求】

（1）以危险、有害因素分析为依据，编制岗位操作规程；

（2）发放到相关岗位；

（3）企业主要负责人或其指定的技术负责人审定并签发操作规程。

企业安全管理的精髓就是各岗位、各种作业活动都有相应的操作规程，操作规程往往是多年安全生产经验和教训的总结。因此，企业应编制各岗位、各种作业活动的操作规程，并要求从业人员严格遵守，以此来规范从业人员的作业活动，确保安全生产。

企业在制定操作规程时，应根据生产工艺、技术、设备等的不同特点，以及原材料、辅助材料、产品的危险性大小，采用工作危害分析法或其他适用的方法对各项操作活动进行风险分析，在风险分析的基础上，制定具有针对性措施的操作规程。

同样，操作规程也应由企业主要负责人或其制订的技术负责人审定并签发。企业各岗位、各种作业活动相关的操作规程应是最新的有效文件。

【检查内容】

1. 查文件

(1) 岗位操作规程；

(2) 文件发放记录；

(3) 操作规程签发文件。

2. 现场检查

抽查岗位是否有有效的岗位操作规程。

> 2. 企业应在新工艺、新技术、新装置、新产品投产或投用前，组织编制新的操作规程。

【要求】

新工艺、新技术、新装置、新产品投产或投用前，应组织编制新的操作规程。

新工艺、新技术、新装置、新产品投产或投用，可能存在或产生新的危险或危害，因此，企业同样必须根据新工艺、新技术、新装置、新产品的特点以及所涉及原辅材料、产品的危险性进行风险分析，在风险分析的基础上制定相应的操作规程，并要求从业人员严格遵守，防止生产安全事故的发生。

【检查内容】

查文件：新项目的操作规程。

三、修订

> 1. 企业应明确评审和修订安全生产规章制度和操作规程的时机和频次，定期进行评审和修订，确保其有效性和适用性。在发生以下情况时，应及时对相关的规章制度或操作规程进行评审、修订：
>
> (1) 当国家安全生产法律、法规、规程、标准废止、修订或新颁布时；
> (2) 当企业归属、体制、规模发生重大变化时；
> (3) 当生产设施新建、扩建、改建时；
> (4) 当工艺、技术路线和装置设备发生变更时；
> (5) 当上级安全监督部门提出相关整改意见时；
> (6) 当安全检查、风险评价过程中发现涉及规章制度层面的问题时；
> (7) 当分析重大事故和重复事故原因，发现制度性因素时；
> (8) 其他相关事项。

【要求】

(1) 规定安全生产规章制度和操作规程评审、修订的时机和频次；

(2) 安全生产规章制度、安全操作规程至少每3年评审和修订一次；

(3) 按规定进行评审和修订；

(4)在发生有关情况时,应及时评审、修订相关的规章制度或操作规程。

企业的安全生产规章制度和操作规程不应该是一成不变的,应该根据国家法律法规、标准,企业的生产工艺、技术、设备等的变化,以及对风险的重新认识等因素进行定期或及时的评审和修订。企业应制定有关安全生产规章制度、操作规程评审和修订制度,对安全生产规章制度和操作规程进行评审和修订的责任部门、实际、频次和要求等,定期和及时进行评审和修订。通常安全生产规章制度和操作规程至少每3年评审修订一次,而当发生上述规定要求的8种情况时,应及时进行评审、修订,以确保安全生产规章制度和操作规程的适用性和有效性。

【检查内容】

查文件:

(1)管理制度评审和修订制度;

(2)安全生产规章制度、操作规程;

(3)评审和修订记录。

2. 企业应组织相关管理人员、技术人员、操作人员和工会代表参加安全生产规章制度和操作规程评审和修订,注明生效日期。

【要求】

(1)组织相关管理人员、技术人员、操作人员和工会代表参加安全生产规章制度和操作规程评审和修订;

(2)修订的安全生产规章制度和操作规程应注明生效日期。

安全生产规章制度和操作规程的评审、修订工作应有管理人员、技术人员、操作人员和工会代表参加,以确保安全生产规章制度和操作规程的科学、合理和可操作性。修订后的安全生产规章制度和操作规程应注明生效日期。

【检查内容】

查文件:

(1)评审、修订记录;

(2)安全生产规章制度和操作规程;

(3)发布修订的安全生产规章制度或操作规程的文件。

3. 企业应保证使用最新有效版本的安全生产规章制度和操作规程。

【要求】

企业现行安全生产规章制度和操作规程是最新有效的版本。

新修订的安全生产规章制度和操作规程应及时发放到相关岗位和人员手中,并组织相关人员学习,使他们熟悉并遵守新的安全生产规章制度和操作规程,企业应保证各岗位和相关人员使用的安全生产规章制度和操作规程是最新的有效版本,不得使用过期或作废的安全生产规章制度和操作规程。

【检查内容】

1. 查文件

查看发布最新版本安全生产规章制度或操作规程的文件发放记录。

2. 现场检查

检查部门、岗位使用的安全生产规章制度和操作规程是否是最新、有效的版本。

第四节 培训教育

一、培训教育管理

1. 企业应严格执行安全培训教育制度，依据国家、地方及行业规定和岗位需要，制定适宜的安全培训教育目标和要求。根据不断变化的实际情况和培训目标，定期识别安全培训教育需求，制定并实施安全培训教育计划。

【依据】

《安全生产法》(中华人民共和国主席令第十三号)；

《安全生产培训管理办法》。

【解释】

确定培训需求：随着安全生产形势及政策的改变，新工艺、新技术、新设备和新材料的采用，员工原有的安全知识和操作技可能不能满足当前生产的需要。企业应当根据现实情况，对员工进行新的安全培训，从而产生了安全培训的需求。

产生了安全培训的需求，企业就必须根据需求首先确定培训的方针目标，制定培训计划，包括培训的内容、对象、时间、地点等。培训计划又可以按照时间分为：年度培训计划，季度培训计划，月培训计划和日常培训计划。

培训策划：安全培训计划制定完成以后，要在充分调研、反复论证的基础上，根据不同的培训目标、不同的培训层次和不同的培训对象，考虑培训对象的岗位职责要求、专业技术能力、受教育水平、工作经验、曾经接受过的培训以及可承受风险等因素，制定有针对性的培训教学计划与大纲，选用实践性和实效性强的教材，并在培训过程中注重理论联系实际，因材施教。

培训计划、目的、内容要有针对性。安全培训必须根据企业对职工知识与技能的要求而确定目标，突出重点和关键环节。根据不同的工种、岗位，以提高现场操作技能为目标，在较短的时间内，使受训人员掌握现场岗位操作的基本要领和对突发情况的应变能力。

【要求】

(1)制定全员安全培训、教育目标和要求；

(2)定期识别安全培训、教育需求；

(3)制定安全培训、教育计划并实施。

企业应根据安全生产的特点,确定安全培训教育目标和要求,在每年的年末或年初进行安全培训教育需求调查,了解基层单位和从业人员的培训需求,并根据需求调查,制定年度安全培训教育计划,落实培训教育计划。

【检查内容】

1. 查文件

(1)安全培训、教育制度;

(2)安全培训、教育需求记录;

(3)安全培训教育计划;

(4)安全培训、教育记录。

2. 询问

抽查有关人员参加培训情况。

2. 企业应组织培训教育,保证安全培训教育所需人员、资金和设施。

【要求】

提供培训、教育所需的人员、资金和设施。

企业应为安全培训教育提供足够的人力、资金、场地和设施等资源,各级管理人员也应在其职权范围内提供资源,保证安全培训教育工作能够顺利、有效地开展。

【检查内容】

查文件:

(1)安全生产费用台账或资金计划;

(2)培训教育计划和记录。

3. 企业应建立从业人员安全培训教育档案。

【解释】

一般从业人员安全培训教育档案包括:职工本人基本情况、岗前安全教育培训、转岗安全教育培训、日常安全教育培训、安全奖励记录、不安全事件处罚记录。

【要求】

建立从业人员安全培训教育档案。

企业应为每个从业人员建立培训教育档案,对安全培训教育进行规范管理。企业年度培训教育计划、员工三级安全教育卡、员工培训登记表可参见表3-1~表3-3。

【检查内容】

查文件:

查看从业人员安全培训教育档案。

表3-1　企业年度培训教育计划

序号	时间	培训班名称	培训内容	责任部门	培训对象	课时	师资	备注（变更情况）

编制：　　　　　审核：　　　　　批准：　　　　　　　　　　年　月　日

表3-2　员工三级安全教育卡

姓名		出生年月		性别		健康状况	
从何处来		入厂时间		所在部门		岗位	

厂教育	内容摘要： 教育时间：从____月___日至___日共___学时，考核成绩：_____ 教育负责人签字：
车间教育	内容摘要： 教育时间：从____月___日至___日共___学时，考核成绩：_____ 教育负责人签字：
班组教育	内容摘要： 教育时间：从____月___日至___日共___学时，考核成绩：_____ 教育负责人签字：
受教育个人意见	签字：　　　　　　　　　_____年____月___日
教育主管部门意见	签字：　　　　　　　　　_____年____月___日

保存部门：　　　　　　　　　　　　　　　　　　　　　　保存期限：5年

表3-3 员工培训登记表

举办单位：				培训日期：	
培训班名称		培训对象		培训地点	
培训内容		开始时间	结束时间	课时	师资
考核成绩					
编号	姓名	岗位	成绩	编号	姓名	岗位	成绩
培训效果评价							

保存期限：_____年　　　　　　　　　　　填表人：_____

4. 企业安全培训教育计划变更时，应记录变更情况。

【解释】

培训结束后需要与受训者及时进行沟通，根据对改进培训内容和方法的反馈意见或建议，并结合实际工作情况及时修订安全培训计划，为以后的安全培训提供有益的借鉴。

【要求】

安全培训教育计划变更时，应按规定记录变更情况。

如果因故不能按照既定的培训教育计划实施，需要增加或减少培训计划内容，企业应对培训教育计划的变更情况进行记录。

【检查内容】

查文件：

(1)安全培训教育计划；

(2)变更记录。

5. 企业安全培训教育主管部门应对培训教育效果进行评价。

【解释】

培训教育效果评价主要包括(但不仅于)以下4个方面：

(1)受训者反应，即受训者对培训的反应和感受；

(2)学习效果，即确定受训者在培训结束时，是否在知识、技能、态度等方面得到了提高；

(3)能力改变，这一阶段的评估要确定培训参加者在多大程度上通过培训而发生了能力上的改进；

(4)产生的效果,主要是经济效益和社会效益的评估。

【要求】

安全培训教育主管部门应对培训教育效果进行评价和改进。

为确保培训工作的针对性和有效性,企业安全培训教育主管部门应对培训教育的效果进行评价。评价的内容应包括对培训方式、培训内容、师资以及参训人员达到的能力水平等方面,确保安全培训教育取得最佳效果。

培训效果评价可以在培训过程中进行,也可以通过现场检查或检测培训产生的长期效果来评价培训是否已达到预期目的。根据培训效果评价的结果,企业应及时调整以后的培训教育工作。

【检查内容】

1. 查文件

查看培训教育效果评价记录。

2. 询问

了解有关人员对安全培训、教育效果的评价。

> 6. 企业应确立终身教育的观念和全员培训的目标,对在岗的从业人员进行经常性安全培训教育。

【要求】

(1)确立终身教育的观念和全员培训的目标;

(2)对从业人员进行经常性安全培训教育。

企业应确立终身教育的观念和全员安全培训目标,对所有从业人员从新员工入厂开始直到退休都要进行教育,使所有从业人员都能够不断提高安全意识和岗位技术技能。

企业要对从业人员进行经常性的安全培训教育。经常性的安全培训教育应主要以提高安全意识、操作技能等为主。培训教育形式可以是班前、班后会的安全技术交底、安全活动日、安全生产会议、事故现场会、张贴标语和招贴画等。通过各种形式的培训教育和活动,激发从业人员搞好安全生产的热情,促使员工重视安全,进而实现安全生产。

企业还应对所有从业人员每年进行安全再教育,再培训的时间不得少于20学时。

【检查内容】

查文件:

(1)安全培训教育制度;

(2)安全培训教育计划;

(3)安全培训教育记录、档案。

二、从业人员岗位标准

> 企业应对从业人员岗位标准要求做到明确具体的文件化,落实国家、地方及行业等部门制定的岗位标准。

【要求】
(1)企业对从业人员岗位标准要求应文件化，做到明确具体；
(2)落实国家、地方及行业等部门制定的岗位标准。

岗位是企业安全管理的基本单元，岗位标准是对岗位人员作业的综合规范和要求。只有每个岗位，尤其是基层操作的作业人员将国家有关安全生产法律法规、标准规范和企业安全管理制度落到实处，实现岗位达标，才能真正实现企业安全生产的管理。因此，在企业安全生产管理过程中，企业应制定明确、具体、文件化的岗位标准，对各个岗位作业人员的知识、技能、素质等方面提出明确要求。通过逐步提高岗位人员的安全意识和操作技能，规范作业行为，实现岗位达标，才能较少发生和杜绝"三违"现象，全面提升现场安全管理水平，进而防范各类事故的发生。

企业制定岗位标准应结合各岗位的性质和特点，依据国家有关法律法规、标准规范要求，内容必须具体、全面、切实可行，主要包括：
(1)岗位职责描述。
(2)岗位人员基本要求：年龄、学历、上岗资格证书、职业禁忌症等。
(3)岗位知识和技能要求：熟悉或掌握本岗位的危险有害因素(危险源)及其预防控制措施、安全操作规程、岗位关键点和主要工艺参数的控制、自救互救及应急处置措施等。
(4)行为安全要求：严格按操作规程进行作业，执行作业审批，交接班等规章制度，禁止各种不安全行为及与作业无关行为，对关键操作进行安全确认，不具备安全作业条件时拒绝作业等。
(5)装备护品要求：生产设备及其安全设施，工具的配置、使用、检查和维护，个体防护用品的配备和使用，应急设备器材的配备、使用和维护等。
(6)作业现场安全要求：作业现场清洁有序，作业环境中粉尘、有毒物质、噪声等浓度(强度)符合国家或行业标准要求，工具物品定置摆放，安全通道畅通，各类标识和安全标志醒目。
(7)岗位管理要求：明确工作任务，强化岗位培训，开展隐患排查，加强安全检查，分析事故风险，铭记防范措施并严格落实到位。
(8)其他要求：结合企业、专业及岗位的特点，提出的其他岗位安全生产要求。

企业的岗位标准应定期评审、修订和完善，以确保其持续符合安全生产的实际要求。当国家法律法规和标准规范、企业的生产工艺和设备设施、岗位职责等发生变化时，企业应及时对岗位标准进行修订和完善。

【检查内容】
查文件：
(1)载明企业从业人员岗位标准的文件；
(2)从业人员招聘资料、员工台账、档案。

三、管理人员培训教育

1. 企业主要负责人和安全生产管理人员必须具备与本单位所从事的生产经营活动相应的安全生产知识和管理能力，经安全生产监管部门对其安全生产知识和管理能力考核合格。取得安全资格证书后方可任职，并按规定参加每年再培训。

【依据】
《安全生产法》（中华人民共和国主席令第十三号）；
《生产经营单位安全培训规定》；
《安全生产培训管理办法》；
《国家安全监管总局关于印发安全生产资格考试与证书管理暂行办法的通知》（安监总培训〔2013〕104号）；
《国家安全监管总局办公厅关于国务院取消有关安全资格认定后相关工作的复函》（安监总厅宣教函〔2015〕61号）。

【解释】
依据《生产经营单位安全培训规定》（国家安全生产监督管理总局令第3号）：
煤矿、非煤矿山、危险化学品、烟花爆竹等生产经营单位主要负责人和安全生产管理人员安全资格培训时间不得少于48学时，每年再培训时间不得少于16学时。

【要求】
（1）企业主要负责人和安全生产管理人员应接受专门的安全培训教育，经安全监管部门对其安全生产知识和管理能力考核合格，不再颁发资格证；
（2）按规定参加每年再培训。

为确保企业主要负责人和安全生产管理人员具备相应的安全生产知识和管理能力，保证企业安全生产工作的正常有序开展，企业主要负责人和安全生产管理人员必须接受专门的安全培训，并经安全生产监督监察部门考核合格，方可任职。企业主要负责人和安全管理人员的安全资格培训时间不得少于48学时，每年再培训时间不少于16学时。

【检查内容】
查文件：安全资格证书、参加培训及考核合格证书及培训档案。

2. 企业其他管理人员，包括管理部门负责人和基层单位负责人、专业工程技术人员的安全培训教育由企业相关部门组织，经考核合格后方可任职。

【依据】
《安全生产法》（中华人民共和国主席令第十三号）；
《安全生产培训管理办法》；
《生产经营单位安全培训规定》；
《特种作业人员安全技术培训考核管理规定》；
《特种设备作业人员监督管理办法》；
《危险化学品生产经营单位从业人员安全生产培训大纲》。

【要求】

(1)其他管理人员，包括管理部门负责人和基层单位负责人、专业工程技术人员的安全培训教育由企业相关部门组织；

(2)经考核合格后方可任职；

(3)按规定参加每年再培训。

企业各级管理人员和专业工程技术人员应接受相应的安全生产知识和技能教育培训以及每年的再培训，考核合格，方可任职。各级管理人员和专业工程技术人员的安全培训教育可以由企业自行组织或聘请安全培训机构进行。

【检查内容】

查文件：

查看安全培训教育档案。

四、从业人员培训教育

1. 企业应对从业人员进行安全培训教育，并经考核合格后方可上岗。从业人员每年应接受再培训，再培训时间不得少于国家或地方政府规定学时。

【依据】

《安全生产法》(中华人民共和国主席令第十三号)；

《安全生产培训管理办法》；

《生产经营单位安全培训规定》；

《特种作业人员安全技术培训考核管理规定》；

《特种设备作业人员监督管理办法》；

《危险化学品生产经营单位从业人员安全生产培训大纲》。

【解释】

依据《安全生产法》第二十五条：生产经营单位应当对从业人员进行安全生产教育和培训，保证从业人员具备必要的安全生产知识，熟悉有关的安全生产规章制度和安全操作规程，掌握本岗位的安全操作技能，了解事故应急处理措施，知悉自身在安全生产方面的权利和义务。未经安全生产教育和培训合格的从业人员，不得上岗作业。

依据《生产经营单位安全培训规定》(国家安全生产监督管理总局令第3号)：煤矿、非煤矿山、危险化学品、烟花爆竹等生产经营单位新上岗的从业人员安全培训时间不得少于72学时，每年接受再培训的时间不得少于20学时。

【要求】

(1)对从业人员进行安全培训教育，并经考核合格后方可上岗；

(2)对从业人员进行安全生产法律、法规、标准、规章制度和操作规程、安全管理方法等培训；

(3)从业人员每年应接受再培训，再培训时间不得少于规定学时。

企业安全生产管理的有效进行，需要全体从业人员的积极参与，要求每个从业人员都具备良好的安全生产意识和操作技能，具有高度的安全责任感和处理本岗位安全事故、事件的能力。

企业对从业人员的安全教育培训，应包括安全生产意识和安全生产规章制度、岗位操作技能、岗位风险管理、应急处理等方面。只有经安全教育培训，并考核合格者，才能安排到相应的工作岗位工作。未经培训教育和考核不合格者，不得上岗。

从业人员每年接受再教育的时间不得少于20学时。

【检查内容】

1. 查文件

查看培训教育记录、档案。

2. 现场检查

检查从业人员上岗证。

> 2. 企业应按有关规定，对新从业人员进行厂级、车间（工段）级、班组级安全培训教育，经考核合格后，方可上岗。新从业人员安全培训教育时间不得少于国家或地方政府规定学时。

【解释】

依据《生产经营单位安全培训规定》（国家安全生产监督管理总局令第3号）有关规定，新员工要进行三级教育。包括厂级教育、车间教育、班组教育。

企业必须对新上岗的从业人员，包括临时工、合同工、劳务工、轮换工、协议工等进行强制性安全培训。通过安全培训教育，使新从业人员熟知国家安全生产法律法规、企业的规章制度、规程、风险管理等，保证其具备本岗位安全生产操作、自救互救以及应急处置所需的知识和技能后，方可安排上岗作业。

【要求】

1. 新从业人员进行厂级、车间（工段）级、班组级安全培训教育，经考核合格后，方可上岗；

2. 三级安全培训教育的内容、学时应符合安全监管总局令第3号的规定。新从业人员上岗前培训包括厂级、车间（工段）级、班组级三级安全培训教育，培训时间不得少于72学时。其中包括：

1）培训内容

（1）厂（矿）级岗前安全培训内容应当包括：

①本单位安全生产情况及安全生产基本知识；

②本单位安全生产规章制度和劳动纪律；

③从业人员安全生产权利和义务；

④有关事故案例等。

此外，煤矿、非煤矿山、危险化学品、烟花爆竹等生产经营单位厂（矿）级安全培训除包括上述内容外，应当增加事故应急救援、事故应急预案演练及防范措施等内容。

（2）车间（工段、区、队）级岗前安全培训内容应当包括：

①工作环境及危险因素；

②所从事工种可能遭受的职业伤害和伤亡事故；

③所从事工种的安全职责、操作技能及强制性标准；

④自救互救、急救方法、疏散和现场紧急情况的处理；

⑤安全设备设施、个人防护用品的使用和维护；
⑥本车间(工段、区、队)安全生产状况及规章制度；
⑦预防事故和职业危害的措施及应注意的安全事项；
⑧有关事故案例；
⑨其他需要培训的内容。
（3）班组级岗前安全培训内容应当包括：
①岗位安全操作规程；
②岗位之间工作衔接配合的安全与职业卫生事项；
③有关事故案例；
④其他需要培训的内容。
2）培训时间
依据《生产经营单位安全培训规定》(国家安全生产监督管理总局令第3号)：
煤矿、非煤矿山、危险化学品、烟花爆竹等生产经营单位新上岗的从业人员安全培训时间不得少于72学时，每年接受再培训的时间不得少于20学时。
3）培训主体
具备安全培训条件的生产经营单位，应当以自主培训为主；可以委托具有相应资质的安全培训机构，对从业人员进行安全培训。
不具备安全培训条件的生产经营单位，应当委托具有相应资质的安全培训机构，对从业人员进行安全培训。
企业应填写新从业人员三级安全教育卡(见前表)，并将其纳入企业安全培训教育档案管理。

【检查内容】

1. 查文件

查看从业人员安全培训教育档案、考核合格证明。

2. 现场考核

抽查新上岗的从业人员接受三级培训教育情况。

3. 企业特种作业人员应按有关规定参加安全培训教育，取得特种作业操作证，方可上岗作业，并定期复审。

【解释】

根据国家安全生产监督管理总局令(第30号)《特种作业人员安全技术培训考核管理规定》的有关规定，对特种作业人员及其基本条件、培训与复审要求规定如下：

1. 特种作业人员

特种作业人员是指直接从事特种作业的从业人员。

特种作业是指容易发生事故，对操作者本人、他人的安全健康及设备、设施的安全可能造成重大危害的作业。特种作业的范围由特种作业目录规定。

2. 特种作业人员条件

特种作业人员应当符合下列条件：

（1）年满18周岁，且不超过国家法定退休年龄；

(2)经社区或者县级以上医疗机构体检健康合格,并无妨碍从事相应特种作业的器质性心脏病、癫痫病、美尼尔氏症、眩晕症、癔病、震颤麻痹症、精神病、痴呆症以及其他疾病和生理缺陷;

(3)具有初中及以上文化程度;

(4)具备必要的安全技术知识与技能;

(5)相应特种作业规定的其他条件。

危险化学品特种作业人员除符合前款第(1)项、第(2)项、第(4)项和第(5)项规定的条件外,应当具备高中或者相当于高中及以上文化程度。

3. 培训

特种作业人员应当接受与其所从事的特种作业相应的安全技术理论培训和实际操作培训。

培训的内容与时间按对应工种培训考核大纲要求严格执行。

4. 复审

特种作业操作证每3年复审1次。

特种作业人员在特种作业操作证有效期内,连续从事本工种10年以上,严格遵守有关安全生产法律法规的,经原考核发证机关或者从业所在地考核发证机关同意,特种作业操作证的复审时间可以延长至每6年1次。

【要求】

(1)特种作业人员及特种设备作业人员应按有关规定参加安全培训教育,取得特种作业操作证,方可上岗作业;

(2)特种作业操作证定期复审;

(3)建立特种作业人员及特种设备作业人员管理台账。

企业应组织从事特种作业及特种设备作业的人员参加国家有关部门组织的资格培训,使其具备相应特种作业的安全技术知识,经安全技术理论考核和实际操作技能考核合格,取得特种作业及特种设备作业操作资格证书,并按规定定期参加复审。任何未取得特种作业资格证、未按期复审或复审不合格的人员,不得从事特种作业。

企业应建立特种作业人员及特种设备作业人员管理台账,对特种作业人员进行规范管理,避免违规,防止特种作业或特种设备事故的发生。

【检查内容】

1. 查文件

(1)特种作业人员及特种设备作业人员管理台账;

(2)特种作业操作证;

(3)特种作业人员和特种设备作业人员培训教育计划。

2. 现场检查

抽查现场特种作业人员、特种设备作业人员。

3. 其他

无操作证或失效,在现场从事特种作业,1人次扣10分。

4. 企业从事危险化学品运输的驾驶员、船员、押运人员，必须经所在地设区的市级人民政府交通部门考核合格（船员经海事管理机构考核合格），取得从业资格证，方可上岗作业。

【概念】

危险货物，是指具有爆炸、易燃、毒害、感染、腐蚀等危险特性，在生产、经营、运输、储存、使用和处置中，容易造成人身伤亡、财产损毁或者环境污染而需要特别防护的物质和物品。危险货物以列入国家标准《危险货物品名表》（GB12268）的为准，未列入《危险货物品名表》的，以有关法律、行政法规的规定或者国务院有关部门公布的结果为准。

道路危险货物运输，是指使用载货汽车通过道路运输危险货物的作业全过程。

危险货物运输车辆，是指满足特定技术条件和要求，从事道路危险货物运输的载货汽车（以下简称专用车辆）。

专用车辆的驾驶人员取得相应机动车驾驶证，年龄不超过60周岁。

从事道路危险货物运输的驾驶人员、装卸管理人员、押运人员应当经所在地设区的市级人民政府交通运输主管部门考试合格，并取得相应的从业资格证；从事剧毒化学品、爆炸品道路运输的驾驶人员、装卸管理人员、押运人员，应当经考试合格，取得注明为"剧毒化学品运输"或者"爆炸品运输"类别的从业资格证。

【依据】

《道路危险货物运输管理规定》第二章第八条；

交通部、公安部、安全监管总局三部委颁发的《关于进一步加强水路公路危险化学品运输管理的通知》。

【要求】

（1）从事危险化学品运输的驾驶人员、船员、装卸管理人员、押运人员，应当经交通运输主管部门考核合格，取得从业资格证，方可上岗作业；

（2）建立危险化学品运输的驾驶人员、船员、押运人员管理台账。

企业从事危险化学品运输的驾驶员、装卸管理人员、押运人员必须经所在地设区的市级人民政府交通部门考核，船员须经海事管理机构考核合格，取得上岗资格证，方可从事相应的作业活动。企业应建立台账，对危险化学品运输的驾驶人员、船员、押运人员等进行规范管理，以预防和减少危险化学品装卸、运输事故的发生。

【检查内容】

1. 查文件

（1）从业资格证；

（2）管理台账。

2. 现场检查

抽查危险化学品运输有关人员资格证。

5. 企业应在新工艺、新技术、新装置、新产品投产前，对有关人员进行专门培训，经考核合格后，方可上岗。

【依据】

《安全生产法》第二十六条：生产经营单位采用新工艺、新技术、新材料或者使用新设备，必须了解、掌握其安全技术特性，采取有效的安全防护措施，并对从业人员进行专门的安全生产教育和培训。

【要求】

在新工艺、新技术、新装置、新产品投产或投用前，对有关人员（操作人员和管理人员）进行专门培训，经考核合格后，方可上岗。

企业工艺、技术、设备等主管部门，在新工艺、新技术、新装置、新产品投产前，应组织有关人员在风险辨识、评价和控制的基础上编制新的安全操作规程，对操作人员和管理人员进行有针对性的专门培训，考核合格，方可上岗操作。未经培训教育和考核不合格的人员不得上岗作业。

【检查内容】

1. 查文件

查看培训记录、培训内容、考核内容。

2. 询问

询问现场抽查上岗人员培训情况。

五、其他人员培训教育

1. 企业从业人员转岗、脱离岗位一年以上（含一年）者，应进行车间（工段）、班组级安全培训教育，经考核合格后，方可上岗。

【依据】

《生产经营单位安全培训规定》（国家安全生产监督管理总局令第3号）第十九条：从业人员在本生产经营单位内调整工作岗位或离岗一年以上重新上岗时，应当重新接受车间（工段、区、队）和班组级的安全培训。

【要求】

从业人员在本单位内调整工作岗位（转岗）或离岗1年（含1年）以上重新上岗时，应当重新接受所在岗位车间（工段）级和班组级的安全培训，并经考核合格方可上岗。

【检查内容】

查文件：

查看从业人员安全培训教育档案。

2. 企业应对外来参观、学习等人员进行有关安全规定及安全注意事项的培训教育。

【要求】

对外来参观、学习等人员进行有关安全规定及安全注意事项的培训教育。

外来参观、学习等人员应由企业和接待单位进行培训教育，并有专人陪同方可进入。

培训教育的内容包括本单位有关的安全生产规章制度或安全规定、进入现场的风险及注意事项和要求等。

【检查内容】

查文件：

查看外来参观、学习等人员培训记录。

【参考案例】

图3-1是一种简洁易懂的安全培训方式：

来宾须知

	本场区的危险物主要为液化石油气，进入场区须主动出示证件，办理登记手续
 挪	未经许可严禁动用场内设备、工具、消防设备，不得挪作他用
 🚭	生产区域内禁止吸烟和携带火种入内，生活区禁止流动吸烟
 🚫	生产区域内禁止穿钉鞋。
 🚫	生产区域内禁止使用手机和其他电子发射设备。
 🚫	未经批准禁止拍照或摄像。
 🚫	车辆进入生产区域，必须在大门口安装火星熄灭器。
 ⑤	外来车辆进入站区必须办理手续，并按指定地点停放，禁止在场内超速行驶。
	所有来访者必须接受本公司教育，并在本公司员工陪同下进入生产现场。
 SOS	应急电话：54726500，分机3053

图3-1

3. 企业应对承包商的作业人员进行入厂安全培训教育，经考核合格发放入厂证，保存安全培训教育记录。进入作业现场前，作业现场所在基层单位应对施工单位的作业人员进行进入现场前安全培训教育，保存安全培训教育记录。

【解释】

承包商(contractor)合同情况下的供方，即由业主或操作者雇用来完成某些工作或提供服务的个人、部门或合作者(AQ/T3005—2006《石油化工建设项目管理方安全管理实施导则》)。

入厂安全培训内容主要包括有关的法律法规、企业的安全生产管理制度、风险管理等。

进入作业现场前安全培训内容应包括作业现场的有关规定、风险管理要求、危险有害因素、安全注意事项、有关事故案例及事故应急处理措施等。

【要求】

(1)对承包商的所有人员进行入厂安全培训教育，经考核合格发放入厂证；

(2)进入作业现场前，作业现场所在基层单位对施工单位进行进入现场前安全培训教育；

(3)保存安全培训教育记录。

由于种种原因，承包商事故已成为许多企业安全事故的重灾区，因此，对承包商的安全培训教育变得越来越重要。对外来施工单位的作业人员，企业首先应进行入厂安全培训教育，经考核合格，发放入场证。入厂安全教育的内容包括有关的法律法规、企业的安全生产管理制度、风险管理要求等。

外来施工单位作业人员进入作业现场前，作业现场所在单位还要对其进行进入现场安全培训教育，内容包括作业现场的有关规定、风险管理要求、安全注意事项、事故应急处置措施等。

企业应保存对上述人员的培训教育记录，并将记录归入企业安全培训教育档案管理。

【检查内容】

1. 查文件

(1)厂级承包商安全培训教育记录；

(2)基层单位承包商安全培训教育记录；

(3)安全培训教育档案。

2. 询问

询问外来施工单位接受企业培训教育情况。

3. 现场检查

抽查外来施工单位入厂证。

六、日常安全教育

1. 企业管理部门、班组应按照月度安全活动计划开展安全活动和基本功训练。

【要求】

(1)管理部门、班组应明确基本功训练项目、内容和要求；

(2)按照月度安全活动计划开展安全活动和基本功训练。

企业应积极开展各管理部门、班组的安全活动和基本功训练，从基础抓起，整体提高企业管理人员、基层作业人员的安全意识、操作技能以及应对风险的能力。各管理部门、各班组应按照安全生产管理部门制定的月度安全活动计划有序开展安全活动和基本功训练，防止流于形式和走过场。

【检查内容】
查文件：
(1)安全活动计划；
(2)管理部门和班组安全活动、基本功训练记录。

2. 班组安全活动每月不少于2次，每次活动时间不少于1学时。班组安全活动应有负责人、有计划、有内容、有记录。企业负责人应每月至少参加1次班组安全活动，基层单位负责人及其管理人员应每月至少参加2次班组安全活动。

【要求】
(1)班组安全活动每月不少于2次，每次活动时间不少于1学时；
(2)班组安全活动有负责人、有内容、有记录；
(3)企业负责人每季度至少参加1次班组安全活动，基层单位负责人及其管理人员每月至少参加2次班组安全活动，并在班组安全活动记录上签字。

班组是企业中最基层的组织，是企业的细胞，各个班组的安全生产与企业整体的安全生产休戚相关。企业应组织班组人员按照月度安全活动计划，采用学习、讨论、参观、观摩、竞赛等方式，定期开展安全活动，以提高各个班组安全生产水平，实现企业安全生产。

班组安全活动应形成制度，每月不少于2次，每次不少于1学时，活动要明确负责人、活动内容、并保存活动记录。

班组的安全活动内容主要包括：
(1)学习国家有关的安全生产法律法规；
(2)学习有关安全生产文件、安全通报、安全生产规章制度、安全操作规程及安全技术知识；
(3)讨论分析典型事故案例，总结和吸取事故教训；
(4)开展防火、防爆、防中毒及自我保护能力训练，以及异常情况紧急处理和应急预案演练；
(5)开展岗位安全技术练兵、比武活动；
(6)开展查隐患、反习惯性违章活动；
(7)开展安全技术座谈，观看安全教育电影和录像；
(8)熟悉作业场所和工作岗位存在的风险、防范措施；
(9)其他安全活动。

为鼓励和督促班组安全活动的有效开展，各级领导应以身作则，企业(厂级)负责人每季度应至少参加一次班组安全活动，基层单位(车间)负责人和管理人员每月至少参加2次班组安全活动，各级负责人参加班组活动应在活动记录上签字。

【检查内容】

查文件：

查班组安全活动记录。

3. 管理部门安全活动每月不少于 1 次，每次活动时间不少于 2 学时。

【要求】

管理部门安全活动每月不少于 1 次，每次活动时间不少于 2 学时。

【检查内容】

查文件：

查看部门安全活动记录。

4. 企业安全生产管理部门或专职安全生产管理人员应每月至少 1 次对安全活动记录进行检查，并签字。

【要求】

安全生产管理部门或专职安全生产管理人员每月至少检查 1 次安全活动记录，并签字。

为了监督各管理部门、班组定期开展安全活动，企业安全生产管理部门或专职安全生产管理人员应定期检查安全活动的开展情况，并在活动记录上签字，检查频次每月至少一次。

【检查内容】

查文件：

查看安全活动记录。

5. 企业安全生产管理部门或专职安全生产管理人员应结合安全生产实际，制定管理部门、班组月度安全活动计划，规定活动形式、内容和要求。

【要求】

（1）安全生产管理部门或专职安全生产管理人员制定管理部门、班组月度安全活动计划；

（2）规定活动形式、内容和要求。

企业安全生产管理部门应根据国家、地方政府、行业、主管单位等有关要求，结合企业安全生产实际需要，制定各管理部门、班组月度安全活动计划，规定安全活动的形式、内容和要求，以便各管理部门、班组开展安全活动。

【检查内容】

查文件：

查看月度安全活动计划。

第五节 生产设施及工艺安全

一、生产设施建设

1. 企业应确保建设项目安全设施与建设项目的主体工程同时设计、同时施工、同时投入生产和使用。

【依据】

1. 依据：《安全生产法》第二十八条、《建设项目安全设施"三同时"监督管理办法》（国家安全生产监督管理总局令第36号，77号令修改）。

"三同时"制度是指建、改建、扩建的基本建设项目（工程）、技术改造项目（工程）、引进的建设项目，其职业安全卫生设施必须符合国家规定的标准，必须与主体工程同时设计、同时施工、同时投入生产和使用。安全设施的投资必须纳入建设项目预算。

建设项目"三同时"是企业安全生产的重要保障措施，是事前保障措施，对贯彻"安全第一，预防为主，综合治理"安全生产方针，改善劳动条件，防止发生事故，促进经济发展具有重要意义。

"三同时"制度主要包括以下内容：

（1）在进行可行性研究论证时，必须进行安全论证，确定可能对从业人员造成的危害和预防措施，并将论证结果载入可行性研究报告。

（2）设计单位在编制初步设计报告时，应同时编制安全设施设计，并符合国家标准或行业标准。

（3）施工单位必须按照审查批准的设计报告进行施工，编制《总体开工方案》，不得擅自更改安全设施的设计，并对施工质量负责。

（4）建设项目的验收，必须按照国家有关建设项目安全验收规定进行；不符合安全规程和行业技术规范的，不得验收和投产使用。

（5）建设项目验收合格正式投入运行后，生产设施和安全设施必须同时投入使用，不得将安全设施闲置不用。

2. 危险化学品建设项目应按照《危险化学品建设项目安全监督管理办法》（国家安全生产监督管理总局令第45号）执行。

3.《广东省安全生产监督管理局关于〈危险化学品建设项目安全监督管理办法〉的实施意见》（粤安监〔2012〕62号）第二条明确了建设项目试生产（使用）安全管理：

建设项目安全设施施工完成后试生产（使用）前，建设单位应委托具备相应资质的安全评价机构依照国家有关法律法规、标准规范，对建设项目安全设施施工情况和安全措施落实情况进行检查，编制建设项目试生产（使用）前安全检查报告，明确提出建设项目是否具备试生产（使用）的安全生产条件的意见。

4.《广东省安全生产监督管理局关于危险化学品建设项目安全设施验收有关工作的通

知》(粤安监〔2015〕62号)。

(1)按照《安全生产法》的规定,危险化学品建设项目安全设施验收由建设单位依法负责组织实施。建设单位应根据建设项目的实际情况,参照《危险化学品建设项目安全设施验收工作指引(试行)》组织验收工作,按照要求填写和制作《危险化学品建设项目安全设施验收表》,对验收工作组织过程和验收结果进行详实记录,并形成可核查的档案资料。建设单位、参与验收的有关单位和相关人员对建设项目安全设施验收的相应结果负责。安全生产监督管理部门不再出具《建设项目安全设施竣工验收意见书》。

(2)建设单位应在建设项目安全设施验收合格后10个工作日内,将验收活动情况及结果书面告知负责建设项目安全设施设计审查的安全生产监督管理部门并抄送建设项目所在地的安全生产监督管理部门,并附上《危险化学品建设项目安全设施验收表》;同时按照有关法律法规及其配套规定,申请办理危险化学品企业相关安全生产行政许可手续。

(3)安全评价机构编制的建设项目安全验收评价报告应当符合国家标准和行业标准的规定,满足国家和省有关危险化学品建设项目安全评价工作要求,内容全面,结论明确。对需申请安全生产相关许可的,安全评价机构应对企业是否具备相应安全生产条件进行逐项评价,并出具明确的评价结论。安全评价机构对出具的建设项目验收安全评价报告及其评价结论负责。

(4)负责建设项目安全设施设计审查的安全生产监督管理部门和建设项目所在地的安全生产监督管理部门应结合安全生产许可现场核查以及执法检查,加强对建设项目安全设施验收活动和验收结果进行监督核查。负责监督核查的监管人员应重点核查建设单位验收工作组织情况、参与验收的单位和人员专业技术等级(职称)情况、专家提出建议意见采纳情况、验收安全评价报告提出的问题及建议措施整改落实情况、验收结论及安全评价报告客观真实情况等内容(具体见《危险化学品建设项目安全设施验收监督核查要点》)。在监督核查中发现建设项目安全设施竣工验收资料不齐全、档案管理不规范或者验收范围与实际不相符合以及存在安全隐患问题的,应当责令建设单位限期整改;对未按批准(备案)的安全设施设计施工建设,建设项目安全设施未经验收或者验收不合格擅自投入生产(使用),建设项目建设、设计、施工、监理单位提供虚假文件、资料,承担安全评价、检验、检测工作的机构出具虚假报告、证明的,应当依照《安全生产法》和《危险化学品安全管理条例》等有关规定进行查处。

(5)各地安全生产监督管理部门应根据本地区安全监管体制改革的实际,制定完善危险化学品建设项目安全设施验收监督核查工作规则,明确监管职责分工和重点监管项目范围,妥善衔接建设项目安全设施验收监督核查、相关危险化学品安全许可证审查和日常监督检查工作。

【解释】

1.安全设施,指企业(单位)在生产经营活动中将危险因素、有害因素控制在安全范围内以及预防、减少、消除危害所配备的装置(设备)和采取的措施。

按照《危险化学品建设项目安全设施目录(试行)》(安监总危化〔2007〕225号),分类建立本企业安全设施管理台账,注明所有安全设施型号、所在部位、管理责任人、检测检验等情况。

《危险化学品建设项目安全设施目录(试行)》(安监总危化〔2007〕225号)主要内容如下：

一、安全设施的含义

指企业(单位)在生产经营活动中将危险因素、有害因素控制在安全范围内以及预防、减少、消除危害所配备的装置(设备)和采取的措施。

二、安全设施的分类

安全设施分为预防事故设施、控制事故设施、减少与消除事故影响设施3类。

三、适用范围

本目录适用于中华人民共和国境内新建、改建、扩建危险化学品生产、储存装置和设施，以及伴有危险化学品产生的化学品生产装置和设施的建设项目安全评价和安全设施设计审查及竣工验收。

1. 预防事故设施

(1)检测、报警设施

压力、温度、液位、流量、组分等报警设施，可燃气体、有毒有害气体、氧气等检测和报警设施，用于安全检查和安全数据分析等检验检测设备、仪器。

(2)设备安全防护设施

防护罩、防护屏、负荷限制器、行程限制器，制动、限速、防雷、防潮、防晒、防冻、防腐、防渗漏等设施，传动设备安全锁闭设施，电器过载保护设施，静电接地设施。

(3)防爆设施

各种电气、仪表的防爆设施，抑制助燃物品混入(如氮封)、易燃易爆气体和粉尘形成等设施，阻隔防爆器材，防爆工器具。

(4)作业场所防护设施

作业场所的防辐射、防静电、防噪音、通风(除尘、排毒)、防护栏(网)、防滑、防灼烫等设施。

(5)安全警示标志

包括各种指示、警示作业安全和逃生避难及风向等警示标志。

2. 控制事故设施

(1)泄压和止逆设施

用于泄压的阀门、爆破片、放空管等设施，用于止逆的阀门等设施，真空系统的密封设施。

(2)紧急处理设施

紧急备用电源，紧急切断、分流、排放(火炬)、吸收、中和、冷却等设施，通入或者加入惰性气体、反应抑制剂等设施，紧急停车、仪表连锁等设施。

3. 减少与消除事故影响设施

(1)防止火灾蔓延设施

阻火器、安全水封、回火防止器、防油(火)堤，防爆墙、防爆门等隔爆设施，防火墙、防火门、蒸汽幕、水幕等设施，防火材料涂层。

(2) 灭火设施

水喷淋、惰性气体、蒸汽、泡沫释放等灭火设施，消火栓、高压水枪(炮)，消防车，消防水管网，消防站等。

(3) 紧急个体处置设施

洗眼器、喷淋器、逃生器、逃生索、应急照明等设施。

(4) 应急救援设施

堵漏、工程抢险装备和现场受伤人员医疗抢救装备。

(5) 逃生避难设施

逃生和避难的安全通道(梯)、安全避难所(带空气呼吸系统)、避难信号等。

(6) 劳动防护用品和装备

包括头部，面部，视觉、呼吸、听觉器官，四肢、躯干防火、防毒、防灼烫、防腐蚀、防噪声、防光射、防高处坠落、防砸击、防刺伤等免受作业场所物理、化学因素伤害的劳动防护用品和装备。

2.《关于危险化学品建设项目安全许可和试生产(使用)方案备案工作的意见》(安监总危化[2007]121号)对新建、改建、扩建项目做了解释。

新建项目：指拟依法设立的企业建设伴有危险化学品生产的化学品或者危险化学品生产储存装置(设施)和现有企业(单位)拟建与现有生产、储存活动不同的伴有危险化学品产生和化学品或者危险化学品生产、储存(设施)的建设项目。

改建项目：指企业对在役伴有危险化学品产生的化学品或者危险化学品生产、储存装置(设施)，在原址或者易地更新技术、工艺和改变原设计的生产、储存危险化学品种类及主要装置(设施、设备)、危险化学品作业场所的建设项目。

扩建项目：指企业(单位)拟建与现伴有危险化学品产生的化学品或者危险化学品品种相同且生产、储存装置(设施)相对独立的建设项目。

【要求】

确保建设项目安全设施与建设项目的主体工程同时设计、同时施工、同时投入生产和使用。

【检查内容】

1. 查文件

查看生产设施建设项目设计资料、施工记录、试生产方案、竣工验收文件等。

2. 现场检查

查看安全设施投入使用情况。

> 2. 企业应按照建设项目安全许可有关规定，对建设项目的设立阶段、设计阶段、试生产阶段和竣工验收阶段规范管理。

【依据】

《建设项目安全设施"三同时"监督管理办法》(国家安全生产监督管理总局令36号,77号令修改)、《危险化学品建设项目安全监督管理办法》(国家安全生产监督管理总局令45号)、《广东省安全生产监督管理局关于〈危险化学品建设项目安全监督管理办法〉的实施意见》(粤安监〔2012〕62号)和《广东省安全生产监督管理局关于危险化学品建设项目安全设施验收有关工作的通知》(粤安监〔2015〕62号)。

【要求】

(1)按照有关法律法规和国家安全监管总局有关危化品建设项目安全条件审查的规章、规范性文件规定,对建设项目的可行性研究阶段、设计阶段、试生产阶段和竣工验收阶段规范管理。

(2)建设项目建成试生产前,企业要组织设计、施工、监理和建设单位的工程技术人员进行"三查四定";试车和投料过程要严格按照设备管道试压、吹扫、气密、单机试车、仪表调校、联动试车、化工投料试生产的程序进行。

(3)编制试生产前安全检查报告。

(4)参照《广东省危险化学品建设项目安全设施验收工作指引(试行)》组织验收工作,按照要求填写和制作《危险化学品建设项目安全设施验收表》,对验收工作组织过程和验收结果进行详实记录,并形成可核查的档案资料。

【检查内容】

查文件:

(1)新建、改建、扩建项目可行性研究报告、建设项目安全评价报告、初步设计("安全设施设计专篇"、"消防专篇"、"职业卫生专篇")等资料;

(2)经安全生产监督管理部门审查同意(备案)的建设项目安全设施设计专篇、危险化学品事故应急预案备案登记表;

(3)设计单位对建设项目安全设施施工是否满足安全设施设计专篇中要求的书面确认意见,及对在施工期间是否改变安全设施设计且达到安全可靠性要求的设计复核书面意见;

(4)建设单位编制的试生产情况报告、安全设施施工、监理情况报告(按照规定不要求监理的可除外)、建设项目安全验收评价报告等书面材料是否齐全;

(5)安全生产主要负责人、安全管理人员安全生产知识和管理能力经考核合格的证明材料。

3. 企业应对建设项目的施工过程实施有效安全监督,保证施工过程处于有序管理状态。

【依据】

(1)《建设工程安全生产管理条例》(国务院令第393号)。

(2)《国务院关于进一步加强企业安全生产工作的通知》的实施意见(安监总管三〔2010〕186号规定,企业新建、改建、扩建危险化学品建设项目必须由具备相应资质的单位负责设计、施工、监理。大型和采用危险化工工艺的装置，原则上要由具有甲级资质的化工设计单位设计。设计单位要严格遵守设计规范和标准，将安全技术与安全设施和纳入初步设计方案，生产装置设计的自控水平要满足工艺安全的要求；大型和采用危险化工工艺的装置在初步设计完成后要进行 HAZOP 分析。施工单位要严格按设计图纸施工，保证质量，不得撤减安全设施项目。

(3) 设计单位应当根据有关安全生产的法律、法规、规章和国家标准、行业标准以及建设项目安全条件审查意见书，按照《化工建设项目安全设计管理导则》(AQ/T3033)，对建设项目安全设施进行设计，并编制建设项目安全设施设计专篇。建设项目安全设施设计专篇应当符合《危险化学品建设项目安全设施设计专篇编制导则》的要求。

(4) 工程监理单位应当审查施工组织设计中的安全技术措施或专项施工方案是否符合工程建设强制性标准。工程监理单位在实施监理过程中，发现存在事故隐患的，应当要求施工单位整改；情况严重的，应当要求施工单位暂时停止施工，并及时报告生产经营单位。施工单位拒不整改或者不停止施工的，工程监理单位应当及时向有关主管部门报告。

(5) 企业要对建设项目的施工过程进行全过程监督管理，对施工单位的"三违"现象进行检查，避免施工过程的生产安全事故的发生。定期召开安全联系会议，协调解决事故过程中存在的问题。

【要求】

(1) 建设项目必须由具备相应资质的单位负责设计、施工、监理；

(2) 对建设项目的施工过程实施有效安全监督，保证施工过程处于有序管理状态。

【检查内容】

1. 查文件

(1) 设计、施工、监理单位的相关资质；

(2) 施工现场安全检查记录。

2. 现场检查

检查施工现场安全管理情况。

4. 企业建设项目建设过程中的变更应严格执行变更管理规定，履行变更程序，对变更全过程进行风险管理。

【依据】

《建设项目安全设施"三同时"监督管理办法》(国家安全生产监督管理总局令 36 号，77 号令修改) 第十六条规定的规模、生产工艺、原料、设备等重大变更时，应当重新进行安全评价，报原批准部门审查同意。

【解释】

工程变更包括设计变更、进度计划变更、施工条件变更以及原招标文件和工程清单中未包括的"新增工程"。

按工程变更的性质和费用影响来分类，一般可分为三类：

1) 第一类变更(重大变更)

包括改变技术标准和设计方案的变动：如结构型式的变更、隧道位置的变更、重大防护设施及其他特殊设计的变更。

2）第二类变更（重要变更）

包括不属于第一类范围的较大变更：如标高、位置和尺寸变动；变动工程性质、质量和类型等。

3）第三类变更（一般变更）

变更原设计图纸中明显的差错、遗、漏；不降低原设计标准下的构件材料代换和现场必须立即决定的局部修改等。

工程变更的审批原则：

1）变更设计必须遵守设计任务书和初步设计审批的原则，符合有关技术标准设计规范，符合节约能源、少占耕地、提高工程质量、方便施工、利于营业、节约工程投资、加快工程进度的原则。

2）变更设计必须在合同条款的约束下进行，任何变更都不能使合同失效。变更后的单价仍执行合同中已有的单价，如合同中无此单价或因变更带来的影响和变化，应按合同条款进行估价。经承包商提出单价分析数据，监理工程师审定，业主认可后，按认可的单价执行。

3）无总监理工程师或其代表签发的设计变更令，承包商不得做任何工程设计和变更，否则驻地监理工程师可不予计量和支付。

申报审批程序：

1）业主指令的变更：业主指令的变更，由总监理工程师直接下达变更令，交由驻地监理监督执行。并将变更资料交工程师、合同部存档。如涉及设计变更要由设计代表作变更设计图纸。

2）监理工程师根据有关规定对工程进行的变更：监理工程师决定根据有关规定对工程进行变更时，向承包人发出意向通知书，内容主要包括：变更的工程项目、部位或合同某文件内容；变更的原因、依据及有关的文件、图纸、资料；要求承包人据此安排变更工程的施工或合同文件修订的事宜；要求承包人向监理工程师提交此项变更给其费用带来影响的估价报告。

3）承包商提出的变更：承包商应按程序提出变更申请，经监理工程师批准后执行。

具体的申报审批程序如下：

（1）承包商申请。先由承包商提出申请及内容报告，包括变更的理由、变更的方案和数量以及单价和费用、报驻地办审批。

（2）驻地监理审核。驻地监理接到承包商变更申请后及时进行调查、分析，收集相关资料，审核其变更内容、技术方案及变更的工程数量、签批意见后上报监理代表处工程部。

（3）工程部的审查和核实。工程部接到驻地监理签批的工程变更申报资料后，应认真按图纸、规范等审查其提出的工程变更的技术方案是否合理，并组织有关人员复核变更的工程量。对于工程变更的技术方案的审查是一项十分重要的工作，工程变更的技术方案一定要合理，变更的工程内容才能成立。所以，技术方案一定要尽可能提出两种以上，以便进行对比，要结合经济技术分析选择最优的方案作为最终的工程变更方案执行。

对于变更工程量的核定一般程序是承包商先提供工程变更数量的计算资料,包括图纸及计算公式。驻地监理对承包商提供的变更工程数量先进行核实签认,工程部再对工程变更数量进行核实签认后转合同部核定单价和费用。

(4)合同部审核。合同部根据驻地监理和工程部的审核意见,对承包商提出的申报单价进行审核,通过单价分析确定建议的单价和费用。签批意见后上报总监理工程师。

(5)总监理审核。总监理审核后,报业主审批。

(6)业主的审批。业主审批,然后下发工程变更批文,包括对工程数量的确认和对工程单价的审批。

(7)签发"工程变更令"。

在变更资料齐全,变更费用确定之后,征得业主审批同意,监理工程师应根据合同规定,签发"工程变更令",然后监督执行。

工程变更的风险主要有:

1)技术条件风险有:①设计深度风险;②设计新技术风险;③施工新工艺风险;④设计更改控制风险;⑤设计基础参数调研风险;⑥工程勘察质量风险;⑦设计进度风险。

2)自然条件风险有:①地质条件变化;②气候条件变化;③火灾;④洪水;⑤地震;⑥雷暴;

3)经济风险有:①通货膨胀风险;②主要材料设备市场供求风险;③主要技术工种市场供求风险;④项目融资风险。

4)政策法规风险有:①计价政策调整风险;②设计施工规范强制性条文调整风险;③行业技术政策调整风险。

5)合同条件风险有:①工程范围风险;②计价方式风险;③进度款支付风险;④承包商履约风险;⑤分包商履约风险;⑥材料商履约风险;⑦设计配合风险;⑧工程索赔风险。

6)人员素质风险有:①设计人员素质;②监理工程师素质;③业主工程管理人员素质;④造价咨询单位专业人员素质;⑤施工方项目管理人员素质。

【要求】

(1)建设项目建设过程中的变更应严格执行变更管理规定,履行变更程序,对变更全过程进行风险管理。

(2)符合安全监管总局有关危险化学品建设项目安全条件审查的规章规定的变更发生后,应重新进行安全审查。

【检查内容】

查文件:

(1)变更资料,包括变更后向负责安全审查的安全监管部门报告的文件;

(2)变更风险分析记录;

(3)安全评价报告和审查报告等。

5. 企业应采用先进的、安全性能可靠的新技术、新工艺、新设备和新材料。

【依据】

《国家安全监管总局办公厅关于国内首次使用化工工艺安全可靠性论证有关问题的复函》(安监总厅管三函〔2015〕45 号)。

国内首次使用的化工工艺安全可靠性论证，可由建设项目所在地或新工艺发明单位所在地按照本省职责分工具有工艺安全可靠性论证职责的部门或省级安全监管部门组织鉴定。

【要求】

(1) 采用先进的、安全性能可靠的新技术、新工艺、新设备和新材料；

(2) 新开发的危险化学品生产工艺，必须在小试、中试、工业化试验的基础上逐步放大到工业化生产。

(3) 国内首次采用的化工工艺，要通过省级有关部门组织专家组进行安全论证。

【检查内容】

1. 查文件

(1) 工艺设计文件；

(2) 新工艺小试、中试、工业化试验的报告。

2. 现场检查

检查采用的设备、材料。

二、安全设施

1. 企业应严格执行安全设施管理制度，建立安全设施台账。

【依据】

《危险化学品建设项目安全设施设计专篇编制导则》(安监总厅管三〔2013〕39 号)要求对新建、改建、扩建危险化学品生产、储存装置和设施，以及伴有危险化学品产生的化学品生产装置和设施的建设项目应编制安全设施设计专篇。依据《危险化学品建设项目安全设施目录》中对安全设施的分类建立台账，进行动态管理，以确保生产设施的安全可靠运行。

【要求】

建立安全设施台账。

【检查内容】

查文件：安全设施管理台账。

【参考案例】

见表 3-4。

表3-4 危险化学品企业安全设施管理台帐

企业名称：　　　　　　　　　　　　　　　　　　　　　　　　　安全设施类别：

序号	设施名称	型号	数量	所在部位	管理责任人	检查检测情况			备注
						检测检验时间	检测检验单位	有效期	
1									
2									
3									
4									
5									
6									
7									
8									

注：1. 安全设施类别是指：预防事故设施、控制事故设施或减少与消除事故影响设施；
　　2. 本表格数不合适，可自行进行增减。

> 2. 企业应确保安全设施配备符合国家有关规定和标准，做到：
> （1）宜按照 GB 50493 在易燃、易爆、有毒区域设置固定式可燃气体和/或有毒气体的检测报警设施，报警信号应发送至工艺装置、储运设施等控制室或操作室；
> （2）按照 GB50351 在可燃液体罐区设置防火堤，在酸、碱罐区设置围堤并进行防腐处理；
> （3）宜按照 SH3097 在输送易燃物料的设备、管道安装防静电设施；
> （4）按照 GB50057 在厂区安装防雷设施；
> （5）按照 GB50016、GB50140 配置消防设施与器材；
> （6）按照 GB50058 设置电力装置；
> （7）按照 GB11651 配备个体防护设施；
> （8）厂房、库房建筑应符合 GB50016、GB50160；
> （9）在工艺装置上可能引起火灾、爆炸的部位设置超温、超压等检测仪表、声和/或光报警和安全联锁装置等设施。

【依据】

（一）关于易燃、易爆、有毒区域的要求

《危险化学品安全管理条例》（中华人民共和国国务院令第 591 号）第二十条要求：生产、储存危险化学品的单位，应当根据其生产、储存的危险化学品的种类和危险特性，在作业场所设置相应的监测、监控、防火、灭火、防爆、泄压、防毒等安全设施、设备，并按照国家标准、行业标准或者国家有关规定对安全设施、设备进行经常性维护、保养，保证安全设施、设备的正常使用。

根据《危险化学品生产企业安全生产许可证实施办法》（国家安全生产监督管理总局令第 41 号）第九条要求：涉及危险化工工艺、重点监管危险化学品的装置装设自动化控制系统；涉及危险化工工艺的大型化工装置装设紧急停车系统；涉及易燃易爆、有毒有害气体化学品的场所装设易燃易爆、有毒有害介质泄漏报警等安全设施。

宜按照 GB 50493 要求，在易燃、易爆、有毒区域设置固定式可燃气体和/或有毒气体的检测报警设施，报警信号应发送至工艺装置、储运设施等控制室或操作室。

1. 可燃气体有毒气体的范围

可燃气体系指气体的爆炸下限为 10% 以下或爆炸上限与下限之差大于 20% 的甲类气体或液化烃、甲 B、乙 A 类可燃液体汽化后形成的可燃气体或其中含有少量有毒气体。

规范所指硫化氢、氰化氢、氯气、一氧化碳、丙烯腈、环氧乙烷、氯乙烯。

2. 设置的范围及方法

（1）按 GB50058《爆炸危险环境电力装置设计规范》划分的 2 区及附加 2 应设置可燃气体检测报警仪。生产或使用有毒气体的工艺装置和储运设施的区域内，应设置有毒气体检测报警仪。

（2）可燃气体或其中含有毒气体，一旦泄漏，可燃气体可能达到 25% LEL，但有毒气体不能达到最高容许浓度时，应设置可燃气体检测报警仪。

（3）有毒气体或其中含有可燃气体，一旦泄漏，有毒气体可能达到最高容许浓度，但可燃气体不能达到25%LEL时，应设置有毒气体检测报警仪。

（4）既属可燃气体又属有毒气体，只设有毒气体检测报警仪。

（5）可燃气体与有毒气体同时存在的场所，应同时设置可燃气体和有毒气体检测报警仪。

（6）可燃气体和有毒气体检测报警，应为一级报警或二级报警。常规的检测报警，宜为一级报警。当工艺需要采取联锁保护系统时，应采用一级报警和二级报警。在二级报警的同时，输出接点信号供联锁保护系统使用。

（7）工艺有特殊需要或在正常运行时人员不得进入的危险场所，应对可燃气体和/或有毒气体释放源进行连续检测、指示、报警，并对报警进行记录或打印。

（8）报警信号应发送至工艺装置、储运设施等操作人员常驻的控制室或操作室。

（9）可燃气体检测报警仪必须经国家指定机构及授权检验单位的计量器具制造认证、防爆性能认证和消防认证。有毒气体检测报警仪必须经国家指定机构及授权检验单位的计量器具制造认证。防爆型有毒气体检测报警仪还应经国家指定机构及授权检验单位的防爆性能认证。

（10）检测器宜布置在可燃气体或有毒气体释放源的最小频率风向的上风侧。

（11）可燃气体检测器的有效覆盖水平平面半径，室内宜为7.5m；室外宜为15m。在有效覆盖面积内，可设一台检测器。

（12）有毒气体检测器与释放源的距离，室外不宜大于2m，室内不宜大于1m。

按本规范规定，应设置可燃气体或有毒气体检测报警仪的场所，宜采用固定式，当不具备设置固定式的条件时，应配置便携式检测报警仪。

3. 检测检验

《石油化工可燃气体和有毒气体检测报警设计规范》（GB 50493—2009）、《作业场所环境气体检测报警仪——通用技术要求》（GB12358—2006）等标准对可燃有毒气体报警设施检测的内容、方法、机构资质等作了明确的规定。

（二）化学品罐区监测监控要求

《国家安全监管总局关于进一步加强化学品罐区安全管理的通知》（安监总管三〔2014〕68号）。

根据规范要求设置储罐高低液位报警，采用超高液位自动联锁关闭储罐进料阀门和超低液位自动联锁停止物料输送措施。确保易燃易爆、有毒有害气体泄漏报警系统完好可用。大型、液化气体及剧毒化学品等重点储罐要设置紧急切断阀。

（三）危险化工工艺安全控制要求

《首批重点监管的危险化工工艺安全控制要求、重点监控参数及推荐的控制方案》（安监总管三〔2009〕116号）；

《第二批重点监管危险化工工艺重点监控参数、安全控制基本要求及推荐的控制方案》（安监总管三〔2013〕3号）。

（四）重点监管的危险化学品安全措施要求

《国家安全监管总局办公厅关于印发首批重点监管的危险化学品安全措施和应急处置原则的通知》（安监总厅管三〔2011〕142号）；

《国家安全监管总局关于公布第二批重点监管危险化学品名录的通知》（安监总管三

〔2013〕12号）。

（五）防腐处理要求

按照《储罐区防火堤设计规范》(GB50351)要求：在可燃液体罐区设置防火堤，在酸、碱罐区设置围堤并进行防腐处理，应满足：

（1）防火堤、防护墙必须采用不燃烧材料建造，且必须密实、闭合。

（2）每一储罐组的防火堤、防护墙应设置不少于2处越堤人行踏步或坡道，并设置在不同方位上。防火堤内侧高度大于等于1.5m时，应在两个人行踏步或坡道之间增设踏步或逃逸爬梯。隔堤、隔墙亦应设人行踏步或坡道。

（3）防火堤堤身必须密实、不渗漏。

（4）防火堤设计应按承载能力极限状态进行堤内满液工况荷载效应的基本组合计算。在7度及7度以上地区，应进行地震作用效应和其他荷载效应的基本组合计算。

（5）防火堤应进行截面强度计算。

（6）防火堤的稳定性验算应包括抗滑验算和抗倾覆验算。

（六）防静电要求

《危险化学品安全管理条例》(中华人民共和国国务院令第591号)第二十条要求：生产、储存危险化学品的单位，应当根据其生产、储存的危险化学品的种类和危险特性，在作业场所设置相应的防静电安全设施、设备，并按照国家标准、行业标准或者国家有关规定对安全设施、设备进行经常性维护、保养，保证安全设施、设备的正常使用。

《石油化工静电接地设计规范》(SH3097—2000)、《化工企业静电接地设计规程》(HG/T20675—1990)等标准对化工企业防静电设施检测内容、方法等作了具体规定。

1. 静电接地的范围

在生产加工、储运过程中，设备、管道、操作工具及人体等，有可能产生和积聚静电而造成静电危害时，应采取静电接地措施。

2. 具体规定

（1）固定设备

①固定设备（塔、容器、机泵、换热器、过滤器等）的外壳，应进行静电接地。若为覆土设备一般可不做静电接地。

②直径大于或等于2.5m及容积大于或等于$50m^3$的设备，其接地点不应少于两处，接地点应沿设备外围均匀布置，其间距不应大于30m。

③有振动性能的固定设备，其振动部件应采用截面不小于$6mm^2$的铜芯软绞线接地，严禁使用单股线。有软连接的几个设备之间应采用铜芯软绞线跨接。

④转动物体的接地，可采用导电润滑脂或专用接地设施（如在无爆炸、无火灾危险环境内可采用滑环和电刷等）进行接地，但类似于阀杆、轴承转动部分可不必进行上述连接。容易积聚电荷的皮带或传送带，宜采用导电橡胶制品。

⑤皮带传动的机组及其皮带的防静电接地刷、防护罩，均应接地。

⑥可燃粉尘的袋式集尘设备，织入袋体的金属丝的接地端子应接地。

⑦设备内部的各部件之间的活动连接或滑动连接等部位，应保持其接触电阻值在1000Ω以下。

⑧固定设备与接地线或连接线宜采用螺栓连接，连接端子可设置在设备的侧面、设备

联合金属支座的侧面或端部位置,接地端子与接地线的材料选择应符合本规范第3.4.4条与第3.5节中有关条款。

⑨与地绝缘的金属部件(如法兰、胶管接头、喷嘴等),应采用铜芯软绞线跨接引出接地。

(2)储罐

①储罐内各金属构件(搅拌器、升降器、仪表管道、金属浮体等),必须与罐体等电位连接并接地。

②在罐顶取样操作平台上,操作口的两侧应各设一组接地端子,为取样绳索、检尺等工具接地用。

③浮顶罐的浮船、罐壁、活动走梯等活动的金属构件与罐壁之间,应采用截面不小于 $25mm^2$ 铜芯软绞线进行连接,连接点不应少于两处。浮船与罐壁之间的密封圈应采用导静电橡胶制作。设置于罐顶的挡雨板应采用截面为 $6\sim10mm^2$ 的铜芯软绞线与顶板连接。

④当储罐内壁涂漆时,漆的导电性能应高于被储液体,其体积电阻率应在 $10^8\Omega\cdot m$ 以下。

⑤为消除人体静电,在扶梯进口处,应设置接地金属棒,或在已接地的金属栏杆上留出一米长的裸露金属面。

⑥与储罐管线相连接的法兰,如需防杂散电流和电化学腐蚀时,可选用电阻为 $10^4\sim10^6\Omega$ 的绝缘法兰连接。

(3)管道系统

①管道在进出装置区(含生产车间厂房)处、分岔处应进行接地。长距离无分支管道应每隔100m接地一次。

②平行管道净距小于100mm时,应每隔20m加跨接线。当管道交叉且净距小于100mm时,应加跨接线。

③当金属法兰采用金属螺栓或卡子紧固时,一般可不必另装静电连接线,但应保证至少有两个螺栓或卡子间具有良好的导电接触面。

④工艺管道的加热伴管,应在伴管进汽口、回水口处与工艺管道等电位连接。

⑤风管及保温层的保护罩当采用薄金属板制作时,应咬口并利用机械固定的螺栓等电位连接。

⑥金属配管中间的非导体管段,除需做特殊防静电处理外,两端的金属管应分别与接地干线相连,或用截面不小于 $6mm^2$ 的铜芯软绞线跨接后接地。

⑦非导体管段上的所有金属件均应接地。

⑧地下直埋金属管道可不做静电接地。

(4)铁路栈台与罐车

①栈台区域内的金属管道、设备、构筑物、铁路钢轨等应等电位连接并接地,还应构成接地网。

②区域内铁路钢轨的两端应接地,区域内与区域外钢轨间的电气通路应绝缘隔离。每根钢轨间应是良好的电气通路,平行钢轨之间应跨接,每个鹤位处宜跨接一次并接地。跨接线可用 $1\times(19-14.9)mm^2$ 镀锌钢绞线,接地线可用双根 $\phi5m$ 镀锌铁线,并用塞钉铆进钢轨。

③在操作平台梯子入口处,应设置人体静电接地金属棒。每个鹤位平台处应设置接地

端子，接地端子宜用接地线与接地干线直接相连。罐车及储罐用带有接地夹的软金属线与接地端子连接。

④金属注液管与固定管道、钢架等应进行等电位连接并接地，其静电接地电阻应小于$10^6\Omega$。

⑤非金属注液软管宜采用防静电材料制作。

⑥罐车的罐体、车体应与注液管系统以及栈台钢架等电位连接。在装卸作业前，应用专用接地线与平台接地端子连接，装卸完毕将顶盖盖好后方可拆除。

（5）汽车站台与罐车

①站台区域内的金属管道、设备、构筑物等应进行等电位连接并接地。

②在操作平台梯子入口处或平台上，应设置人体静电接地棒。

③储罐汽车在装卸作业前，应采用专用接地线及接地夹将汽车、储罐与装卸设备等电位连接。作业完毕封闭储罐盖后方可拆除。接地设备宜与装卸泵联锁。

④注液管系统应符合铁路栈台与罐车第④条和第⑤条的要求。

（6）码头

①码头区内的金属管道、设备、构架包括码头引桥，栈桥的金属构件、基础钢筋等应进行等电位连接并接地。装卸栈台或船位陆上部分应设接地装置。

②较大码头区，区域内的管线应符合本规范第4.3.1～4.3.7条的要求.

③装卸栈台应符合本规范第4.4节及第4.5节的要求。

④在船位陆上入口处，应设置消除人体静电的接地装置。

⑤为防止杂散电流，应采取以下措施：

a. 输液臂或输液管上，使用绝缘法兰或一段不导电软管，其电阻值在$2.5\times10^4\Omega\sim2.5\times10^6\Omega$之间。

b. 岸与船的人行通路不能全金属连接。

c. 码头护舷设施与靠泊轮船之间应绝缘。

d. 岸上一侧的金属物只能与码头岸上的接地装置相连。

（7）粉体加工与储运设备

①在填料与出料部分，应采取下列静电接地措施：

a. 金属和非金属导体容器以及附近的所有金属设备，包括料管，应进行等电位连接并接地。

b. 盛装高体积电阻率粉料的容器，除应按本规范第4.7.1-1条的要求进行外，在可能的条件下，宜将一根或多根接地板（管、棒）垂直插入容器内，实施粉体内的静电分隔屏蔽。

c. 装粉用的袋、桶应放在地面上或接地台面上。

②装粉体加入可燃性溶剂中时，应采取下列静电接地措施：

a. 操作人员必须接地。

b. 用导电材料作漏斗、斜槽等填充装置，并将其与容器进行等电位连接后接地。

c. 盛装溶剂或粉料的容器应用导电材料制作并进行接地。盛装粉料的容器允许涂抹小于2mm厚的绝缘层。

③在粉体筛分、研磨、混合部分，所有导体部件，包括筛网，应进行等电位连接并接地。活动部件宜采用挠性连接。接受容器应按本规范第4.7.1条的要求进行。

④粉尘采用气流输送时,管道应采用导电材料,除应符合本规范第4.3节的要求外,管段法兰必须跨接并接地。

⑤在粉尘分离器中,所有导体部件,包括过滤器支撑柱头、框架,应进行等电位连接并接地。

⑥大型料仓内部不应有突出的接地导体,如设置料位报警器等必须采取防静电燃爆措施。料仓顶部进料口和排风口,应与仓顶取平。

(8)气体与蒸汽的喷出设备

①在气体与蒸汽的喷出设备上,所有的导体部件应进行等电位连接并接地。

②用蒸汽(或气体)清洗储罐等设备时,喷射器应与被喷物以及周围的金属体等电位连接并进行接地。

③装在软管上的金属喷嘴、接头等,应采用下列静电接地措施:

a. 使用导电性或防静电软管时,应使喷嘴、接头等与软管可靠地连接并接地。

b. 装在软管上的金属喷嘴、接头等金属部件,可用专用接地线与接地装置连接。

c. 在使用气体或蒸汽喷出设备作业前,应将专用的接地线连接好,作业完毕后方可拆除。

(9)化纤设备

①输送带托辊和终端皮带滚轮应与料斗采取跨接方式将其接地。

②在设备上被非导体隔绝缘的孤立金属部件,应采取跨接方式将其接地。

③滚动轴、搅拌器旋转部件的静电接地电阻大于 $10^6\Omega$ 时,可使用导电性润油剂或滑动电刷等进行接地。

④气流输送设备应符合本规范第4.7.4条的要求。

(10)人体静电接地

①操作人员在可能产生静电危害的场所,应采取下列措施:

a. 应正确使用各种防静电防护用品(如防静电鞋、防静电工作服、防静电手套等),不得穿戴合成纤维及丝绸衣物。

b. 操作人员应徒手或徒手戴防静电手套触摸接地金属物体后方可进入工作场所。

c. 禁止在爆炸危险场所穿脱衣服、帽子等。

②在人体带电易产生静电危害的场所,应采取下列措施:

a. 工作台面应敷设导电橡胶板,凳子的座面应用导电材料制作。如果工作台、凳子的支腿是非金属材料或有塑料(橡胶)套脚时,则台面及座面应有接地措施。

b. 应敷设导静电地面,导静电地面的体积电阻率应为 $1.0\times10^5\sim1.0\times10^8\Omega\cdot m$,其导电性能应长期稳定,不易发尘,尚应定期洒水和清除绝缘污物等。

(11)计算机房与电子仪表室的静电接地

计算机房与电子仪表室的静电接地应符合国标《电子计算机房设计规范》GB 50174—1993的规定。

(七)防雷要求

应按照GB50057(建筑物防雷设计规范)在厂区安装防雷设施。建筑物防雷分类如下:

具有0区或10区爆炸危险环境的建筑物,应划为第一类防雷建筑物。

具有1区爆炸危险环境的建筑物,且电火花不易引起爆炸或不致造成巨大破坏和人身伤亡者；具有2区或11区爆炸危险环境的建筑物；工业企业内有爆炸危险的露天钢质封闭气罐应划为第二类防雷建筑物。

根据雷击后对工业生产的影响及产生的后果，并结合当地气象、地形、地质及周围环境等因素，确定需要防雷的21区、22区、23区火灾危险环境，应划为第三类防雷建筑物。

（八）消防设施与器材配置要求

按照GB50016（建筑设计防火规范）、GB50140（建筑灭火器配置设计规范）配置消防设施与器材。标准的相关强制的条款有：

1）在同一灭火器配置场所，当选用两种或两种以上类型灭火器时，应采用灭火剂相容的灭火器。

2）A类火灾场所应选择水型灭火器、磷酸铵盐干粉灭火器、泡沫灭火器或卤代烷灭火器。

3）B类火灾场所应选择泡沫灭火器、碳酸氢钠干粉灭火器、磷酸铵盐干粉灭火器、二氧化碳灭火器、灭B类火灾的水型灭火器或卤代烷灭火器。

极性溶剂的B类火灾场所应选择灭B类火灾的抗溶性灭火器。

4）C类火灾场所应选择磷酸铵盐干粉灭火器、碳酸氢钠干粉灭火器、二氧化碳灭火器或卤代烷灭火器。

5）D类火灾场所应选择扑灭金属火灾的专用灭火器。

6）E类火灾场所应选择磷酸铵盐干粉灭火器、碳酸氢钠干粉灭火器、卤代烷灭火器或二氧化碳灭火器，但不得选用装有金属喇叭喷筒的二氧化碳灭火器。

7）灭火器应设置在位置明显和便于取用的地点，且不得影响安全疏散。

8）灭火器不得设置在超出其使用温度范围的地点。

9）设置在A类火灾场所的灭火器，其最大保护距离应符合表3-5的规定。

表3-5　A类火灾场所的灭火器最大保护距离(m)

灭火器型式 危险等级	手提式灭火器	推车式灭火器
严重危险级	15	30
中危险级	20	40
轻危险级	25	50

10）设置在B、C类火灾场所的灭火器，其最大保护距离应符合表3-6的规定。

表3-6　B、C类火灾场所的灭火器最大保护距离(m)

灭火器型式 危险等级	推车式灭火器	
严重危险级	9	18
中危险级	12	24
轻危险级	15	30

11）一个计算单元内配置的灭火器数量不得少于2具。
12）A类火灾场所灭火器的最低配置基准应符合表3-7的规定。

表3-7　A类火灾场所灭火器的最低配置基准

危　险　等　级	严重危险级	中危险级	轻危险级
每具灭火器最小配置灭火级别	3A	2A	1A
最大保护面积（m^2/A）	50	75	100

13）B、C类火灾场所灭火器的最低配置基准应符合表3-8的规定。

表3-8　B、C类火灾场所灭火器的最低配置基准

危　险　等　级	严重危险级	中危险级	轻危险级
每具灭火器最小配置灭火级别	89B	55B	21B
最大保护面积（m^2/B）	0.5	1	1.5

14）每个灭火器设置点实配灭火器的灭火级别和数量不得小于最小需配灭火级别和数量的计算值。

15）灭火器设置点的位置和数量应根据灭火器的最大保护距离确定，并应保证最不利点至少在1具灭火器的保护范围内。

（九）电力装置（电气安全）要求

电力装置的设置及电气安全相关要求，遵循《爆炸危险环境电力装置设计规范》（GB50058）、《危险场所电气防爆安全规范》（AQ3009—2007）、《带电设备红外诊断应用规范》（DL/T664—2008）等规范的相关要求。

《危险场所电气防爆安全规范》（AQ3009—2007）对电气安全检测内容、方法作了具体规定，其中，第"7.1.1 通则"要求：

为使危险场所用电气设备的点燃危险减至最小，在装置和设备投入运行之前工程竣工交接验收时，应对它们进行初始检查；为保证电气设备处于良好状态，可在危险场所长期使用，应进行连续监督和定期检查。检查项目见表3-9至表3-17的相应条款。

表3-9　隔爆型电气设备Ex"d"检查一览表

序号	检　查　项　目	检查等级		
		D	C	V
1	电气设备适合于危险场所类别，符合批准的设计要求	√	√	√
2	电气设备的铭牌标识清楚，有防爆标志、防爆合格证号	√	√	√
3	不存在未经批准的修改	√	√	√
4	电气设备结构不存在可见的未经批准的修改	√	√	√
5	电气设备的外壳应无裂缝、损伤	√	√	√

续上表

序号	检查项目	检查等级		
		D	C	V
6	电气设备所有的紧固件应完整,防松设施齐全,弹簧垫圈压平	√	√	√
7	电气设备隔爆间隙尺寸在允许的最大尺寸范围内	√	√	√
8	隔爆面清洁、无损伤及锈蚀	√	√	√
9	电气设备的运动部件应无碰撞和摩擦	√	√	√
10	透明件无损伤,透明件与金属密封垫符合要求	√	√	√
11	电缆引入装置和堵板的类型正确并完整和紧固	√		
12	电动机风扇与外壳和/或外罩之间有足够的间距	√	√	√
13	电气设备外壳表面温度不应超过本设备防爆标志的温度组别	√	√	√
14	接线紧固后,裸露带电部分之间与金属外壳之间的电气间隙和爬电距离应符合要求	√		
15	呼吸和排水装置合格	√	√	√

注:D—详细检查;C——般检查;V—目视检查

表3-10 增安型电气设备Ex"e"检查一览表

序号	检查项目	检查等级		
		D	C	V
1	电气设备适合于危险场所类别,符合批准的设计要求	√	√	√
2	电气设备的铭牌标识清楚,有防爆标志、防爆合格证号	√	√	√
3	电气设备的外壳应无裂缝、损伤	√	√	√
4	电气设备所有的紧固件应完整,防松设施齐全,弹簧垫圈压平	√	√	√
5	电气设备结构不存在可见的未经批准的修改	√	√	√
6	不存在未经批准的修改	√		
7	外表衬垫状态良好,无老化现象	√		
8	电气设备的温度保护装置(保护)及附件应齐全、良好	√	√	√
9	电气连接紧固	√		
10	电动机风扇与外壳和/或外罩之间有足够的间距	√	√	√
11	呼吸和排水装置合格	√	√	√
12	电缆引入装置和堵板的类型正确并完整和紧固	√	√	√

续上表

序号	检查项目	检查等级 D	C	V
13	电气设备外壳表面温度不应超过本设备防爆标志的温度组别	√		
14	接线紧固后,裸露带电部分之间与金属外壳之间的电气间隙和爬电距离应符合要求	√		

注：D—详细检查；C——般检查；V—目视检查

表3-11 n型电气设备Ex"n"检查一览表

序号	检查项目	检查等级 D	C	V
1	电气设备适合于危险场所类别,符合批准的设计要求	√	√	√
2	电气设备的铭牌标识清楚,有防爆标志、防爆合格证号	√	√	√
3	电气设备的外壳应无裂缝、无损伤	√	√	√
4	电气设备所有的紧固件应完整,防松设施齐全,弹簧垫圈压平	√	√	√
5	电气设备结构不存在可见的未经批准的修改	√	√	√
6	不存在未经批准的修改	√	√	√
7	透明件无损伤,透明件与金属密封垫符合要求	√	√	√
8	封闭式断路装置和气密型装置无损伤	√	√	√
9	电缆引入装置和堵板的类型正确并完整和紧固	√	√	√
10	电动机风扇与外壳和/或外罩之间有足够的间距	√	√	√
11	电气设备外壳表面温度不应超过本设备防爆标志的温度组别	√	√	
12	呼吸和排水装置合格	√	√	
13	限制呼吸外壳良好	√		
14	电气连接紧固	√		
15	外壳衬垫状态良好,无老化现象	√		

注：D—详细检查；C——般检查；V—目视检查

表 3-12　本安型电气设备 Ex "i" 检查一览表

序号	检查项目	检查等级		
		D	C	V
1	电气设备适合于危险场所类别，符合批准的设计要求	√	√	√
2	电气设备的铭牌标识清楚，有防爆标志、防爆合格证号	√	√	√
3	电气设备结构不存在可见的未经批准的修改	√	√	√
4	不存在未经批准的修改	√		
5	独立供电的本质安全型电气设备的电池型号、规格应符合铭牌中的规定	√	√	√
6	配套的关联设备的型号规格必须符合铭牌中的规定	√	√	√
7	安全栅应可靠接地，其接地电阻符合铭牌中规定	√	√	
8	电气连接牢固	√		
9	印刷电路板清洁无损坏	√		
10	电气设备外壳表面温度不应超过本设备防爆标志的温度组别	√		

注：D—详细检查；C——般检查；V—目视检查

表 3-13　正压外壳型电气设备 Ex "p" 检查一览表

序号	检查项目	检查等级		
		D	C	V
1	电气设备适合于危险场所类别，符合批准的设计要求	√	√	√
2	电气设备的铭牌标识清楚，有防爆标志、防爆合格证号	√	√	√
3	电气设备结构不存在可见的未经批准的修改		√	√
4	不存在未经批准的修改	√		
5	外壳透明件及透明件与金属密封垫和/或胶粘剂满足要求	√	√	√
6	在运行中进入电气设备及其通风系统内的气体，不得含有爆炸性混合物及其他有害物质	√	√	
7	通风过程排出的气体不宜排入爆炸危险场所，当采取防止火花和炽热颗粒从电气设备吹出的措施时，允许排入2区空间	√		
8	电气设备的报警系统，断电系统应可靠动作	√		
9	通风管道应密封良好	√	√	√
10	预先换气时间合适	√		
11	保护气体基本未受污染	√	√	
12	保护气体压力和/或流量合适	√	√	√

注：D—详细检查；C——般检查；V—目视检查

表3-14 油浸型电气设备 Ex "o" 检查一览表

序号	检 查 项 目	检查等级		
		D	C	V
1	电气设备适合于危险场所类别，符合批准的设计要求	√	√	√
2	电气设备的铭牌标识清楚，有防爆标志、防爆合格证号	√	√	√
3	电气设备结构不存在可见的未经批准的修改	√	√	√
4	不存在未经批准的修改	√		
5	电气设备油箱、油标无裂缝及漏油	√	√	√
6	油面在油标范围内	√	√	√
7	排油孔、排气孔畅通	√	√	√
8	安装倾斜度不大于5度	√	√	

注：D—详细检查；C——般检查；V—目视检查

表3-15 浇封型、充砂型电气设备 Ex "m" "q" 检查一览表

序号	检 查 项 目	检查等级		
		D	C	V
1	电气设备适合于危险场所类别，符合批准的设计要求	√	√	√
2	电气设备的铭牌标识清楚，有防爆标志、防爆合格证号	√	√	√
3	电气设备结构不存在可见的未经批准的修改	√	√	√
4	不存在未经批准的修改	√		
5	结构符合要求	√		

注：D—详细检查；C——般检查；V—目视检查

表3-16 防粉尘点燃电气设备(DIP A/B)检查一览表

序号	检 查 项 目	检查等级		
		D	C	V
1	电气设备适合于粉尘场所(粉尘类型)，符合批准的设计要求	√	√	√
2	预期的粉尘堆积厚度是否与设备允许的厚度相适应	√	√	
3	电气设备的铭牌标识清楚，有防爆标志、防爆合格证号	√	√	√
4	不存在未经批准的修改	√		
5	电气设备结构不存在可见的未经批准的修改	√	√	
6	电气设备的外壳应无裂缝、无损伤	√	√	√
7	电气设备所有的紧固件应完整，防松设施齐全，弹簧垫圈压平	√	√	√

续上表

序号	检查项目	检查等级		
		D	C	V
8	电气设备接合面结构尺寸应满足标准规定的要求	√	√	
9	外壳衬垫状态良好,无老化现象	√		
10	透明件无损伤,透明件与金属密封垫符合要求	√	√	√
11	电缆引入装置和堵板的类型正确并完整和紧固	√	√	√
12	可能的粉尘层堆积厚度是否符合与设备类型相适应	√		
13	电动机风扇与外壳和/或外罩之间有足够的间距	√		
14	电气设备最高表面温度是否满足要求的安全余量	√	√	
15	接线紧固后,裸露带电部分之间与金属外壳之间的电气间隙和爬电距离应符合要求	√		

注：D—详细检查；C——般检查；V—目视检查

表3-17 安装施工检查一览表

序号	检查项目	检查等级		
		D	C	V
1	电气线路应敷设在爆炸危险性较小的区域或距离释放较远的位置,避开易受机械损伤、振动、腐蚀、粉尘积聚场所	√	√	√
2	利用的低压电缆或绝缘导线,其额定电压必须高于线路工作电压,且不得低于500V	√		
3	导线或电缆截面应符合规定	√		
4	电缆无明显损坏	√	√	√
5	架空线与爆炸性气体环境水平距离,不应小于杆塔高度的1.5倍	√	√	√
6	导线或电缆的连接应采用防爆接线盒或分线盒	√		
7	电气线路在爆炸危险场所不应有中间接头,在特殊情况下,线路须设中间接头时,必须在相应的防爆接线盒或分线盒内连接和分路	√	√	√
8	电缆或导线配线,必须采用相应的密封圈,电缆外护套外径与密封圈内径的配合应符合要求,导线与密封圈的配合误差应符合要求	√	√	√
9	密封圈不应有老化现象	√	√	√
10	密封圈和压紧元件之间应有一个金属垫圈	√	√	√
11	压紧元件须符合要求,并应保证使密封圈压紧电缆或导线	√	√	√

续上表

序号	检查项目		检查等级		
			D	C	V
12	电气设备多余的电缆引入口在密封圈的外侧应设钢质堵板,其厚度不应小于2 mm,钢质堵板应经压紧元件压紧		√	√	√
13	电缆配线或钢管配线引入防爆电动机需挠性连接时,可采用挠性连接管,挠性连接管仅是钢管的一部分,起机械保护作用		√	√	√
14	电气设备的电缆或导线引入口,需用钢管连接,必须用一个过渡压紧元件,必须达到先压紧密封圈后,才可连接钢管,钢管连接有困难可增加活接头		√	√	√
15	对于粉尘环境的电缆布线,应采取措施避免形成粉尘层,否则应考虑减少电缆的载流量。		√	√	√
16	电缆穿过不同区域隔离措施	两区交接电缆沟内应采取充砂、填阻火堵料或加防火隔墙等措施	√	√	√
		电缆通过与相邻区域共有的隔墙、楼板、地坪及易受机械损伤处,均应加以保护;留下的孔洞应严密堵塞	√	√	√
		电缆在区域界面(隔墙、楼板、地坪)有保护管的,须在保护管两端用阻火堵料严密堵塞、填塞深度不得小于管子内径,且不得小于40mm	√		
17	钢管配线要求	绝缘导线必须敷设在镀锌焊接钢管	√	√	√
		钢管之间、钢管与设备之间须用螺纹连接;1区和2区螺纹有效啮合扣数不小于5扣;且应有锁紧螺母;爆炸性粉尘环境21区和22区螺纹有效啮合扣数不小于5扣	√		
		电气管路之间不得采用倒扣连接	√	√	√
		钢管通过与其他任何场所相邻的隔墙时,应在隔墙的任何一侧装设横向式隔离密封件	√	√	√
		钢管通过楼板或地坪引入其他场所时,均应在楼板或地坪的上方装设纵向式隔离密封件	√	√	√
		钢管的管径大于50 mm及以上的,在距引入的接线箱450 mm以内及每距15m处,应装设隔离密封件	√	√	√

续上表

序号	检查项目		检查等级		
			D	C	V
17	钢管配线要求	易积聚冷凝水的管路,应在其垂直段的下方装设排水式隔离密封盒,排水口应置下方	√	√	√
		导线在隔离密封盒内不得有接头	√		
		钢管通过墙、楼板、地坪时隔离密封盒与墙面、楼板、地坪的距离不应超过300 mm,并应将孔洞严密堵塞	√	√	√
		隔离密封盒内必须填符合标准要求的填料	√		
		钢管连接螺纹加工应光滑、完整、无锈蚀,在螺纹上应涂电力复合脂或导电性防锈脂。不得在螺纹上缠麻或绝缘胶带及涂其他油漆	√		
18	本安型电气设备连线	本质安全电路与关联电路不得共用同一根电缆或钢管;本质安全电路严禁与其他电路共用同一根电缆或钢管	√	√	√
		两个及以上的本质安全电路,除电缆线芯分别屏蔽或采用屏蔽导线外,不应共用同一根电缆或钢管	√	√	√
		控制盘内本质安全电路与关联电路或其他电路的端子之间的间距,不应小于50mm,当间距不符合时,应采用高于端子的绝缘隔板隔离;端子排应采用绝缘的防护罩;本质安全电路、并联电路、其他电路的盘内配线应分开束扎、固定,分离距离不应小于50mm	√		
		本质安全电路配线用电缆和导线套管均应蓝色标志	√	√	√
		本安电路除特殊规定外,不应接地,电缆屏蔽层应在非爆炸区一点接地	√	√	√
		本安电路、关联电路采用非铠装和无屏蔽层的电缆时,应采用镀锌钢管保护	√	√	√
19	爆炸性危险场所的接地	电气设备的金属外壳、金属构架、金属配线管及其配件、电缆保护管、电缆的金属护套等非带电的裸露金属部分,均应接地。	√	√	√
		爆炸危险场所除2区内照明灯具以外所有的电气设备,应采用专用接地线;宜采用多股软绞线,其铜芯截面积不得小于4mm^2。金属管线、电缆的金属外壳等,应作为辅助接地线	√	√	√

81

续上表

序号	检查项目		检查等级		
			D	C	V
19	爆炸性危险场所的接地	不能用输送易燃物质的金属管道作为接地线	V	V	V
		爆炸性危险场所接地干线与接地体不得小于2处,接地干线通过与其他环境共用的隔离墙时,应用钢管保护	V	V	V
		电气设备及灯具专用接地或接零保护线应单独与接地干线网相连,工作零线不得作为保护接地用	V	V	V
		铠装电缆引入电气设备时,其接地芯线应与设备内接地螺栓连接,其钢带或金属护套应与设备接地螺栓连接		V	
		电气线路应敷设在爆炸危险性较小的区域或距离释放源较远的位置,应避开易受机械损伤、振动、腐蚀、粉尘积聚场所	V	V	V
		设备、机组、贮罐、管道等的防静电接地线,应单独与接地体或接地干线相连,除并列管道外不互相串连接地	V	V	V
		防静电接地线的安装,应与设备、机组、贮罐等固定接地端子或螺栓连接,螺栓不应小于M10,并有防松装置和涂以电力复合脂。当采用焊接连接时,不得降低和损伤管道强度。	V	V	V

注:D—详细检查;C——般检查;V—目视检查

初始检查和定期检查应委托具有防爆专业资质的安全生产检测检验机构进行。

《危险场所电气防爆安全规范》(AQ3009—2007)第"7.1.3.2"条对定期检查要求如下:

(1)定期检查可按表3-9至表3-17所示进行相应的目视检查或一般检查。

(2)定期的目视检查或一般检查可能会需要进一步的详细检查。

(3)检查等级和定期检查的时间间隔的确定应考虑设备型式、制造商指南、影响损坏程度的因素、使用的区域和以前的检查结果。在确定类似设备、装置和环境的检查等级和时间间隔时,应该利用这些经验确定检查方案。

(4)定期检查应委托具有防爆专业资质的安全生产检测检验机构进行,时间间隔一般不超过3年。企业应当根据检查结果及时采取整改措施,并将检查报告和整改情况向安全生产监督管理部门备案。

(十)安全仪表系统要求

《国家安全监管总局关于加强化工安全仪表系统管理的指导意见》(安监总管三〔2014〕116号)

从2016年1月1日起,大型和外商独资合资等具备条件的化工企业新建涉及"两重点一重大"的化工装置和危险化学品储存设施,要按照本指导意见的要求设计符合相关标准规定的安全仪表系统。

从2018年1月1日起,所有新建涉及"两重点一重大"的化工装置和危险化学品储存设施要设计符合要求的安全仪表系统。其他新建化工装置、危险化学品储存设施安全仪表系统,从2020年1月1日起,应执行功能安全相关标准要求,设计符合要求的安全仪表系统。

(十一)个体防护设施要求

按照GB11651(劳动防护用品选用规则)配备个体防护设施(表3-18～表3-20)。

表3-18 选用规定

作业类别编号	不可使用的品类	可考虑使用的护品
A01(易燃易爆场所作业)	B01 B02 B03	C03 C09 C13
A02(可燃性粉尘场所作业)	B01 B03	C03 C15 C09 C13
A03(高温作业)	B01 B02	C01 C04 C27 C35 C02 C51
A04(低温作业)	B03	C06 C07 C08 C05 C40
A05(低压带电作业)		C11 C12 C35 C37
A06(高压带电)		C11 C12 C35 C10 C37
A07(吸入性气相毒物作业)		C15 C16 C17
A08(吸入性气溶胶毒物作业)		C15 (或C18) C34 C14 C16 C17 C19 C20
A09(沾染性毒物作业)		C14 C15 C19 C20 C34 C16 C17 C24
A10(生物性毒物作业)		C15 C19 C20 C34 C37 C16 C24
A11(腐蚀性作业)		C14 C15 C21 C22 C23 C34 C17
A12(易污作业)		C18 C34 C50 C51 C24
A13(恶味作业)		C50 C17 C24 C34
A14(密闭场所作业)		C17
A15(噪声作业)		C25 C26
A16(强光作业)		C27
A17(激光作业)		C28
A18(荧光屏作业)		C30
A19(微波作业)		C29 C32

续上表

作业类别编号	不可使用的品类	可考虑使用的护品
A20（射线作业）		C31　C33
A21（高处作业）	B03（钉鞋）	C35　C36　C40
A22（存在物体坠落、撞击的作业）		C35　C44
A23（有碎屑飞溅的作业）		C37　C50
A24（操纵转动机械）	B04（手套）	C34　C37　C50
A25（人工搬运）	B03（钉鞋）	C43　C35　C40　C44
A26（接触使用锋利器具）		C50　C41　C44　C45
A27（地面存在尖利器物的作业）		C45
A28（手持振动机械作业）		C33
A29（人承受全身震动的作业）		C39
A30（野外作业）		C46　C05　C06　C07　C08　C37　C40
A31（水上作业）		C40　C48　C36　C47
A32（涉水作业）		C46
A33（潜水作业）		C49
A34（地下挖掘建筑作业）		C35　C18　C25　C38　C44　C46
A35（车辆驾驶）		C50　C27　C37　C42
A36（铲、装、吊、推机械操纵）		C50　C18　C27　C37　C46
A37（一般性作业）		C50
A38（其他作业）		C50

表 3-19　使 用 限 制

编号	护品品类	适用条件
B	不可使用	
B01	的确良、尼龙等着火焦结的衣物	防止着火胶结、持续烧伤
B02	聚氯乙烯塑料鞋	防止高热熔化烧穿塑料鞋、导致烧伤
B03	底面钉铁件的鞋	防滑、防止碰击发出火花
B04	手套	防止运转机械绞缠手套以至人体
C	可使用	
C01	白帆布类隔热服	防止一般性热辐射伤害

续上表

编号	护品品类	适用条件
C02	镀反射膜类隔热服	防止高热物质接触或强烈热辐射伤害
C03	有烧伤危险时穿用	有烧伤危险时穿用
C04	耐高温鞋	防止高热物质伤脚
C05	防寒帽	防冻伤
C06	防寒服	防冻伤
C07	防寒手套	防冻伤
C08	防寒鞋	防冻伤
C09	防静电服	防止积聚静电
C10	等电位工作服	带电作业时防止触电
C11	绝缘手套	带电作业时防止触电
C12	绝缘鞋	带电作业时防止触电
C13	防静电鞋	防止积聚静电
C14	防化学液眼镜	防止化学液伤目
C15	防毒口罩	防止吸入一般性毒气
C16	有相应滤毒罐的防毒面罩	防止吸入毒气，防止毒液沾染
C17	供应空气的呼吸保护器	防止吸入毒气或强烈毒性粉尘，防止缺氧
C18	防尘口罩	防止吸入一般性粉尘
C19	防毒物渗透工作服	防止毒物渗透伤害
C20	防毒物渗透手套	防止毒物渗透伤害
C21	防酸(碱)服	防止酸(碱)腐蚀
C22	耐酸(碱)手套	防止酸(碱)伤手
C23	耐酸(碱)鞋	防止酸(碱)伤脚
C24	相应的皮肤保护剂	防止腐蚀性化学物质沾染伤害或防止辐射伤害
C25	塞栓式耳塞	防止噪声伤害
C26	耳罩	防止噪声伤害，不适宜戴耳塞时使用
C27	防强光、紫外线、红外线护目镜或面罩	防止强光伤目
C28	防激光护目镜	防止强光伤害
C29	防微波护目镜	防止微波伤害
C30	荧光屏作业护目镜	防止长时间注视荧光屏产生的视觉疲劳和视力伤害
C31	防射线护目镜	防止射线伤害

续上表

编号	护品品类	适用条件
C32	屏蔽服	防止微波伤害
C33	防射线服	防止射线伤害
C34	护发帽	防止头发被机器绞缠,防止头发被污染
C35	安全帽	防止物体碰击头部
C36	安全带	防止坠落
C37	防异物伤害护目镜	防止飞溅物、碎屑、灰沙伤目
C38	减震手套	防止震动伤害
C39	减震鞋	防止震动伤害
C40	防滑工作鞋	防止滑倒,便于登高或在油渍、钢板、冰上等滑溜地面上行走
C41	防割伤手套	防止锋利刀刃割伤
C42	防冲击安全头盔	防止头部遭受猛烈撞击,高速车辆驾驶者用之
C43	防滑手套	防止手搬取物体发生滑动
C44	防砸安全鞋	防止砸伤脚趾,便于搬运、冶金、矿山、建筑及隧道工程等作业
C45	防刺穿鞋	防止尖刺扎穿鞋底,便于森林建筑作业
C46	防水工作服(包括防水鞋)	便于雨中、水淋处作业
C47	水上作业服	防止落水沉溺,便于救助
C48	救生衣(圈)	防止落水沉溺,便于救助
C49	潜水服	便于潜水作业
C50	一般性的工作服	
C51	其他零星护品如披肩帽、鞋罩、围裙、袖套等	

表3-20 使用期限

编号	受损耗情况	磨蚀类别	耐磨蚀能力	使用期限(月)
G01		D01		
G02	E01	D02	F01 F02 F03	0.5~3
G03		D03		
G04		D01	F01	18~24
G05		D02	F01	24~36
G06		D03	F01	36~48

续上表

编号	受损耗情况	磨蚀类别	耐磨蚀能力	使用期限(月)
G07		D01	F02	12~18
G08	E02	D02	F02	18~24
G09		D03	F02	24~36
G10		D01	F03	6~9
G11		D02	F03	9~12
G12		D03	F03	12~24
G13		D01	F01	24~36
G14		D02	F01	36~48
G15		D03	F01	48~60
G16		D01	F02	18~24
G17	E03	D02	F02	24~36
G18		D03	F02	36~48
G19		D01	F03	12~18
G20		D02	F03	18~24
G21		D03	F03	24~36

【要求】

按照国家有关规定和标准设置安全设施，做到：

(1) 按照GB50493在易燃、易爆、有毒区域设置固定式可燃气体和/或有毒有害气体泄漏的检测报警设施，报警信号应发送至工艺装置、储运设施等控制室或操作室；

(2) 按照GB50351在可燃液体罐区设置防火堤，在酸、碱罐区设置围堤并进行防腐处理；

(3) 宜按照SH3097在输送易燃物料的设备、管道上安装防静电设施；

(4) 按照GB50057在厂区安装防雷设施；

(5) 按照GB50016、GB50140配置消防设施与器材；

(6) 按照GB50058设置电力装置；

(7) 按照GB11651配备个体防护设施；

(8) 厂房、库房建筑应符合GB50016、GB50160的有关要求；

(9) 在工艺装置上可能引起火灾、爆炸的部位设置超温、超压等检测仪表、声和/或光报警和安全联锁装置等设施；

(10) 新建大型和危险程度高的化工装置，在设计阶段要进行仪表系统安全完整性等级评估，选用安全可靠的仪表、联锁控制系统；

(11) 专家诊断按标准、规范应设置的其他安全设施。

二级企业化工生产装置设置自动化控制系统，涉及危险化工工艺和重点监管危险化学品的化工生产装置根据风险状况设置了安全联锁或紧急停车系统等；

一级企业涉及危险化工工艺的化工生产装置设置了安全仪表系统，并建立安全仪表系统功能安全管理体系。

【检查内容】

查文件：

查看安全设施管理台账。

现场检查：

(1) 各种安全设施的配备情况。

(2) 二级企业各种安全设施的设置及运行情况。

(3) 一级企业安全仪表系统设置情况及安全仪表系统功能安全管理体系运行情况。

3. 企业的各种安全设施应有专人负责管理，定期检查和维护保养。

【依据】

(1)《中华人民共和国安全生产法》(中华人民共和国主席令第十三号)：

第三十三条　安全设备的设计、制造、安装、使用、检测、维修、改造和报废，应当符合国家标准或者行业标准。

生产经营单位必须对安全设备进行经常性维护、保养，并定期检测，保证正常运转。维护、保养、检测应当做好记录，并由有关人员签字。

(2)《危险化学品安全管理条例》(中华人民共和国国务院令第591号)：

第二十条　生产、储存危险化学品的单位，应当根据其生产、储存的危险化学品的种类和危险特性，在作业场所设置相应的监测、监控、通风、防晒、调温、防火、灭火、防爆、泄压、防毒、中和、防潮、防雷、防静电、防腐、防泄漏以及防护围堤或者隔离操作等安全设施、设备，并按照国家标准、行业标准或者国家有关规定对安全设施、设备进行经常性维护、保养，保证安全设施、设备的正常使用。

生产、储存危险化学品的单位，应当在其作业场所和安全设施、设备上设置明显的安全警示标志。

【要求】

(1) 专人负责管理各种安全设施；

(2) 建立安全设施管理档案；

(3) 定期检查和维护保养安全设施，并建立记录。

【检查内容】

1. 查文件

(1) 安全设施管理制度；

(2) 安全设施维护保养检查记录。

2. 现场检查

检查安全设施的完整性。

4. 安全设施应编入设备检维修计划，定期检维修。安全设施不得随意拆除、挪用或弃置不用，因检维修拆除的，检维修完毕后应立即复原。

【依据】

(1)《中华人民共和国安全生产法》第三十三条规定：生产经营单位必须对安全设备进行经常性维护、保养，并定期检测，保证正常运转。维护、保养、检测应当做好记录，并由有关人员签字。

(2)《危险化学品安全管理条例》(中华人民共和国国务院令第591号)相关要求：

①第二十条规定　生产、储存危险化学品的单位，应当根据其生产、储存的危险化学品的种类和危险特性，在作业场所设置相应的监测、监控、通风、防晒、调温、防火、灭火、防爆、泄压、防毒、中和、防潮、防雷、防静电、防腐、防泄漏以及防护围堤或者隔离操作等安全设施、设备，并按照国家标准、行业标准或者国家有关规定对安全设施、设备进行经常性维护、保养，保证安全设施、设备的正常使用。

②第二十六条规定　储存危险化学品的单位应当对其危险化学品专用仓库的安全设施、设备定期进行检测、检验。

(3)《危险化学品建设项目安全监督管理办法》(总局令第45号)第二十二条规定　建设项目安全设施施工完成后，建设单位应当按照有关安全生产法律、法规、规章和国家标准、行业标准的规定，对建设项目安全设施进行检验、检测，保证建设项目安全设施满足危险化学品生产、储存的安全要求，并处于正常适用状态。

【要求】

(1)安全设施应编入设备检维修计划，定期检维修；

(2)安全设施不得随意拆除、挪用或弃置不用，因检维修拆除的，检维修完毕后应立即复原。

【检查内容】

1. 查文件

(1)设备检维修计划；

(2)安全设施检维修记录；

(3)安全设施拆除、停用资料。

2. 现场检查

检查安全设施是否存在随意拆除、挪用或弃置不用的情况。

5. 企业应对监视和测量设备进行规范管理，建立监视和测量设备台账，定期进行校准和维护，并保存校准和维护活动的记录。

【依据】

按照《质量管理体系　基础和术语》(GB/T19000—2008)标准规定，企业应通过产品实现的策划，识别和确定测量过程和监视过程，并根据策划结果，配备所需的测量和监视装置。

【解释】

监视指观察、监督、使对象处于检查之下(使用监视装置)；它可以包括定期测量或检测，特别是为了调节或控制而进行的定期测量或检测。

测量指对物理量、数量或尺寸的确定(使用测量设备)。

测量设备：为实现测量过程所必需的测量仪器、软件、测量标准、标准物质或辅助设备或它们的组合。

【要求】

(1)对监视和测量设备进行规范管理；

(2)建立监视和测量设备台账；

(3)定期进行校准和维护；

(4)保存校准和维护活动的记录；

(5)对风险较高的系统或装置，要加强在线检测或功能测试，保证设备、设施的完整性。

【检查内容】

1. 查文件

(1)监视和测量设备管理制度；

(2)监视和测量设备台账；

(3)监视和测量设备检验报告；

(4)校验和维护记录。

2. 现场检查

监视和测量设备的完整性及校验合格标志。

三、特种设备

1. 企业应按照《中华人民共和国特种设备安全法》管理规定，对特种设备进行规范管理。

【依据】

《中华人民共和国特种设备安全法》(中华人民共和国主席令第四号)。

【解释】

特种设备，是指对人身和财产安全有较大危险性的锅炉、压力容器(含气瓶)、压力管道、电梯、起重机械、客运索道、大型游乐设施、场(厂)内专用机动车辆，以及法律、行政法规规定适用本法的其他特种设备。

常见特种设备有(但不限于)：

锅炉，是指利用各种燃料、电或者其他能源，将所盛装的液体加热到一定的参数，并承载一定压力的密闭设备，其范围规定为容积大于或者等于30L的承压蒸汽锅炉；出口水压大于或者等于0.1MPa(表压)，且额定功率大于或者等于0.1MW的承压热水锅炉；有机热载体锅炉。

压力容器，是指盛装气体或者液体，承载一定压力的密闭设备，其范围规定为最高工作压力大于或者等于0.1MPa(表压)，且压力与容积的乘积大于或者等于2.5MPa·L的气体、液化气体和最高工作温度高于或者等于标准沸点的液体的固定式容器和移动式容器；盛装公称工作压力大于或者等于0.2MPa(表压)，且压力与容积的乘积大于或者等于1.0MPa·L的气体、液化气体和标准沸点等于或者低于60℃液体的气瓶；氧舱等。

压力管道,是指利用一定的压力,用于输送气体或者液体的管状设备,其范围规定为最高工作压力大于或者等于0.1MPa(表压)的气体、液化气体、蒸汽介质或者可燃、易爆、有毒、有腐蚀性、最高工作温度高于或者等于标准沸点的液体介质,且公称直径大于25mm的管道。

电梯,是指动力驱动,利用沿刚性导轨运行的箱体或者沿固定线路运行的梯级(踏步),进行升降或者平行运送人、货物的机电设备,包括载人(货)电梯、自动扶梯、自动人行道等。

起重机械,是指用于垂直升降或者垂直升降并水平移动重物的机电设备,其范围规定为额定起重量大于或者等于0.5t的升降机;额定起重量大于或者等于1t,且提升高度大于或者等于2m的起重机和承重形式固定的电动葫芦等。

特种设备安全管理制度主要包括:

(1)基本工作管理制度,包括特种设备的选购、验收、安装、调试、使用登记、备件管理、作业人员培训和考核、技术档案管理和统计报告等制度;

(2)日常使用管理制度,包括安全检查、维护保养、检验(校验)、事故应急措施和救援预案、事故报告及接受国家安全监察等制度;

(3)操作规程,主要包括工艺操作规程和安全操作规程。这是保证正确使用特种设备,做到安全运行和维持正常生产、使用的先决条件。

特种设备安全岗位责任制度主要应当包括:

(1)单位负责人包括法定代表人、主要负责人等各层级管理者的岗位责任制度;

(2)操作人员等各作业层的岗位责任制度。

岗位责任制应当明确岗位的工作范围、工作职权、工作责任、技术责任、经济责任和安全责任考核。

【要求】

按照《中华人民共和国特种设备安全法》的规定,对特种设备进行规范管理。

【检查内容】

查文件:

(1)特种设备管理制度;

(2)特种设备台账和定期检验报告。

2. 企业应建立特种设备台账和档案。

【依据】

《中华人民共和国特种设备安全法》(中华人民共和国主席令第四号)。

第三十五条 特种设备使用单位应当建立特种设备安全技术档案。安全技术档案应当包括以下内容:

(一)特种设备的设计文件、产品质量合格证明、安装及使用维护保养说明、监督检验证明等相关技术资料和文件;

(二)特种设备的定期检验和定期自行检查记录;

(三)特种设备的日常使用状况记录;

(四)特种设备及其附属仪器仪表的维护保养记录；

(五)特种设备的运行故障和事故记录。

【要求】

建立特种设备台账和档案，包括特种设备技术资料、特种设备登记注册表、特种设备及安全附件定期检测检验记录、特种设备运行记录和故障记录、特种设备日常维修保养记录、特种设备事故应急救援预案及演练记录。

【检查内容】

查文件：特种设备台账和档案。

3. 特种设备投入使用前或者投入使用后 30 日内，企业应当向直辖市或者设区的市特种设备监督管理部门登记注册。

【依据】

《中华人民共和国特种设备安全法》(中华人民共和国主席令第四号)。

第三十三条 特种设备使用单位应当在特种设备投入使用前或者投入使用后三十日内，向负责特种设备安全监督管理的部门办理使用登记，取得使用登记证书。登记标志应当置于该特种设备的显著位置。

【企业达标标准】

特种设备投入使用前或者投入使用后 30 日内，应当向直辖市或者设区的市特种设备监督管理部门登记，登记标志置于设备显著位置。

【检查内容】

1. 查文件

查看特种设备台账和档案。

2. 现场检查

检查登记标志。

4. 企业应对在用特种设备进行经常性日常维护保养，至少每月进行 1 次检查，并保存记录。

【依据】

《中华人民共和国特种设备安全法》(中华人民共和国主席令第四号)。

第三十九条 特种设备使用单位应当对其使用的特种设备进行经常性维护保养和定期自行检查，并作出记录。

特种设备使用单位应当对其使用的特种设备的安全附件、安全保护装置进行定期校验、检修，并作出记录。

【要求】

对在用特种设备进行经常性日常维护保养，至少每月进行 1 次检查，并保存记录。

【检查内容】

1. 查文件

查看特种设备维护保养记录。

2. 现场检查

检查特种设备日常维护保养状态。

> 5. 企业应对在用特种设备及安全附件、安全保护装置、测量调控装置及有关附属仪器仪表进行定期校验、检修，并保存记录。

【依据】

《中华人民共和国特种设备安全法》（中华人民共和国主席令第四号）。

第三十九条　特种设备使用单位应当对其使用的特种设备进行经常性维护保养和定期自行检查，并作出记录。

特种设备使用单位应当对其使用的特种设备的安全附件、安全保护装置进行定期校验、检修，并作出记录。

【要求】

对在用特种设备及安全附件、安全保护装置、测量调控装置及有关附属仪器仪表进行定期校验、检修，并保存记录。

【检查内容】

查文件：

查看校验报告、检修记录。

> 6. 企业应在特种设备检验合格有效期届满前1个月向特种设备检验检测机构提出定期检验要求。未经定期检验或者检验不合格的特种设备，不得继续使用。企业应将安全检验合格标志置于或者附着于特种设备的显著位置。

【依据】

《中华人民共和国特种设备安全法》（中华人民共和国主席令第四号）。

第四十条　特种设备使用单位应当按照安全技术规范的要求，在检验合格有效期届满前一个月向特种设备检验机构提出定期检验要求。

特种设备检验机构接到定期检验要求后，应当按照安全技术规范的要求及时进行安全性能检验。特种设备使用单位应当将定期检验标志置于该特种设备的显著位置。

未经定期检验或者检验不合格的特种设备，不得继续使用。

（这是指检验检测机构通过对设备的检验检测，发现设备存在严重危及设备安全的缺陷，出具了不合格结论的报告，不允许继续使用，而使用单位又无法通过改造、维修等措施对这种安全缺陷予以消除。属于这种情况的设备也应当予以报废。报废特种设备必须进行不能恢复其原有功能的破坏性处理，即不能再作特种设备使用。有的使用单位和销售单位为了经济利益，将应当报废的设备转手倒卖，对特种设备使用安全带来了极大危害，必须严格禁止。）

【要求】

(1)特种设备检验合格有效期届满前一个月向特种设备检验检测机构提出定期检验要求；

(2)未经定期检验或者检验不合格的特种设备，不得继续使用；

(3)将安全检验合格标志置于或者附着于特种设备的显著位置。

【检查内容】

1. 查文件

(1)特种设备档案；

(2)定期检验申请资料。

2. 现场检查

检查特种设备检验合格标志。

【参考案例】

见图3-2。

图3-2 安全检验合格标志式样

7. 企业特种设备存在严重事故隐患，无改造、维修价值，或者超过安全技术规范规定使用年限，应及时予以报废，并向原登记的特种设备监督管理部门办理注销。

【依据】

《中华人民共和国特种设备安全法》(中华人民共和国主席令第四号)。

第四十八条 特种设备存在严重事故隐患，无改造、修理价值，或者达到安全技术规范规定的其他报废条件的，特种设备使用单位应当依法履行报废义务，采取必要措施消除该特种设备的使用功能，并向原登记的负责特种设备安全监督管理的部门办理使用登记证书注销手续。

前款规定报废条件以外的特种设备，达到设计使用年限可以继续使用的，应当按照安全技术规范的要求通过检验或者安全评估，并办理使用登记证书变更，方可继续使用。允许继续使用的,应当采取加强检验、检测和维护保养等措施,确保使用安全。

主要包括两种情况,一是设计使用年限,是指根据设备的结构、材料等因素,设计文件规定的最长使用期限。超过该期限,设备就可能因结构、材料等原因,安全性能无法得到保证,存在随时发生事故的危险性;二是安全技术规范规定的使用年限,是指由于科技水平所限,设计制造单位未明确设备使用年限,但根据设备使用的实际情况,特别是根据已经发生的事故教训或检验检测机构的检验结论意见,对某些类型的特种设备超出某一使用期限,原有安全性能即丧失,通过改造、维修无法达到安全使用要求或不再具有改造、维修的价值,故国务院特种设备安全监督管理部门在制定有关安全技术规范时规定了其使用年限。

上述两种情况的特种设备均应予以报废。

【要求】

(1)特种设备存在严重事故隐患,无改造、维修价值,或者超过安全技术规范规定使用年限,应及时予以报废;

(2)向原登记的特种设备监督管理部门办理注销。

【检查内容】

1. 查文件

(1)特种设备档案和事故隐患台账;

(2)报废的特种设备注销手续。

2. 现场检查

检查特种设备是否有报废但仍在使用的现象。

四、工艺安全

1. 企业操作人员应掌握工艺安全信息,主要包括:
1)化学品危险性信息:
(1)物理特性;
(2)化学特性,包括反应活性、腐蚀性、热和化学稳定性等;
(3)毒性;
(4)职业接触限值。
2)工艺信息:
(1)流程图;
(2)化学反应过程;
(3)最大储存量;
(4)工艺参数(如:压力、温度、流量)安全上下限值。
3)设备信息:
(1)设备材料;
(2)设备和管道图纸;
(3)电气类别;
(4)调节阀系统;
(5)安全设施(如报警器、联锁等)。

【要求】
操作人员应掌握工艺安全信息，主要包括：
1. 化学品危险性信息
（1）物理特性；
（2）化学特性，包括反应活性、腐蚀性、热和化学稳定性等；毒性；职业接触限值。
2. 工艺信息
（1）流程图；
（2）化学反应过程；
（3）最大储存量；
（4）工艺参数（如：压力、温度、流量）安全上下限值。
3. 设备信息
（1）设备材料；
（2）设备和管道图纸；
（3）电气类别；
（4）调节阀系统；
（5）安全设施（如报警器、联锁等）。

【检查内容】
1. 查文件
查看员工培训记录。
2. 询问
询问员工对岗位工艺安全信息掌握程度。

2. 企业应保证下列设备设施运行安全可靠、完整：
（1）压力容器和压力管道，包括管件和阀门；
（2）泄压和排空系统；
（3）紧急停车系统；
（4）监控、报警系统；
（5）联锁系统；
（6）各类动设备，包括备用设备等。

【依据】
1.《危险化学品安全管理条例》（中华人民共和国国务院令第591号）相关要求。
（1）第二十条规定：生产、储存危险化学品的单位，应当根据其生产、储存的危险化学品的种类和危险特性，在作业场所设置相应的监测、监控、通风、防晒、调温、防火、灭火、防爆、泄压、防毒、中和、防潮、防雷、防静电、防腐、防泄漏以及防护围堤或者隔离操作等安全设施、设备，并按照国家标准、行业标准或者国家有关规定对安全设施、设备进行经常性维护、保养，保证安全设施、设备的正常使用。
（2）第二十六条规定：储存危险化学品的单位应当对其危险化学品专用仓库的安全设施、设备定期进行检测、检验。

2.《关于危险化学品企业贯彻落实〈国务院关于进一步加强企业安全生产工作的通知〉

的实施意见》(安监总管三[2010]186号第11条规定:重点危险化学品企业(剧毒化学品、易燃易爆化学品生产企业和涉及危险工艺的企业)要积极采用新技术,改造提升现有装置以满足安全生产的需要。工艺技术自动控制水平低的重点危险化学品企业要制定技术改造计划,尽快完成自动化控制技术改造,通过装备基本控制系统和安全仪表系统,提高生产装置本质安全化水平。

【要求】

1. 保证下列设备设施运行安全可靠、完整:

(1)压力容器和压力管道,包括管件和阀门;

(2)泄压和排空系统;

(3)紧急停车系统;

(4)监控、报警系统;

(5)联锁系统;

(6)各类动设备,包括备用设备等。

2. 工艺技术自动控制水平低的重点危险化学品企业要制定技术改造计划,完成自动化控制技术改造。

【检查内容】

1. 查文件

(1)压力容器和压力管道及安全附件检验报告;

(2)安全阀检验报告,爆破片、防爆膜合格证及更换记录;

(3)紧急停车系统分布图及维护记录;

(4)监控、报警系统、联锁系统维护、调试记录;

(5)各类动设备,包括备用设备维护保养记录等;

(6)工艺控制流程图及自动化控制资料。

2. 现场检查

标准规定的各类设备设施的完整性。

> 3. 企业应对工艺过程进行风险分析:
> (1)工艺过程中的危险性;
> (2)工作场所潜在事故发生因素;
> (3)控制失效的影响;
> (4)人为因素等。

【依据】

《关于危险化学品企业贯彻落实〈国务院关于进一步加强企业安全生产工作的通知〉的实施意见》(安监总管三[2010]186号)第9条规定企业要按照《化工企业工艺安全管理实施导则》(AQ/T 3034—2010)要求,全面加强化工工艺安全管理。企业应建立风险管理制度,积极组织开展危害辨识、风险分析工作。要从工艺、设备、仪表、控制、应急响应等方面开展系统的工艺过程风险分析,预防重特大事故的发生。

《关于开展提升危险化学品领域本质安全水平专项行动的通知》(安监部管三[2012]87号)第2条规定:进一步加强化工过程安全管理。按照《化工企业工艺安全管理实施导则》

(AQ/T 3034—2010)要求,从及时收集危险化学品的安全信息、开展化工过程危害分析、完善操作规程、加强人员培训、加强承包商安全管理、加强动火及进入受限空间等特殊作业管理、机械仪表电气设备完好性、公用工程可靠性、变更管理、试生产安全审查、事故查处及应急管理等方面,全面加强化工企业安全管理,逐步提高化工生产过程安全管理水平。

【要求】
(1)要从工艺、设备、仪表、控制、应急响应等方面开展系统的工艺过程风险分析。
(2)对工艺过程进行风险分析,包括:
①工艺过程中的危险性;
②工作场所潜在事故发生因素;
③控制失效的影响;
④人为因素等。
安全标准化一级企业涉及危险化工工艺和重点监管危险化学品的化工生产装置进行过危险与可操作性分析(HAZOP),并定期应用先进的工艺(过程)安全分析技术开展工艺(过程)安全分析。

【检查内容】
1. 查文件
(1)风险评价记录;
(2)岗位操作规程。
2. 询问
询问操作人员对工艺过程中的风险的认知程度。
● 安全标准化一级企业
查文件:
(1)涉及危险化工工艺和重点监管危险化学品的化工生产装置进行危险与可操作性分析(HAZOP)记录、报告;
(2)定期应用先进的工艺(过程)安全分析技术开展工艺(过程)安全分析的记录、报告。

4. 企业生产装置开车前应组织检查,进行安全条件确认。安全条件应满足下列要求:
(1)现场工艺和设备符合设计规范;
(2)系统气密测试、设施空运转调试合格;
(3)操作规程和应急预案已制订;
(4)编制并落实了装置开车方案;
(5)操作人员培训合格;
(6)各种危险已消除或控制。

【要求】
生产装置开车前应组织检查,进行安全条件确认。安全条件应满足下列要求:
(1)现场工艺和设备符合设计规范;

(2)系统气密测试、设施空运转调试合格；
(3)操作规程和应急预案已制订；
(4)编制并落实了装置开车方案；
(5)操作人员培训合格；
(6)各种危险已消除或控制。
【检查内容】
查文件：
(1)生产装置开车前安全条件确认检查表；
(2)系统气密、置换及动设备空试记录；
(3)装置开车方案；
(4)操作规程和应急预案；
(5)操作人员培训记录；
(6)开车前隐患排查与整改记录。

5. 企业生产装置停车应满足下列要求：
(1)编制停车方案；
(2)操作人员能够按停车方案和操作规程进行操作。

【要求】
生产装置停车应满足下列要求：
(1)编制停车方案；
(2)操作人员能够按停车方案和操作规程进行操作。
【检查内容】
1. 查文件
(1)停车方案；
(2)停车操作记录。
2. 询问
询问有关人员是否清楚停车要求。

6. 企业生产装置紧急情况处理应遵守下列要求：
(1)发现或发生紧急情况，应按照不伤害人员为原则，妥善处理，同时向有关方面报告；
(2)工艺及机电设备等发生异常情况时，采取适当的措施，并通知有关岗位协调处理，必要时，按程序紧急停车。

【要求】
生产装置紧急情况处理应遵守下列要求：
(1)发现或发生紧急情况，应按照不伤害人员为原则，妥善处理，同时向有关方面报告；
(2)工艺及机电设备等发生异常情况时，应及时采取适当的措施，并通知有关岗位协调处理，必要时，按程序紧急停车。

【检查内容】

1. 查文件

（1）操作规程；

（2）操作记录。

2. 询问

询问操作人员在紧急情况下处理措施和程序。

7. 企业生产装置泄压系统或排空系统排放的危险化学品应引至安全地点并得到妥善处理。

【依据】

《石油化工企业设计防火规范》（GB50160）。

【要求】

生产装置泄压系统或排空系统排放的危险化学品应引至安全地点并得到妥善处理。

【检查内容】

现场检查：

（1）生产装置泄压排放系统排放的危险物质处理；

（2）排空系统及火炬管理情况。

8. 企业操作人员应严格执行操作规程，对工艺参数运行出现的偏离情况及时分析，保证工艺参数控制不超出安全限值，偏差及时得到纠正。

【要求】

操作人员应对工艺参数运行出现的偏离情况及时分析，保证工艺参数控制不超出安全限值，偏差及时得到纠正。

【检查内容】

1. 查文件

查看工艺操作记录及交接班记录。

2. 询问

询问操作人员如何处理工艺参数的偏离。

五、关键装置及重点部位

1. 企业应加强对关键装置、重点部位安全管理，实行企业领导干部联系点管理机制。

【依据】

氯碱、合成氨、硫酸、电石、溶解乙炔、涂料生产企业，可根据 AQ/T3016、AQ/T3017、AQ/T3037、AQ/T3038、AQ/T3039、AQ/T3040 中相应条款规定来确定关键装置和重点部位，其他行业由企业根据各自生产特点依据 AQ/T3013 标准进行确定。

【解释】

关键装置：

(1)在易燃、易爆、易腐蚀、高温、高压、真空、深冷、剧毒、临氢、烃氧化等工艺条件下运行的装置。

(2)在生产系统中处于重要地位、生产操作对安全生产影响较大的其他装置和设施。

重点部位：

(1)生产、储运、销售和使用易燃易爆危险化学品，高度和极度危害的化学介质和放射性物质，以及可能形成火灾、爆炸和化学品中毒的场所(如罐区、仓库、装卸站台、油品交接站、洗槽站、大型加油站等)。

(2)对生产系统安全稳定运行起关键作用的公用工程系统。

【要求】

(1)确定关键装置、重点部位；

(2)实行企业领导干部联系点管理机制。

【检查内容】

查文件：

(1)关键装置、重点部位管理制度；

(2)关键装置、重点部位台账。

2. 联系人对所负责的关键装置、重点部位负有安全监督与指导责任，包括：

(1)指导安全承包点实现安全生产；

(2)监督安全生产方针、政策、法规、制度的执行和落实；

(3)定期检查安全生产中存在的问题；

(4)督促隐患项目治理；

(5)监督事故处理原则的落实；

(6)解决影响安全生产的突出问题等。

【要求】

联系人对所负责的关键装置、重点部位负有安全监督与指导责任，包括：

(1)指导安全联系点实现安全生产；

(2)监督安全生产方针、政策、法规、制度的执行和落实；

(3)定期检查安全生产中存在的问题；

(4)督促隐患项目治理；

(5)监督事故处理原则的落实；

(6)解决影响安全生产的突出问题等。

【检查内容】

1. 查文件

查看监督指导有关记录。

2. 询问

询问联系人对所负责的关键装置、重点部位进行的安全监督指导情况。

3. 联系人应每月至少到联系点进行一次安全活动，活动形式包括参加基层班组安全活动、安全检查、督促治理事故隐患、安全工作指示等。

【要求】
联系人应每月至少到联系点进行一次安全活动。
【检查内容】
查文件：
查看联系点活动记录。

4. 企业应建立关键装置、重点部位档案，建立企业、管理部门、基层单位及班组监控机制，明确各级组织、各专业的职责，定期进行监督检查，并形成记录。

【要求】
在每个关键装置、重点部位建立健全安全监控网络，绘制装置危险点分布图，并张挂在关键装置、重点部位操作室的明显位置，让装置的每一个操作人员或新到装置的运保人员都能清楚地知道本装置的安全事故处置程序和本装置的危险点分布情况。

对关键装置、重点部位的危险点，定制监控巡回路线，并确定日检、周检和月检内容和责任人。日检，由每班的当班班长负责检查，并在班长值班本上记录检查情况；周检，由装置设备、工艺和安全管理人员共同检查，检查情况填写白(安全)、黄(设备)、蓝(工艺)3种记录表式；月检，由装置安全管理部门和维修部门(机、电、仪)共同进行。公司每月对上月检查中发现的问题组织整改，对不能及时解决的问题落实监控措施和方案。

(1)建立关键装置、重点部位档案；
(2)建立企业、管理部门、基层单位及班组监控机制，明确各级组织、各专业的职责；
(3)定期进行监督检查，并形成记录。

【检查内容】
查文件：
(1)关键装置、重点部位管理制度；
(2)关键装置、重点部位档案；
(3)关键装置、重点部位的监督检查记录。

5. 企业应制定关键装置、重点部位应急预案，至少每半年进行一次演练，确保关键装置、重点部位的操作、检修、仪表、电气等人员能够识别和及时处理各种事件及事故。

【要求】
(演练必须事先有方案，演练经过有记录，演练结束有小结；对事故演练中暴露出的问题，要及时落实专门整改。)
(1)制定关键装置、重点部位应急预案；
(2)至少每半年进行一次演练，确保关键装置、重点部位的操作、检修、仪表、电气等人员能够识别和及时处理各种事件及事故。
【检查内容】
1. 查文件
(1)关键装置、重点部位应急预案；
(2)应急预案演练记录。
2. 询问
(1)抽查岗位操作人员及机电仪人员对预案的掌握程度；
(2)各种事件及事故处理措施。

6. 企业关键装置、重点部位为重大危险源时，还应按3.6.5条执行。

【依据】
依据GB18218—2009标准，企业关键装置、重点部位生产、储存的危险化学品的数量等于或超过临界量时，除应按照关键装置、重点部位管理要求以外，还应按照"重大危险源"的管理要素实施管理。
【要求】
关键装置、重点部位为重大危险源时，还应按3.6.5条执行。
【检查内容】
按照3.6.5条。

六、检维修

1. 企业应严格执行检维修管理制度，实行日常检维修和定期检维修管理。

【要求】
严格执行检维修管理制度，实行日常检维修和定期检维修管理。
【检查内容】
1. 查文件
(1)设备检维修管理制度；
(2)检维修记录。
2. 现场检查
现场检查或抽查设备状况。

2. 企业应制订年度综合检维修计划，落实"五定"，即定检修方案、定检修人员、定安全措施、定检修质量、定检修进度原则。

【要求】
(1)制订年度综合检维修计划；
(2)落实"五定"，即定检修方案、定检修人员、定安全措施、定检修质量、定检修进度原则。
【检查内容】
查文件：

查看年度综合检维修计划。

> 3. 企业在进行检维修作业时，应执行下列程序：
> 1) 检维修前：
> (1) 进行危险、有害因素识别；
> (2) 编制检维修方案；
> (3) 办理工艺、设备设施交付检维修手续；
> (4) 对检维修人员进行安全培训教育；
> (5) 检维修前对安全控制措施进行确认；
> (6) 为检维修作业人员配备适当的劳动保护用品；
> (7) 办理各种作业许可证；
> 2) 对检维修现场进行安全检查；
> 3) 检维修后办理检维修交付生产手续。

【要求】

在进行检维修作业时，应执行下列程序：

1. 检维修前：
(1) 进行危险、有害因素识别；
(2) 编制检维修方案；
(3) 办理工艺、设备设施交付检维修手续；
(4) 对检维修人员进行安全培训教育；
(5) 检维修前对安全控制措施进行确认；
(6) 为检维修作业人员配备适当的劳动保护用品；
(7) 办理各种作业许可证。
2. 对检维修现场进行安全检查。
3. 检维修后办理检维修交付生产手续。

【检查内容】

1. 查文件
(1) 检维修风险分析记录；
(2) 检维修方案；
(3) 工艺、设备设施交付检维修手续；
(4) 检维修人员安全培训教育记录；
(5) 相应作业许可证及安全控制措施；
(6) 对检维修作业现场进行安全检查的记录；
(7) 检维修交付生产手续等。
2. 现场检查
(1) 检维修作业人员配备劳动保护用品情况；
(2) 检维修作业现场的安全管理。

七、拆除和报废

> 1. 企业应严格执行生产设施拆除和报废管理制度。拆除作业前，拆除作业负责人应与需拆除设施的主管部门和使用单位共同到现场进行对接，作业人员应进行危险、有害因素识别，制定拆除计划或方案，办理拆除设施交接手续。

【要求】
(1)拆除作业前，拆除作业负责人应与需拆除设施的主管部门和使用单位共同到现场进行作业前交底；
(2)作业人员进行危险、有害因素识别；
(3)制定拆除计划或方案；
(4)办理拆除设施交接手续。

【检查内容】
1. 查文件
(1)生产设施拆除和报废管理制度；
(2)设施拆除和报废审批手续；
(3)拆除作业风险分析记录；
(4)拆除计划或拆除方案；
(5)设施拆除交接手续。
2. 现场查看
查看拆除作业现场安全管理。

> 2. 企业凡需拆除的容器、设备和管道，应先清洗干净，分析、验收合格后方可进行拆除作业。

【要求】
(1)凡需拆除的容器、设备和管道，应先清洗干净，分析、验收合格后方可进行拆除作业；
(2)拆除、清洗等现场作业应严格遵守作业许可等有关规定。

【检查内容】
1. 查文件
查看分析、验收合格证明。
2. 现场检查
检查拆除、清洗作业现场安全管理。

> 3. 企业欲报废的容器、设备和管道内仍存有危险化学品的，应清洗干净，分析、验收合格后，方可报废处置。

【要求】
(1)欲报废的容器、设备和管道，应清洗干净，分析、验收合格后，方可报废处置；
(2)报废、清洗等现场作业应严格遵守作业许可等有关规定。

【检查内容】
1. 查文件
查看分析、验收合格证明。
2. 现场检查
检查拆除、报废、清洗作业现场安全管理。

第六节　风险管理

一、范围与评价方法

1. 企业应组织制定风险评价管理制度，明确风险评价的目的、范围和准则。

【依据】
《企业职业伤亡事故分类标准》（GB6441—1986）
【解释】
风险：发生特定危害事件的可能性与后果的乘积。
危险、有害因素：可能造成人员伤亡、疾病、财产损失、工作环境破坏根源或状态。这种"根源或状态"来自作业环境中物的不安全状态、人的不安全行为、有害的作业环境和管理上的缺陷。
【要求】
（1）制定风险评价管理制度，并明确风险评价的目的、范围、频次、准则及工作程序；
（2）明确各部门及有关人员在开展风险评价过程中的职责和任务。
【检查内容】
1. 查文件
查看风险评价管理制度，各部门和有关人员的职责与任务。
2. 询问
（1）企业负责人组织开展风险评价工作的情况；
（2）从业人员是否了解风险评价制度的有关内容。

2. 企业风险评价的范围应包括：
（1）规划、设计和建设、投产、运行等阶段；
（2）常规和异常活动；
（3）事故及潜在的紧急情况；
（4）所有进入作业场所的人员的活动；
（5）原材料、产品的运输和使用过程；
（6）作业场所的设施、设备、车辆、安全防护用品；
（7）丢弃、废弃、拆除与处置；
（8）企业周边环境；
（9）气候、地震及其他自然灾害。

【要求】
风险评价范围满足标准要求。
【检查内容】
查文件：
（1）风险评价记录；
（2）风险评价管理制度。

> 3. 企业可根据需要，选择有效、可行的风险评价方法进行风险评价。常用的评价方法有：
> （1）工作危害分析（JHA）；
> （2）安全检查表分析（SCL）；
> （3）预先危险性分析（PHA）；
> （4）危险与可操作性分析（HAZOP）；
> （5）失效模式与影响分析（FMEA）；
> （6）故障树分析（FTA）；
> （7）事件树分析（ETA）；
> （8）作业条件危险性分析（LEC）等方法。

【要求】
（1）可选用JHA法对作业活动、SCL法对设备设施（安全生产条件）进行危险、有害因素识别和风险评价；
（2）可选用HAZOP法对危险性工艺进行危险、有害因素识别和风险评价；
（3）选用其他方法对相关方面进行危险、有害因素识别和风险评价。
【检查内容】
1. 查文件
（1）风险管理制度；
（2）风险评价记录；
（3）选用的风险评价方法。
2. 询问
询问有关人员对风险评价方法的掌握和运用情况。

> 4. 企业应依据以下内容制定风险评价准则：
> （1）有关安全生产法律、法规；
> （2）设计规范、技术标准；
> （3）企业的安全管理标准、技术标准；
> （4）企业的安全生产方针和目标等。

【要求】
（1）根据企业的实际情况制定风险评价准则；
（2）评价准则应符合有关标准规范规定；
（3）评价准则应包括事件发生可能性、严重性的取值标准以及风险等级的评定标准。

【检查内容】
查文件：
查看风险管理制度、风险评价准则和相关取值标准的内容。

二、风险评价

1. 企业应依据风险评价准则，选定合适的评价方法，定期和及时对作业活动和设备设施进行危险、有害因素识别和风险评价。企业在进行风险评价时，应从影响人、财产和环境等三个方面的可能性和严重程度进行分析。

【要求】
(1) 建立作业活动清单和设备、设施清单；
(2) 根据规定的频次和时机，开展危险、有害因素辨识、风险评价；
(3) 从影响人、财产和环境等三个方面的可能性和严重性进行评价。

【检查内容】
1. 查文件
(1) 作业活动清单、设备、设施清单；
(2) 风险评价记录；
(3) 风险评价报告。
2. 现场检查
检查从业人员参与风险评价活动的情况。

2. 企业各级管理人员应参与风险评价工作，鼓励从业人员积极参与风险评价和风险控制。

【要求】
(1) 厂级评价组织应有企业负责人参加；
(2) 车间级评价组织应有车间负责人参加；
(3) 所有从业人员应参与风险评价和风险控制。

【检查内容】
1. 查文件
(1) 各级机构组织开展风险评价的有关文件；
(2) 风险分析记录、风险评价报告；
(3) 风险评价有关会议记录或纪要。
2. 询问
询问有关企业负责人及从业人员是否参与风险评价工作。

三、风险控制

1. 企业应根据风险评价结果及经营运行情况等,确定不可接受的风险,制定并落实控制措施,将风险尤其是重大风险控制在可以接受的程度。企业在选择风险控制措施时:
1)应考虑:
(1)可行性;
(2)安全性;
(3)可靠性。
2)应包括:
(1)工程技术措施;
(2)管理措施;
(3)培训教育措施;
(4)个体防护措施。

【要求】
(1)根据风险评价的结果,建立重大风险清单;
(2)结合实际情况,确定优先顺序,制定措施消减风险,将风险控制在可以接受的程度;
(3)风险控制措施符合标准要求。

【检查内容】
1. 查文件
(1)重大风险清单;
(2)风险控制措施;
(3)风险评价记录,风险评价报告。
2. 现场检查
检查重大风险控制措施现场落实情况。

2. 企业应将风险评价的结果及所采取的控制措施对从业人员进行宣传、培训,使其熟悉工作岗位和作业环境中存在的危险、有害因素,掌握、落实应采取的控制措施。

【要求】
(1)制定风险管理培训计划;
(2)按计划开展宣传、培训。

【检查内容】
1. 查文件
(1)风险管理培训教育计划;
(2)风险管理培训教育记录。
2. 询问
从业人员是否知道本岗位的危险、有害因素及应采取的控制措施。

四、隐患排查与治理

1. 企业应对风险评价出的隐患项目，下达隐患治理通知，限期治理，做到定治理措施、定负责人、定资金来源、定治理期限。企业应建立隐患治理台账。

【依据】

《安全生产事故隐患排查治理暂行规定》（国家安全生产监督管理总局令第16号）：

第十条　生产经营单位应当定期组织安全生产管理人员、工程技术人员和其他相关人员排查本单位的事故隐患。对排查出的事故隐患，应当按照事故隐患的等级进行登记，建立事故隐患信息档案，并按照职责分工实施监控治理。

《国家安全监管总局关于印发危险化学品企业事故隐患排查治理实施导则的通知》（安监总管三〔2012〕103号）：

2.2.2　隐患排查要做到全面覆盖、责任到人，定期排查与日常管理相结合，专业排查与综合排查相结合，一般排查与重点排查相结合，确保横向到边、纵向到底、及时发现、不留死角。

【解释】

事故隐患（简称隐患），是指不符合安全生产法律、法规、规章、标准、规程和安全生产管理制度的规定，或者因其他因素在生产经营活动中存在的可能导致事故发生或导致事故后果扩大的物的危险状态、人的不安全行为和管理上的缺陷，包括：

作业场所、设备设施、人的行为及安全管理等方面存在的不符合国家安全生产法律法规、标准规范和相关规章制度规定的情况。

法律法规、标准规范及相关制度未作明确规定，但企业危害识别过程中识别出作业场所、设备设施、人的行为及安全管理等方面存在的缺陷。

【要求】

(1) 建立隐患治理台账；
(2) 对查出的每个隐患都下达隐患治理通知，明确责任人、治理时限；
(3) 重大隐患项目做到整改措施、责任、资金、时限和预案"五到位"；
(4) 按期完成隐患治理。

【检查内容】

1. 查文件

(1) 隐患治理制度；
(2) 隐患治理台账；
(3) 隐患治理记录；
(4) 重大隐患治理工作"五到位"落实情况。

2. 企业应对确定的重大隐患项目建立档案，档案内容应包括：(1) 评价报告与技术结论；(2) 评审意见；(3) 隐患治理方案，包括资金概预算情况等；(4) 治理时间表和责任人；(5) 竣工验收报告；(6) 备案文件。

【要求】
建立重大隐患项目档案,包括隐患名称、标准要求内容及"五到位"等内容。
【检查内容】
查文件:重大隐患项目档案。

3. 企业无力解决的重大事故隐患,除应书面向企业直接主管部门和当地政府报告外,应采取有效防范措施。

【解释】
1. 重大事故隐患报告内容包括:
(1)隐患的现状及其产生原因;
(2)隐患的危害程度和整改难易程度分析;
(3)隐患的治理方案。
2. 重大事故隐患治理方案应当包括以下内容:
(1)治理的目标和任务;
(2)采取的方法和措施;
(3)经费和物资的落实;
(4)负责治理的机构和人员;
(5)治理的时限和要求;
(6)安全措施和应急预案。
【要求】
(1)暂时无力解决的重大事故隐患,应制定并落实有效的防范措施;
(2)书面向主管部门和当地政府、安全监管部门报告,报告要说明无力解决的原因和采取的防范措施。
【检查内容】
查文件:
(1)重大事故隐患的防范措施;
(2)书面报告。

4. 企业对不具备整改条件的重大事故隐患,必须采取防范措施,并纳入计划,限期解决或停产。

【要求】
(1)不具备整改条件的重大事故隐患,必须采取防范措施;
(2)纳入隐患整改计划,限期解决或停产;
(3)书面向主管部门和当地政府、安全监管部门报告,报告要说明不具备整改条件的原因、整改计划和防范措施等。
安全标准化二级企业符合本要素要求,不存在重大隐患。
安全标准化一级企业建立安全生产预警预报体系。

【检查内容】

查文件：

(1)重大事故隐患的防范措施；

(2)隐患整改计划。

二级企业：

(1)查文件；

(2)本要素涉及的文件；

(3)现场检查；

(4)现场检查是否存在重大隐患。

一级企业：

(1)查文件；

(2)安全生产预警预报体系有关文件；

(3)现场检查；

(4)现场检查体系运行情况。

五、重大危险源

1. 企业应按照 GB18218 辨识并确定重大危险源，建立重大危险源档案。

【依据】

《危险化学品重大危险源监督管理暂行规定》（国家安全监管总局令第40号）；

《危险化学品重大危险源辨识》（GB18218）；

《广东省安全生产监督管理局关于〈危险化学品重大危险源监督管理暂行规定〉的实施细则》（粤安监〔2013〕17号）。

【解释】

根据《危险化学品重大危险源监督管理暂行规定》（国家安全监管总局令第40号），危险化学品重大危险源（以下简称重大危险源），是指按照《危险化学品重大危险源辨识》（GB18218）标准辨识确定，生产、储存、使用或者搬运危险化学品的数量等于或者超过临界量的单元（包括场所和设施）。

危险化学品单位应当按照《危险化学品重大危险源辨识》标准，对本单位的危险化学品生产、经营、储存和使用装置、设施或者场所进行重大危险源辨识，并记录辨识过程与结果。

根据《危险化学品重大危险源监督管理暂行规定》（国家安全监管总局令第40号），危险化学品单位应当对辨识确认的重大危险源及时、逐项进行登记建档。重大危险源档案应当包括下列文件、资料：

(1)辨识、分级记录；

(2)重大危险源基本特征表；

(3)涉及的所有化学品安全技术说明书；

(4)区域位置图、平面布置图、工艺流程图和主要设备一览表；

(5)重大危险源安全管理规章制度及安全操作规程；

(6)安全监测监控系统、措施说明、检测检验结果；
(7)重大危险源事故应急预案、评审意见、演练计划和评估报告；
(8)安全评估报告或者安全评价报告；
(9)重大危险源关键装置、重点部位的责任人、责任机构名称；
(10)重大危险源场所安全警示标志的设置情况；
(11)其他文件、资料。

【要求】
(1)按照 GB18218 辨识并确定重大危险源；
(2)建立重大危险源档案，包括：辨识、分级记录；重大危险源基本特征表；区域位置图、平面布置图、工艺流程图和主要设备一览表；重大危险源安全管理制度及安全操作规程；安全监测监控系统、措施说明；事故应急预案；安全评价报告或安全评估报告。

【检查内容】
查文件：
(1)重大危险源管理制度的建立和执行情况；
(2)安全评价报告或安全评估报告；
(3)重大危险源档案。

2. 企业应按照有关规定对重大危险源设置安全监控报警系统。

【依据】
根据《危险化学品重大危险源监督管理暂行规定》(国家安全监管总局令第 40 号)，危险化学品单位应当根据构成重大危险源的危险化学品种类、数量、生产、使用工艺(方式)或者相关设备、设施等实际情况，按照下列要求建立健全安全监测监控体系，完善控制措施：

(1)重大危险源配备温度、压力、液位、流量、组分等信息的不间断采集和监测系统以及可燃气体和有毒有害气体泄漏检测报警装置，并具备信息远传、连续记录、事故预警、信息存储等功能；一级或者二级重大危险源，具备紧急停车功能。记录的电子数据的保存时间不少于 30 天。

(2)重大危险源的化工生产装置，装备满足安全生产要求的自动化控制系统；一级或者二级重大危险源，装备紧急停车系统。

(3)对重大危险源中的毒性气体、剧毒液体和易燃气体等重点设施，设置紧急切断装置；毒性气体的设施，设置泄漏物紧急处置装置。涉及毒性气体、液化气体、剧毒液体的一级或者二级重大危险源，配备独立的安全仪表系统(SIS)。

(4)重大危险源中储存剧毒物质的场所或者设施，设置视频监控系统。
(5)安全监测监控系统符合国家标准或者行业标准的规定。

【要求】
(1)重大危险源涉及的压力、温度、液位、泄漏报警等重要参数的测量要有远传和连续记录；
(2)对毒性气体、剧毒液体和易燃气体等重点设施应设置紧急切断装置；
(3)毒性气体应设置泄漏物紧急处置装置，独立的安全仪表系统；

(4)设置必要的视频监控系统。

【检查内容】

1. 查文件

查看安全监控报警设施台账。

2. 现场检查

(1)重大危险源安全监控报警系统,重要参数远传和连续记录、视频监控系统等;
(2)毒性气体、剧毒液体和易燃气体等重点设施紧急切断装置;
(3)毒性气体泄漏物紧急处置装置及安全仪表系统。

3. 企业应按照国家有关规定,定期对重大危险源进行安全评估。

【依据】

根据《危险化学品重大危险源监督管理暂行规定》(国家安全监管总局令第40号),危险化学品单位应当对重大危险源进行安全评估并确定重大危险源等级。危险化学品单位可以组织本单位的注册安全工程师、技术人员或者聘请有关专家进行安全评估,也可以委托具有相应资质的安全评价机构进行安全评估。

重大危险源安全评估报告应当客观公正、数据准确、内容完整、结论明确、措施可行,并包括下列内容:

(1)评估的主要依据;
(2)重大危险源的基本情况;
(3)事故发生的可能性及危害程度;
(4)个人风险和社会风险值(仅适用定量风险评价方法);
(5)可能受事故影响的周边场所、人员情况;
(6)重大危险源辨识、分级的符合性分析;
(7)安全管理措施、安全技术和监控措施;
(8)事故应急措施;
(9)评估结论与建议。

危险化学品单位以安全评价报告代替安全评估报告的,其安全评价报告中有关重大危险源的内容应当符合本条第一款规定的要求。

【要求】

(1)建立、明确定期评估的时限和要求等;
(2)定期对重大危险源进行安全评估。

【检查内容】

查文件:

(1)重大危险源定期评估制度;
(2)定期安全评估报告。

4. 企业应对重大危险源的设备、设施定期检查、检验,并做好记录。

【要求】
(1)定期检查、维护重大危险源的设备、设施,包括检测仪表、附属设备及配件;
(2)按国家有关规定进行定期检测、检验,取得检验合格证。
【检查内容】
1. 查文件
(1)重大危险源的设备、设施定期检查记录;
(2)设备、设施的检验报告或检验合格证。
2. 现场检查
重大危险源的设备、设施的完整性和有效性。

5. 企业应制定重大危险源应急救援预案,配备必要的救援器材、装备,每年至少进行1次重大危险源应急救援预案演练。

【依据】
《危险化学品安全管理条例》中华人民共和国国务院令第591号:
第七十条　危险化学品单位应当制定本单位危险化学品事故应急预案,配备应急救援人员和必要的应急救援器材、设备,并定期组织应急救援演练。
危险化学品单位应当将其危险化学品事故应急预案报所在地设区的市级人民政府安全生产监督管理部门备案。
危险化学品单位应当依法制定重大危险源事故应急预案,建立应急救援组织或者配备应急救援人员,配备必要的防护装备及应急救援器材、设备、物资,并保障其完好和方便使用;配合地方人民政府安全生产监督管理部门制定所在地区涉及本单位的危险化学品事故应急预案。
对存在吸入性有毒、有害气体的重大危险源,危险化学品单位应当配备便携式浓度检测设备、空气呼吸器、化学防护服、堵漏器材等应急器材和设备;涉及剧毒气体的重大危险源,还应当配备两套以上(含本数)气密型化学防护服;涉及易燃易爆气体或者易燃液体蒸气的重大危险源,还应当配备一定数量的便携式可燃气体检测设备。
危险化学品单位应当制定重大危险源事故应急预案演练计划,并按照下列要求进行事故应急预案演练:
(1)对重大危险源专项应急预案,每年至少进行一次;
(2)对重大危险源现场处置方案,每半年至少进行一次。
应急预案演练结束后,危险化学品单位应当对应急预案演练效果进行评估,撰写应急预案演练评估报告,分析存在的问题,对应急预案提出修订意见,并及时修订完善。
【要求】
(1)按要求编制重大危险源应急救援预案;
(2)根据重大危险源的危险特性配备必要的救援器材、装备;
(3)涉及吸入性有毒、有害气体的重大危险源,应配备便携式浓度检测设备、空气呼吸器、化学防护服、堵漏器材等;
(4)涉及剧毒气体的重大危险源,应配备两套以上气密性化学防护服;
(5)重大危险源应急救援预案演练按规定频次进行。

【检查内容】
1. 查文件
(1)重大危险源应急救援预案；
(2)重大危险源应急预案演练记录；
(3)应急救援器材台账。
2. 询问
抽查有关人员对应急救援预案的掌握情况、对应急援救器材、装备使用情况。
3. 现场检查
检查应急救援器材、装备的现场状况。

6. 企业应将重大危险源及相关安全措施、应急措施报送当地县级以上人民政府安全生产监督管理部门和有关部门备案。

【依据】
《危险化学品安全管理条例》中华人民共和国国务院令第591号：
第七十条　危险化学品单位应当制定本单位危险化学品事故应急预案，配备应急救援人员和必要的应急救援器材、设备，并定期组织应急救援演练。
危险化学品单位应当将其危险化学品事故应急预案报所在地设区的市级人民政府安全生产监督管理部门备案。

【要求】
重大危险源及相关安全措施、应急措施形成报告，报所在地县级人民政府安全生产监管部门和有关部门备案。

【检查内容】
查文件：
查看备案资料。

7. 企业重大危险源的防护距离应满足国家标准或规定。不符合国家标准或规定的，应采取切实可行的防范措施，并在规定期限内进行整改。

【依据】
根据《危险化学品安全管理条例》第十九条，危险化学品生产装置或者储存数量构成重大危险源的危险化学品储存设施（运输工具加油站、加气站除外），与下列场所、设施、区域的距离应当符合国家有关规定：
（一）居住区以及商业中心、公园等人员密集场所；
（二）学校、医院、影剧院、体育场（馆）等公共设施；
（三）饮用水源、水厂以及水源保护区；
（四）车站、码头（依法经许可从事危险化学品装卸作业的除外）、机场以及通信干线、通信枢纽、铁路线路、道路交通干线、水路交通干线、地铁风亭以及地铁站出入口；
（五）基本农田保护区、基本草原、畜禽遗传资源保护区、畜禽规模化养殖场（养殖小区）、渔业水域以及种子、种畜禽、水产苗种生产基地；

(六)河流、湖泊、风景名胜区、自然保护区；
(七)军事禁区、军事管理区；
(八)法律、行政法规规定的其他场所、设施、区域。

相关的距离要求可以根据《建筑设计防火规范》、《石油化工企业设计防火规范》及其他化学品设计规范和卫生防护距离的要求与企业的具体情况进行检查(如：《乙炔站设计规范》、《石油库设计规范》、《氢氧站设计规范》、《氢气站设计规范》、《氢气使用安全技术规程》、《氧气站设计规范》、《石油化工企业卫生防护距离》、《氯碱厂(电解法制碱)卫生防护距离标准》等)。

【要求】
(1)危险化学品的生产装置和储存危险化学品数量构成重大危险源的储存设施的防护距离应满足国家规定要求；
(2)防护距离不符合国家规定要求的，应采取切实可行的防范措施，并在规定期限内进行整改。

【检查内容】
查文件：
(1)重大危险源安全评估报告；
(2)重大危险源防护距离存在问题的整改计划、措施，包括防范措施。
现场检查：
(1)重大危险源现场测量防护距离；
(2)重大危险源防范措施的落实情况。

六、变更

1. 企业应严格执行变更管理制度，履行下列变更程序：
(1)变更申请：按要求填写变更申请表，由专人进行管理；
(2)变更审批：变更申请表应逐级上报主管部门，并按管理权限报主管领导审批；
(3)变更实施：变更批准后，由主管部门负责实施。不经过审查和批准，任何临时性的变更都不得超过原批准范围和期限；
(4)变更验收：变更实施结束后，变更主管部门应对变更的实施情况进行验收，形成报告，并及时将变更结果通知相关部门和有关人员。

【要求】
严格履行以下变更程序及要求：
(1)变更申请：按要求填写变更申请表，由专人进行管理；
(2)变更审批：变更申请表应逐级上报主管部门，并按管理权限报主管领导审批；
(3)变更实施：变更批准后，由主管部门负责实施。不经过审查和批准，任何临时性的变更都不得超过原批准范围和期限；
(4)变更验收：变更实施结束后，变更主管部门应对变更的实施情况进行验收，形成报告，并及时将变更结果通知相关部门和有关人员。

【检查内容】
1. 查文件
(1)变更管理制度;
(2)变更管理记录。
2. 现场检查
查看变更实施现场。

> 2. 企业应对变更过程产生的风险进行分析和控制。

【要求】
(1)对每项变更过程产生的风险都进行分析,制定控制措施;
(2)变更实施过程中,认真落实风险控制措施。

【检查内容】
查文件:
(1)变更的风险分析记录;
(2)变更风险的控制措施;
(3)变更实施验收报告。

七、风险信息更新

> 1. 企业应适时组织风险评价工作,识别与生产经营活动有关的危险、有害因素和隐患。

【解释】
安全信息是反映人类安全事务和安全活动的差异及其变化的一种形式,是安全活动所依赖的资源。
1. 安全信息的分类
(1)生产安全状态信息:
①生产安全信息;
②生产异常信息;
③生产事故信息。
(2)安全生产活动信息:
①安全组织领导信息:如方针、政策、法规贯彻落实情况,安全生产责任制建立健全落实情况;
②安全教育信息;
③安全检查信息;
④安全指标信息。
(3)安全指令性信息:方针、政策、法规;安全工作计划各项指标。
2. 安全信息的管理
安全信息管理的主要任务就是对有关资料进行收集、整理分析成为信息,促使安全信息在生产经营单位安全生产管理中形成信息流,依据这些信息进行控制决策,并把这些决策信息传给相应的需求者,并收集反馈信息,为下次决策做准备。从而达到应用安全信息促使生产实践规律活动,改变生产实践异常活动,控制与预防事故的目的。

【要求】

非常规活动及危险性作业实施前,应识别危险、有害因素,排查隐患。

【检查内容】

查文件:

(1)风险评价记录或报告;

(2)作业许可证。

2. 企业应定期评审或检查风险评价结果和风险控制效果。

【要求】

每年评审或检查风险评价结果和风险控制效果。

【检查内容】

查文件:

查看年度评审或检查报告,或者评审记录。

3. 企业应在下列情形发生时及时进行风险评价:
(1)新的或变更的法律法规或其他要求;
(2)操作条件变化或工艺改变;
(3)技术改造项目;
(4)有对事件、事故或其他信息的新认识;
(5)组织机构发生大的调整。

【要求】

在标准规定情形发生时,应及时进行风险评价。

【检查内容】

查文件:

查看风险评价报告、记录。

八、供应商

企业应严格执行供应商管理制度,对供应商资格预审、选用和续用等过程进行管理,并定期识别与采购有关的风险。

【要求】

(1)建立供应商名录、档案(包括资格预审、业绩评价等资料);
(2)对供应商资格预审、选用、续用进行管理;
(3)定期识别与采购有关的风险。

【检查内容】
查文件：
(1)供应商管理制度；
(2)合格供应商名录、档案；
(3)供应商选用、续用、评价记录；
(4)与采购有关的风险信息。

第七节 作业安全

一、作业许可证

1. 企业应对下列危险性作业活动实施作业许可管理，严格履行审批手续，各种作业许可证中应有危险、有害因素识别和安全措施内容：
(1)动火作业；
(2)受限空间作业；
(3)盲板抽堵作业；
(4)高处作业；
(5)吊装作业；
(6)临时用电作业；
(7)动土作业；
(8)断路作业；
(9)其他危险性作业。

【依据】
(1)《化学品生产单位特殊作业安全规范》(GB30871—2014)；
(2)《化工(危险化学品)企业保障生产安全十条规定》(国家安全生产监督管理总局令第64号)；
(3)《有限空间安全作业五条规定》(国家安全生产监督管理总局令第69号)。

【解释】
1. 特殊作业
化学品生产单位设备检修过程中可能涉及的动火、进入受限空间、盲板抽堵、高处作业、吊装、临时用电、动土、断路等，对操作者本人、他人及周围建(构)筑物、设备、设施的安全可能造成危害的作业。

2. 动火作业
直接或间接产生明火的工艺装置以外的禁火区内可能产生火焰、火花和炽热表面的非常规作业，如使用电焊、气焊(割)、喷灯、电钻、砂轮等作业。

3. 易燃易爆场所
GB 50016、GB50160、GB50074中火灾危险性分类为甲、乙类区域的场所。

4. 受限空间

进出口受限,通风不良,可能存在易燃易爆、有毒有害物质或缺氧,对进入人员的身体健康和生命安全构成威胁的封闭、半封闭设施及场所,如反应器、塔、釜、槽、罐、炉膛、锅筒、管道、容器以及地下室、窨井、坑(池)、下水道或其他封闭、半封闭场所。

5. 受限空间作业

进入或探入受限空间进行的作业。

6. 盲板抽堵作业

在设备、管道上安装和拆卸盲板的作业。

7. 高处作业

在距坠落基准面 2 m 及 2m 以上有可能坠落的高处进行的作业。

8. 坠落基准面

坠落处最低点的水平面。

9. 坠落高度

作业高度 work height

从作业位置到坠落基准面的垂直距离。

10. 异温高处作业

在高温或低温情况下进行的高处作业。高温是指作业地点具有生产性热源,其环境温度高于本地区夏季室外通风设计计算温度 2 ℃ 及以上。低温是指作业地点的气温低于 5 ℃。

11. 带电高处作业

采取地(零)电位或等(同)电位方式接近或接触带电体,对带电设备和线路进行检修的高处作业。

12. 吊装作业

利用各种吊装机具将设备、工件、器具、材料等吊起,使其发生位置变化的作业过程。

13. 临时用电

正式运行的电源上所接的非永久性用电。

14. 动土作业

挖土、打桩、钻探、坑探、地锚入土深度在 0.5 m 以上;使用推土机、压路机等施工机械进行填土或平整场地等可能对地下隐蔽设施产生影响的作业。

15. 断路作业

在化学品生产单位内交通主、支路与车间引道上进行工程施工、吊装、吊运等各种影响正常交通的作业。

【要求】

(1)对动火作业、进入受限空间作业、盲板抽堵作业、高处作业、吊装作业、临时用电作业、动土作业、断路作业等危险性作业实施作业许可管理,严格履行审批手续;

(2)作业许可证中有危险、有害因素识别和安全措施内容。

【检查内容】

查文件:

(1)危险性作业安全管理制度或操作规程;

(2)作业许可证(表 3 – 21 ~ 表 3 – 28)。

表3-21 动火安全作业证

申请单位		申请人		作业证编号	
动火作业级别					
动火地点					
动火方式					
动火时间	自 年 月 日 时 分始 至 年 月 日 时 分止				
动火作业负责人			动火人		
动火分析时间	年 月 日 时		年 月 日 时		年 月 日 时
分析点名称					
分析数据					
分析人					
涉及的其他特殊作业					
危害辨识					

序号	安全措施	确认人
1	动火设备内部构件清理干净,蒸汽吹扫或水洗合格,达到用火条件	
2	断开与动火设备相连接的所有管线,加盲板( )块	
3	动火点周围的下水井、地漏、地沟、电缆沟等已清除易燃物,并已采取覆盖、铺沙、水封等手段进行隔离	
4	罐区内动火点同一围堰内和防火间距内的油罐不同时进行脱水作业	
5	高处作业已采取防火花飞溅措施	
6	动火点周围易燃物已清除	
7	电焊回路线已接在焊件上,把线穿过下水井或与其他设备搭接	
8	乙炔气瓶(直立放置)、氧气瓶与火源间的距离大于10m	
9	现场配备消防蒸汽带( )根,灭火器( )台,铁锹( )把,石棉布( )块	
10	其他安全措施: 编制人:	

生产单位负责人		监火人		动火初审人	
实施安全教育人					
申请单位意见	签字: 年 月 日 时 分				
安全管理部门意见	签字: 年 月 日 时 分				
动火审批人意见	签字: 年 月 日 时 分				
动火前,岗位当班班长验票	签字: 年 月 日 时 分				
完工验收	签字: 年 月 日 时 分				

表 3-22 受限空间安全作业证

申请单位			申请人		作业证编号	
受限空间所属单位			受限空间名称			
作业内容			受限空间内原有介质名称			
作业时间	自 年 月 日 时 分 始 至 年 月 日 时 分 止					
作业单位负责人						
监护人						
作业人						
涉及的其他特殊作业						
危害辨识						

分析	分析项目	有毒有害介质	可燃气	氧含量	时间	部位	分析人
	分析标准						
	分析数据						

序号	安全措施	确认人
1	对进入受限空间危险性进行分析	
2	所有与受限空间有联系的阀门、管线加盲板隔离,列出盲板清单,落实抽堵盲板责任人	
3	设备经过置换、吹扫、蒸煮	
4	设备打开通风孔进行自然通风,温度适宜人员作业;必要时采用强制通风或佩戴空气呼吸器,不能用通氧气或富氧空气的方法补充氧	
5	相关设备进行处理,带搅拌机的设备已切断电源,电源开关处加锁或挂"禁止合闸"标志牌,设专人监护	
6	检查受限空间内部已具备作业条件,清罐时(无需用/宜采用)用防爆工具	
7	检查受限空间进出口通道,无阻碍人员进出的障碍物	
8	分析盛装过可燃有毒液体、气体的受限空间内的可燃、有毒有害气体含量	
9	作业人员清楚受限空间内存在的其他危险因素,如内部附件、集渣坑等	
10	作业监护措施:消防器材( )、救生绳( )、气防装备( )	
11	其他安全措施: 编制人:	

实施安全教育人	
申请单位意见	签字: 年 月 日 时 分
审批单位意见	签字: 年 月 日 时 分
完工验收	签字: 年 月 日 时 分

表 3-23 盲板抽堵安全作业证

申请单位					申请人			作业证编号			
设备管道名称	介质	温度	压力	盲板			实施时间	作业人		监护人	
				材质	规格	编号	堵　抽	堵	抽	堵	抽
生产单位作业指挥											
作业单位负责人											
涉及的其他特殊作业											

盲板位置图及编号：

编制人：　　　　　　年　月　日

序号	安全措施	确认人
1	在有毒介质的管道、设备上作业时，尽可能降低系统压力，作业点应为常压	
2	在有毒介质的管道、设备上作业时，作业人员穿戴适合的防护用具	
3	易燃易爆场所，作业人员穿防静电工作服、工作鞋；作业时使用防爆灯具和防爆工具	
4	易燃易爆场所，距作业地点 30 m 内无其他动火作业	
5	在强腐蚀性介质的管道、设备上作业时，作业人员已采取防止酸碱灼伤的措施	
6	介质温度较高、可能造成烫伤的情况下，作业人员已采取防烫措施	
7	同一管道上不同时进行两处及两处以上的盲板抽堵作业	
8	其他安全措施	

编制人：

实施安全教育人			

生产车间（分厂）意见

　　　　　　　　　　　　　　签字：　　　　　　　年　月　日

作业单位意见

　　　　　　　　　　　　　　签字：　　　　　　　年　月　日

审批单位意见

　　　　　　　　　　　　　　签字：　　　　　　　年　月　日

盲板抽堵作业单位确认情况：

　　　　　　　　　　　　　　签字：　　　　　　　年　月　日

生产车间（分厂）确认情况

　　　　　　　　　　　　　　签字：　　　　　　　年　月　日

表 3-24 高处安全作业证

申请单位		申请人		作业证编号	
作业时间	自 年 月 日 时 分始 至 年 月 日 时 分止					
作业地点					
作业内容					
作业高度			作业类别		
作业单位			监护人		
作业人			涉及的其他特殊作业		
危害辨识					

序号	安全措施	确认人
1	作业人员身体条件符合要求	
2	作业人员着装符合工作要求	
3	作业人员佩戴合格的安全帽	
4	作业人员佩戴安全带，安全带要高挂低用	
5	作业人员携带有工具袋及安全绳	
6	作业人员佩戴：A. 过滤式防毒面具或口罩　B. 空气呼吸器	
7	现场搭设的脚手架、防护网、围栏符合安全规定	
8	垂直分层作业中间有隔离设施	
9	梯子、绳子符合安全规定	
10	石棉瓦等轻型棚的承重梁、柱能承重负荷的要求	
11	作业人员在石棉瓦等不承重物作业所搭设的承重板稳定牢固	
12	采光、夜间作业照明符合作业要求(需采用并已采用/无需采用)防爆灯	
13	30m 以上高处作业配备通讯、联络工具	
14	其他安全措施： 编制人：	

实施安全教育人			
生产单位作业负责人意见	签字：	年 月 日 时 分	
作业单位负责人意见	签字：	年 月 日 时 分	
审核部门意见	签字：	年 月 日 时 分	
审批部门意见	签字：	年 月 日 时 分	
完工验收	签字：	年 月 日 时 分	

表 3-25 吊装安全作业证

吊装地点		吊装工具名称		作业证编号	
吊装人员及特殊工种作业证号		监护人			
吊装指挥及特殊工种作业证号		起吊重物质量(t)			
作业时间	自 年 月 日 时 分至 年 月 日 时 分				
吊装内容					
危害辨识					

序号	安全措施	确认人
1	吊装质量大于等于40t的重物和土建工程主体结构；吊装物体虽不足40t，但形状复杂、刚度小、长径比大、精密贵重，作业条件特殊，已编制吊装作业方案，且经作业主管部门和安全管理部门审查，报主管(副总经理/总工程师批准)	
2	指派专人监护，并坚守岗位，非作业人员禁止入内	
3	作业人员已按规定佩戴防护器具和个体防护用品	
4	已与分厂(车间)负责人取得联系，建立联系信号	
5	已在吊装现场设置安全警戒标志，无关人员不许进入作业现场	
6	夜间作业采用足够的照明	
7	室外作业遇到(大雪/暴雨/大雾/六级以上大风)，已停止作业	
8	检查起重吊装设备、钢丝绳、揽风绳、链条、吊钩等各种机具，保证安全可靠	
9	分工明确、坚守岗位，并按规定的联络信号，统一指挥	
10	将建筑物、构筑物作为锚点，需经工程处审查核算并批准	
11	吊装绳索、揽风绳、拖拉绳等避免同带电线路接触，并保持安全距离	
12	人员随同吊装重物或吊装机械升降，应采取可靠的安全措施，并经过现场指挥人员批准	
13	利用管道、管架、电杆、机电设备等作吊装锚点，不准吊装	
14	悬吊重物下方站人、有人通行和工作，不准吊装	
15	超负荷或重物质量不明，不准吊装	
16	斜拉重物、重物埋在地下或重物紧固不牢，绳打结、绳不齐，不准吊装	
17	棱角重物没有衬垫措施，不准吊装	
18	安全装置失灵，不准吊装	
19	用定型起重吊装机械(履带吊车、轮胎吊车、轿式吊车等)进行吊装作业，遵守该定型机械的操作规程	
20	作业过程中应先用低高度、短行程试吊	
21	作业现场出现危险品泄漏，立即停止作业，撤离人员	
22	作业完成后现场杂物已清理	
23	吊装作业人员持有法定的有效的证件	
24	地下通讯电(光)缆、局域网络电(光)缆、排水沟的盖板，承重吊装机械的负重量已确认，保护措施已落实	
25	起吊物的质量(t)经确认，在吊装机械的承重范围	
26	在吊装高度的管线、电缆桥架已做好防护措施	
27	作业现场围栏、警戒线、警告牌、夜间警示灯已按要求设置	

续上表

序号	安 全 措 施	确认人
28	作业高度和转臂范围内,无架空线路	
29	人员出入口和撤离安全措施已落实:A. 指示牌;B. 指示灯	
30	在爆炸危险生产区域内作业,机动车排气管已装火星熄灭器	
31	现场夜间有充足照明:36V、24V、12V 防水型灯;36V、24V、12V 防爆型灯	
32	作业人员已佩戴防护器具	
33	其他安全措施:	

编制人:

实施安全教育人			

生产单位安全部门负责人

签字:　　　　年　月　日　时　分

生产单位负责人

签字:　　　　年　月　日　时　分

作业单位安全部门负责人

签字:　　　　年　月　日　时　分

作业单位负责人

签字:　　　　年　月　日　时　分

审批部门意见

签字:　　　　年　月　日　时　分

表 3-26 临时用电安全作业证

申请单位		申请人		作业证编号	
作业时间	自 年 月 日 时 分至 年 月 日 时 分					
作业地点						
电源接入点				工作电压	
用电设备及功率					
作业人				电工证号	
危害辨识						

序号	安全措施	确认人
1	安装临时线路人员持有电工作业操作证	
2	在防爆场所使用的临时电源、元器件和线路达到相应的防爆等级要求	
3	临时用电的单项和混用线路采用五线制	
4	临时用电线路在装置内不低于2.5 m,道路不低于5 m	
5	临时用电线路架空进线不得采用裸线,未在树或脚手架上架设	
6	暗管埋设及地下电缆线路设有"走向标志"和"安全标志",电缆埋深大于0.7 m	
7	现场临时用配电盘、箱有防雨措施	
8	临时用电设施装有漏电保护器,移动工具、手持工具"一机一闸一保护"	
9	用电设备、线路容量、负荷符合要求	
10	其他安全措施: 编制人:	

实施安全教育人				

作业单位意见

                签字: 年 月 日 时 分

配送电单位意见

                签字: 年 月 日 时 分

审批部门意见

                签字: 年 月 日 时 分

完工验收

                签字: 年 月 日 时 分

表 3-27 动土安全作业证

申请单位		申请人		作业证编号	
作业时间	自 年 月 日 时 分至 年 月 日 时 分					
作业地点							
作业单位							
涉及的其他特殊作业							
作业范围、内容、方式(包括深度、面积,并附简图): 签字: 年 月 日 时 分						
危害辨识							

序号	安 全 措 施	确认人
1	作业人员作业前已进行了安全教育	
2	作业地点处于易燃易爆场所,需要动火时已办理了动火证	
3	地下电力电缆已确认,保护措施已落实	
4	地下通讯电(光)缆、局域网络电(光)缆已确认,保护措施已落实	
5	地下供排水、消防管线、工艺管线已确认,保护措施已落实	
6	已按作业方案图划线和立桩	
7	动土地点有电线、管道等地下设施,已向作业单位交代并派人监护;作业时轻挖,未使用铁棒、铁镐或抓斗等机械工具	
8	作业现场围栏、警戒线、警告牌、夜间警示灯已按要求设置	
9	已进行放坡处理和固壁支撑	
10	人员出入口和撤离安全措施已落实:A. 梯子;B. 修坡道	
11	道路施工作业已报:交通、消防、安全监督部门、应急中心	
12	备有可燃气体检测仪、有毒介质检测仪	
13	现场夜间有充足照明:A. 36V、24V、12V 防水型灯;B. 36V、24V、12V 防爆型灯	
14	作业人员已佩戴防护器具	
15	动土范围内无障碍物,并已在总图上做标记	
16	其他安全措施: 编制人:	

实施安全教育人			
作业单位意见 签字: 年 月 日 时 分			
申请单位意见 签字: 年 月 日 时 分			
作业单位意见 签字: 年 月 日 时 分			
有关水、电、汽、工艺、设备、消防、安全等部门会签意见: 签字: 年 月 日 时 分			
审批部门意见 签字: 年 月 日 时 分			
完工验收 签字: 年 月 日 时 分			

表 3-28 断路安全作业证

申请单位		申请人		作业证编号	
作业单位				作业单位负责人	
涉及相关单位(部门)					
断路原因					
断路时间	自 年 月 日 时 分至 年 月 日 时 分止				

断路地段示意图及相关说明:

危害辨识	签字: 年 月 日 时 分

序号	安全措施	确认人
1	作业前,制定交通组织方案(附后),并已通知相关部门或单位	
2	作业前,在断路的路口和相关道路上设置交通警示标志,在作业区附近设置路栏、道路作业警示灯、导向标等交通警示设施	
3	夜间作业设置警示红灯	
4	其他安全措施:	

编制人:

实施安全教育人			

申请单位意见

签字: 年 月 日 时 分

作业单位意见

签字: 年 月 日 时 分

审批部门意见

签字: 年 月 日 时 分

完工验收

签字: 年 月 日 时 分

二、警示标志

1. 企业应按照 GB16179 规定,在易燃、易爆、有毒、有害等危险场所的醒目位置设置符合 GB2894 规定的安全标志。

【依据】

《安全标志及其使用导则》(GB2894)、《工业管道基本识别色、识别符号和安全标识》(GB7231)、《工作场所职业病危害警示标识》(GBZ158)。

【要求】

在易燃、易爆、有毒有害等危险场所的醒目位置,按《安全标志及其使用导则》GB2894 的要求,设置安全标志(见图 3-3)。

说明

(1)重大危险源安全警示牌大小为(≥140cm×120cm)、内容由禁止标志、警告标志、警示用语等组合构成。重大危险源场所要根据其危险物质以及其他危险化学品的危险特性选取一个或多个禁止标志、警告标志,其所采用的安全信息标志如图形符号、安全色、几何形状等执行 GB2894—2008《安全标志》;警示用语为重大危险源生产区域或重大危险源贮存区域。

重大危险源安全警示牌应采用坚固耐用的金属材料制作,与金属柱体焊接牢固连接地面,保证非人为因素致使设置的安全警示牌损坏。重大危险源安全警示牌设置在邻近且将进入重大危险源区域的道路入口处或醒目处,多个入口处或区域范围较大需设置多块重大危险源安全警示牌。

(2)重大危险源场所必须设置《重大危险源危险物质安全告知牌》。贮存区域应在紧靠贮存场所、作业人员出入处设置尺寸为 ≥140cm×120cm 的《重大危险源危险物质安全告知牌》;生产场所应在操作人员岗位醒目处张贴 30cm×45cm 的《重大危险源危险物质安全告知牌》(可采用金属或塑料薄板制作)。

图 3-3

装置、仓库、罐区、装卸区、危险化学品输送管道等危险场所的醒目位置设置符合 GB2894 规定的安全标志。

【检查内容】

1. 查文件

安全标志一览表,载明每个安全标志使用的场所。

2. 现场检查

装置现场、仓库、罐区、装卸区等危险场所安全标志设置情况。

2. 企业应在重大危险源现场设置明显的安全警示标志。

【依据】

《安全标志及其使用导则》(GB2894)、《常用危险化学品安全周知卡编制导则》(HG23010)。

【要求】

重大危险源现场,设置明显的安全警示标志和告知牌。

【检查内容】

现场检查:

检查重大危险源现场安全警示标志和告知牌。

3. 企业应按有关规定,在厂内道路设置限速、限高、禁行等标志。

【依据】

"GB4387—2008《工业企业厂内铁路道路运输安全规程》6.4 机动车行驶"规定:

(1)机动车在无限速标志的厂内主干道行驶时,不得超过30km/h,其他道路不得超过20km/h。

(2)机动车行驶下列地点、路段或遇到特殊情况时的限速要求应符合下表的规定:

机动车在特定条件下的限速规定(km/h)

限速地点路段及情况	最高行驶速度
道口、交叉口、装卸作业、人行稠密地段、下坡道、设有警告标志处或转弯、调头时、货运汽车载运易燃易爆等危险货物时	15
结冰、积雪、积水的道路、恶劣天气能见度在30m以内时	10
进出厂房、仓库、车间大门、停车场、加油站、上危险地段、生产现场、倒车或拖带损坏车辆时	5

恶劣天气能见度在5m以内或能见度在10m以内、道路最大纵坡在6%以上时,应停止行驶。

"GB4387—2008《工业企业厂内铁路道路运输安全规程》6.1.2"规定:

跨越道路上空架设管线距路面的最小净高不得小于5m,现有低于5m的管线在改、扩建时应予以解决。

跨越道路上空的建(构)筑物(含桥梁、隧道等)距路面的最小净高,应按行驶车辆的最大高度或车辆装载物料后的最大高度另加 0.5～1m 的安全间距采用,并不宜小于 5m。如有足够依据确保安全通行时,净空高度可小于 5m,但不得小于 4.5m。

"GB4387—2008《工业企业厂内铁路道路运输安全规程》6.1.4"规定:

易燃、易爆物品的生产区域或贮存仓库区,应根据安全生产的需要,将道路划分为限制车辆通行或禁止车辆通行的路段,并设置标志。

【要求】

按有关规定在厂内道路设置限速、限高、禁行标志。

【检查内容】

现场检查:

检查厂区道路限速、限高、禁行等标志。

4. 企业应在检维修、施工、吊装等作业现场设置警戒区域和安全标志,在检修现场的坑、井、洼、沟、陡坡等场所设置围栏和警示灯。

【依据】

检维修、施工、吊装等作业现场应根据 GB2894《安全标志》的规定,设立相应的安全标志,并且应有专人负责监护,无关人员禁止入内;在易燃易爆和有毒物品输送管道附近不得设临时检修办公室、休息室、仓库、施工棚等建筑物;影响检修等作业安全的坑、井、洼、沟、陡坡等均应填平或铺设与地面平齐的盖板,或设置围栏和危险标志,夜间应设危险信号灯;检修等作业现场必须保持排水通畅,不得有积水,检修等作业应保持道路通畅,路面平整,路基牢固及良好的照明措施;检修等作业现场道路应设置交通安全标志,其设置地点、形状、尺寸和颜色应符合 GB5768《道路交通标志和标线》的规定;检修等作业需要占用道路,影响消防通道时,必须办理审批手续等。

【要求】

(1)检维修、施工、吊装等作业现场设置相应的警戒区域和警示标志;

(2)检修现场的坑、井、洼、沟、陡坡等场所设置围栏和警示灯。

【检查内容】

现场检查:

检查检维修、施工、吊装等作业现场管理情况。

5. 企业应在可能产生严重职业危害作业岗位的醒目位置,按照 GBZ158 设置职业危害警示标识,同时设置告知牌,告知产生职业危害的种类、后果、预防及应急救治措施、作业场所职业危害因素检测结果等。

【依据】

(1)职业危害警示标识参照 5.7.2.1 的要求设置;

(2)告知牌根据 GBZ158《工作场所职业病危害警示标志》的要求,参照图 3-4 制作。

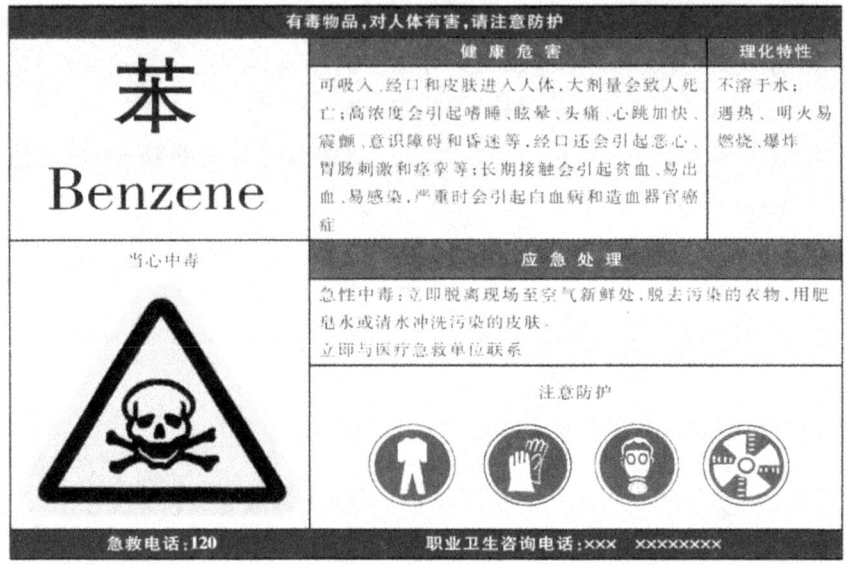

图 3-4 有毒物品作业岗位职业病危害告知卡示例

【要求】

(1)在装置现场、仓库、罐区、装卸区等区域可能产生严重职业危害的岗位醒目位置设置警示标志；

(2)在产生职业危害的岗位醒目位置设置告知牌，告知职业危害因素检测结果、时间和周期及标准规定值。

【检查内容】

1. 查文件

(1)警示标志和告知牌管理台账；

(2)职业危害因素检测记录。

2. 现场检查

检查职业危害岗位警示标志和告知牌。

6. 企业应按有关规定在生产区域设置风向标。

【依据】

依据 HG20571《化工企业安全卫生设计规定》5.2.3(在有毒、有害的化工生产区域，应设置风向标，风向标、风向袋均可以，见图 3-5～图 3-6)。

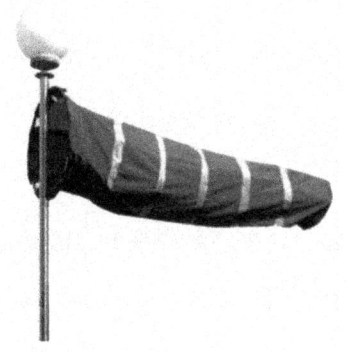
风向袋(带灯)
图 3-5

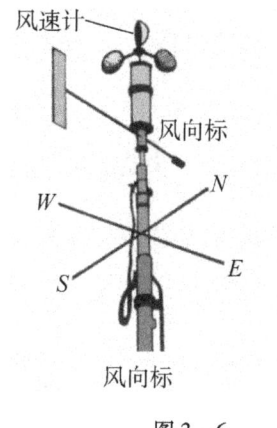
风向标
图 3-6

【要求】
按有关规定,在生产区域设置风向标。
【检查内容】
现场检查:
检查风向标设置的位置是否合理。

三、作业环节

1. 企业应在危险性作业活动作业前进行危险、有害因素识别,制定控制措施。在作业现场配备相应的安全防护用品(具)及消防设施与器材,规范现场人员作业行为。

【要求】
危险作业现场配备相应安全防护用品(具)及消防设施与器材。
【检查内容】
现场检查:
检查相应安全防护用品(具)及消防设施与器材配备情况。

2. 企业作业活动的负责人应严格按照规定要求科学指挥;作业人员应严格执行操作规程,不违章作业,不违反劳动纪律。

【要求】
(1)作业活动负责人应严格按照规定要求科学组织作业活动,不得违章指挥;
(2)作业人员应严格执行操作规程和作业许可要求,不违章作业,不违反劳动纪律。
【检查内容】
现场检查:
检查违章指挥、违章作业和违反劳动纪律("三违")现象。

3. 企业作业人员在进行3.7.1中规定的作业活动时,应持相应的作业许可证作业。

【要求】

进行危险性作业时,作业人员应持经过审批许可的相应作业许可证。

【检查内容】

现场检查:

检查作业人员持作业许可证作业情况。

4. 企业作业活动监护人员应具备基本救护技能和作业现场的应急处理能力,持相应作业许可证进行监护作业,作业过程中不得离开监护岗位。

【要求】

(1)作业活动监护人员应具备基本救护技能和作业现场的应急处理能力;

(2)作业活动监护人员持相应作业许可证进行现场监护,不得离开监护岗位。

【检查内容】

1. 查文件

查看作业许可证。

2. 询问

询问监护人员救护技能和应急处理能力。

3. 现场检查

检查监护人员是否持相应许可证监护。

5. 企业应保持作业环境整洁。

【要求】

具体要求:

(1)作业环境要保持干净,无渗漏无积液。车间的地面应平坦,不打滑,无(无显示)障阻物,通道尺寸符合标准要求,并在地面上明确标示。

(2)设备的布置,要符合标准的规定,设备与设备、设备与墙柱之间要有一定的安全距离。

(3)工作场地的布置应遵照人机工程学、工效学原理,对设备、工位、工具、器具、物料等进行合理的安排,为人创造一个安全、健康的作业环境,以减少事故,提高劳动效率。其具体方法和要求是:

①运用工效学原理,遵循生产工艺要求,将设备、工具、物料安放在适当的固定位置,使操作者拿取省力,使用方便,避免寻找。

②根据心理学、生理学原理,建立良好的劳动环境,采光、照明、噪音要符合国家标准要求,色彩要宜人,空气要清新,微小气候要令人舒适,物料放置要整齐,便于领取。

③按照劳动保护学和安全生产的要求,劳动者在工作地应有足够的空间。通道要畅通,方便物料的供应和产品的运输。废料要及时清除。

④工具摆放合理,摆放整齐,且在正常操作范围之内,便于检查数量和使用。

⑤工作台、控制台和座椅尺寸要符合人体测量学的原则,保证操作者能采取良好的劳动姿势。

(4)上下工序之间应保持作业的紧密衔接;作业路线要流畅,整个作业做到不空运、不倒流、有秩序地进行。

(5)保持作业环境整洁,消除安全隐患。

【检查内容】

现场检查:

检查作业环境。

> **6. 企业同一作业区域内有两个以上承包商进行生产经营活动,可能危及对方生产安全时,应组织并监督承包商之间签订安全生产协议,明确各自的安全生产管理职责和应当采取的安全措施,并指定专职安全生产管理人员进行安全检查与协调。**

【依据】

《安全生产法》第四十五条 两个以上生产经营单位在同一作业区域内进行生产经营活动,可能危及对方生产安全的,应当签订安全生产管理协议,明确各自的安全生产管理职责和应当采取的安全措施,并指定专职安全生产管理人员进行安全检查与协调。

【要求】

(1)同一作业区域内有两个以上承包商进行生产经营活动,可能危及对方生产安全时,应组织承包商之间签订安全生产协议,明确各自的安全生产管理职责和应当采取的安全措施;

(2)指定专职安全生产管理人员进行安全检查和协调并记录。

【检查内容】

1. 查文件

(1)承包商之间的安全生产协议;

(2)检查记录。

2. 现场检查

检查承包商作业现场管理。

> **7. 企业应办理机动车辆进入生产装置区、罐区现场相关手续,机动车辆应佩戴标准阻火器、按指定线路行驶。**

【要求】

机动车辆进入生产装置区、罐区现场应按规定办理相关手续,佩戴符合标准要求的阻火器,按指定路线、规定速度行驶。

【检查内容】

1. 查文件

(1)有关机动车辆进入生产装置区、罐区现场的管理规定;

(2)机动车辆进入生产装置区、罐区手续。

2. 现场检查

检查机动车辆进入生产装置区、罐区的安全管理。

四、承包商

> 1. 企业应严格执行承包商管理制度,对承包商资格预审、选择、开工前准备、作业过程监督、表现评价、续用等过程进行管理,建立合格承包商名录和档案。企业应与选用的承包商签订安全协议书。

【要求】
(1)建立合格承包商名录、档案(包括承包商资质资料、表现评价、合同等资料);
(2)对承包商进行资格预审;
(3)选择、使用合格的承包商;
(4)与选用的承包商签订安全协议;
(5)对作业过程进行监督检查。

【检查内容】
1. 查文件
(1)承包商管理制度;
(2)承包商管理档案、监督检查记录;
(3)安全协议书。
2. 现场检查
检查作业现场管理。

> 2. 要向承包商进行作业现场安全交底,对承包商的安全作业规程、施工方案和应急预案进行审查。

【要求】
企业要向承包商进行作业现场安全交底,对承包商的安全作业规程、施工方案和应急预案进行审查。

【检查内容】
1. 查文件
现场安全交底、施工方案和应急预案等资料。
2. 现场检查
现场抽查承包商施工人员的安全教育情况。

第八节　职业健康

一、职业危害项目申报

企业如存在法定职业病目录所列的职业危害因素，应按照国家有关规定，及时、如实向当地安全生产监督管理部门申报，接受其监督。

【依据】
《中华人民共和国职业病防治法》（中华人民共和国主席令第 52 号）：
第十六条　国家建立职业病危害项目申报制度。
用人单位工作场所存在职业病目录所列职业病的危害因素的，应当及时、如实向所在地安全生产监督管理部门申报危害项目，接受监督。
职业病危害因素分类目录由国务院卫生行政部门会同国务院安全生产监督管理部门制定、调整并公布。职业病危害项目申报的具体办法由国务院安全生产监督管理部门制定。

【解释】
（一）法定职业病目录
是指由国家卫生计生委、人力资源社会保障部、安全监管总局、全国总工会联合发布的《职业病分类和目录》，其中将职业病分为 10 大类 132 种。
1. 职业性尘肺病及其他呼吸系统疾病
1）尘肺病
（1）矽肺；
（2）煤工尘肺；
（3）石墨尘肺；
（4）炭黑尘肺；
（5）石棉肺；
（6）滑石尘肺；
（7）水泥尘肺；
（8）云母尘肺；
（9）陶工尘肺；
（10）铝尘肺；
（11）电焊工尘肺；
（12）铸工尘肺；
（13）根据《尘肺病诊断标准》和《尘肺病理诊断标准》可以诊断的其他尘肺病。
2）其他呼吸系统疾病
（1）过敏性肺炎；
（2）棉尘病；
（3）哮喘；

(4)金属及其化合物粉尘肺沉着病（锡、铁、锑、钡及其化合物等）；

(5)刺激性化学物所致慢性阻塞性肺疾病；

(6)硬金属肺病。

2. 职业性皮肤病

(1)接触性皮炎；

(2)光接触性皮炎；

(3)电光性皮炎；

(4)黑变病；

(5)痤疮；

(6)溃疡；

(7)化学性皮肤灼伤；

(8)白斑；

(9)根据《职业性皮肤病的诊断总则》可以诊断的其他职业性皮肤病。

3. 职业性眼病

(1)化学性眼部灼伤；

(2)电光性眼炎；

(3)白内障（含放射性白内障、三硝基甲苯白内障）。

4. 职业性耳鼻喉口腔疾病

(1)噪声聋；

(2)铬鼻病；

(3)牙酸蚀病；

(4)爆震聋。

5. 职业性化学中毒

(1)铅及其化合物中毒（不包括四乙基铅）；

(2)汞及其化合物中毒；

(3)锰及其化合物中毒；

(4)镉及其化合物中毒；

(5)铍病；

(6)铊及其化合物中毒；

(7)钡及其化合物中毒；

(8)钒及其化合物中毒；

(9)磷及其化合物中毒；

(10)砷及其化合物中毒；

(11)铀及其化合物中毒；

(12)砷化氢中毒；

(13)氯气中毒；

(14)二氧化硫中毒；

(15)光气中毒；

(16)氨中毒；

(17)偏二甲基肼中毒；
(18)氮氧化合物中毒；
(19)一氧化碳中毒；
(20)二硫化碳中毒；
(21)硫化氢中毒；
(22)磷化氢、磷化锌、磷化铝中毒；
(23)氟及其无机化合物中毒；
(24)氰及腈类化合物中毒；
(25)四乙基铅中毒；
(26)有机锡中毒；
(27)羰基镍中毒；
(28)苯中毒；
(29)甲苯中毒；
(30)二甲苯中毒；
(31)正己烷中毒；
(32)汽油中毒；
(33)一甲胺中毒；
(34)有机氟聚合物单体及其热裂解物中毒；
(35)二氯乙烷中毒；
(36)四氯化碳中毒；
(37)氯乙烯中毒；
(38)三氯乙烯中毒；
(39)氯丙烯中毒；
(40)氯丁二烯中毒；
(41)苯的氨基及硝基化合物(不包括三硝基甲苯)中毒；
(42)三硝基甲苯中毒；
(43)甲醇中毒；
(44)酚中毒；
(45)五氯酚(钠)中毒；
(46)甲醛中毒；
(47)硫酸二甲酯中毒；
(48)丙烯酰胺中毒；
(49)二甲基甲酰胺中毒；
(50)有机磷中毒；
(51)氨基甲酸酯类中毒；
(52)杀虫脒中毒；
(53)溴甲烷中毒；
(54)拟除虫菊酯类中毒；
(55)铟及其化合物中毒；

(56)溴丙烷中毒；

(57)碘甲烷中毒；

(58)氯乙酸中毒；

(59)环氧乙烷中毒；

(60)上述条目未提及的与职业有害因素接触之间存在直接因果联系的其他化学中毒。

6. 物理因素所致职业病

(1)中暑；

(2)减压病；

(3)高原病；

(4)航空病；

(5)手臂振动病；

(6)激光所致眼(角膜、晶状体、视网膜)损伤；

(7)冻伤。

7. 职业性放射性疾病

(1)外照射急性放射病；

(2)外照射亚急性放射病；

(3)外照射慢性放射病；

(4)内照射放射病；

(5)放射性皮肤疾病；

(6)放射性肿瘤(含矿工高氡暴露所致肺癌)；

(7)放射性骨损伤；

(8)放射性甲状腺疾病；

(9)放射性性腺疾病；

(10)放射复合伤；

(11)根据《职业性放射性疾病诊断标准(总则)》可以诊断的其他放射性损伤。

8. 职业性传染病

(1)炭疽；

(2)森林脑炎；

(3)布鲁氏菌病；

(4)艾滋病(限于医疗卫生人员及人民警察)；

(5)莱姆病。

9. 职业性肿瘤

(1)石棉所致肺癌、间皮瘤；

(2)联苯胺所致膀胱癌；

(3)苯所致白血病；

(4)氯甲醚、双氯甲醚所致肺癌；

(5)砷及其化合物所致肺癌、皮肤癌；

(6)氯乙烯所致肝血管肉瘤；

(7)焦炉逸散物所致肺癌；

(8)六价铬化合物所致肺癌；

(9)毛沸石所致肺癌、胸膜间皮瘤；

(10)煤焦油、煤焦油沥青、石油沥青所致皮肤癌；

(11)β-萘胺所致膀胱癌。

10. 其他职业病

(1)金属烟热；

(2)滑囊炎(限于井下工人)；

(3)股静脉血栓综合征、股动脉闭塞症或淋巴管闭塞症(限于刮研作业人员)；

(二)职业病危害因素目录

为便于了解和操作，卫生部发布了《职业病危害因素分类目录》，将主要的职业危害因素分为 10 类，即粉尘类、放射性物质类(电离辐射)、化学物质类、物理因素、生物因素、导致职业性皮肤病的危害因素、导致职业性眼病的危害因素、导致职业性耳鼻喉口腔疾病的危害因素、职业性肿瘤的职业病危害因素、其他职业病危害因素。各类职业危害因素内容如下：

(1)粉尘类：可导致尘肺病。包括在矽尘(游离二氧化硅含量超过 10% 的无机性粉尘)、煤尘(煤矽尘)、石墨尘、炭黑尘、石棉尘、滑石尘、水泥尘、云母尘、陶瓷尘、铝尘(铝、铝合金、氧化铝粉尘)、电焊烟尘、铸造粉尘、其他粉尘。

(2)放射性物质类(电离辐射)：可导致放射性职业病。包括电离辐射(X 射线、γ 射线)等。

(3)化学物质类：可导致中毒。包括铅及其化合物(铅尘、铅烟、铅化合物，不包括四乙基铅)、汞及其化合物(汞、氯化高汞、汞化合物)、锰及其化合物(锰烟、锰尘、锰化合物)、镉及其化合物、铍及其化合物、铊及其化合物、钡及其化合物、钒及其化合物、磷及其化合物(不包括磷化氢、磷化锌、磷化铝)、砷及其化合物(不包括砷化氢)、铀、砷化氢、氯气、二氧化硫、光气、氨、偏二甲基肼、氮氧化合物、一氧化碳、二氧化碳、硫化氢、磷化氢、磷化锌、磷化铝、氟及其化合物、氰及腈类化合物、四乙基铅、有机锡、羰基镍、苯、甲苯、二甲苯、正己烷、汽油、一甲胺、有机氟聚合物单体及其热裂解物、二氯乙烷、四氯化碳、氯乙烯、三氯乙烯、氯丙烯、氯丁二烯、苯胺、甲苯胺、二甲苯胺、N,N-二甲基苯胺、二苯胺、硝基苯、硝基甲苯、对硝基苯胺、二硝基苯、二硝基甲苯、三硝基甲苯、甲醇、酚、五氯酚、甲醛、硫酸二甲酯、丙烯酰胺、二甲基甲酰胺、有机磷农药、氨基甲酸酯类农药、杀虫脒、溴甲烷、拟除虫菊酯类、苯的氨基及硝基化合物、三硝基甲苯、五氯酚、硫酸二甲酯以及根据职业性急性中毒诊断标准及处理原则总则可以诊断的其他职业性急性中毒的危害因素。

(4)物理因素：包括高温、高气压、低气压、局部振动。

(5)生物因素：包括炭疽杆菌、森林脑炎、布氏杆菌。

(6)导致职业性皮肤病的危害因素。

导致接触性皮炎的危害因素包括硫酸、硝酸、盐酸、氢氧化钠、三氯乙烯、重铬酸盐、三氯甲烷、β-萘胺、铬酸盐、乙醇、醚、甲醛、环氧树脂、脲醛树脂、酚醛树脂、松节油、苯胺、润滑油、对苯二酚等；

导致光敏性皮炎的危害因素包括焦油、沥青、醌、蒽醌、蒽油、木酚油、荧光素、六氯苯、氯酚等；

导致电光性皮炎的危害因素包括紫外线；

导致黑变病的危害因素包括焦油、沥青、蒽油、汽油、润滑油、油彩等；

导致痤疮的危害因素包括沥青、润滑油、柴油、煤油、多氯苯、多氯联苯、氯化萘、多氯萘、多氯酚、聚氯乙烯；

导致溃疡的危害因素包括铬及其化合物、铬酸盐、铍及其化合物、砷化合物、氯化钠；

导致化学性皮肤灼伤的危害因素包括硫酸、硝酸、盐酸、氢氧化钠；

导致其他职业性皮肤病的危害因素包括油彩、高湿、有机溶剂、螨、羌。

（7）导致职业性眼病的危害因素。

导致化学性眼部灼伤的危害因素包括硫酸、硝酸、盐酸、氮氧化物、甲醛、酚、硫化氢；

导致电光性眼炎的危害因素包括紫外线；

导致职业性白内障的危害因素包括放射性物质、三硝基甲苯、高温、激光等。

（8）导致职业性耳鼻喉口腔疾病的危害因素。

导致噪声聋的危害因素包括噪声；

导致铬鼻病的危害因素包括铬及其化合物、铬酸盐；

导致牙酸蚀病案的危害因素包括氟化氢、硫酸酸雾、硝酸酸雾、盐酸酸雾。

（9）职业性肿瘤的职业病危害因素：包括石棉、联苯胺、苯、氯甲醚、砷、氯乙烯、焦炉烟气、铬酸盐。

（10）其他职业危害因素：包括氧化锌、二异氰酸甲苯酯、嗜热性放线菌、棉尘、作业条件（压迫及摩擦）。

（三）职业危害申报

1. 申报范围

《中华人民共和国职业病防治法》第十六条 国家建立职业病危害项目申报制度。用人单位工作场所存在职业病目录所列职业病的危害因素的，应当及时、如实向所在地安全生产监督管理部门申报危害项目，接受监督。

根据《作业场所职业健康监督管理暂行规定》（国家安全生产监督管理总局令第23号）第十三条的规定，存在职业危害的生产经营单位，应当按照有关规定及时、如实将本单位的职业危害因素向安全生产监督管理部门申报，并接受安全生产监督管理部门的监督检查。

根据《作业场所职业危害申报管理办法》（安监总局令第27号）的规定，职业危害申报范围为：

（1）中华人民共和国境内存在或者产生职业危害的生产经营单位（煤矿企业除外，煤矿企业作业场所职业危害申报的管理，另行规定），应当按照国家有关法律、行政法规及本办法的规定，及时、如实申报职业危害，并接受安全生产监督管理部门的监督管理。

（2）作业场所职业病危害，是指从业人员在从事职业活动中，由于接触粉尘、毒物等有害因素而对身体健康所造成的各种损害。作业场所职业危害按照《职业病危害因素分类目录》确定。

2. 申报内容

生产经营单位申报职业危害时，应当提交《作业场所职业危害申报表》、生产经营单位的基本情况、产生职业危害因素的生产技术、工艺和材料的情况、作业场所职业危害因素的种类、浓度和强度的情况、作业场所接触职业危害因素的人数及分布情况、职业危害防护设施及个人防护用品的配备情况、对接触职业危害因素从业人员的管理情况以及法律、法规和规章规定的其他资料。

3. 申报管理

职业危害申报工作实行属地分级管理。生产经营单位应当按照规定对本单位作业场所职业危害因素进行检测、评价，并按照职责分工向其所在地县级以上安全生产监督管理部门申报。中央企业及其所属单位的职业危害申报，按照职责分工向其所在地设区的市级以上安全生产监督管理部门申报。

4. 申报时间

作业场所职业危害每年申报一次。生产经营单位下列事项发生重大变化的，应当按照本条规定向原申报机关申报变更：

（1）进行新建、改建、扩建、技术改造或者技术引进的，在建设项目竣工验收之日起30日内进行申报；

（2）因技术、工艺或者材料发生变化导致原申报的职业危害因素及其相关内容发生重大变化的，在技术、工艺或者材料变化之日起15日内进行申报；

（3）生产经营单位名称、法定代表人或者主要负责人发生变化的，在发生变化之日起15日内进行申报。

生产经营单位终止生产经营活动的，应当在生产经营活动终止之日起15日内向原申报机关报告并办理相关手续。

5. 申报方式

作业场所职业危害申报采取电子和纸质文本两种方式。生产经营单位通过"作业场所职业危害申报与备案管理系统"进行电子数据申报，同时将《作业场所职业危害申报表》加盖公章并由生产经营单位主要负责人签字后，连同有关资料一并上报所在地相应的安全生产监督管理部门。

【要求】

（1）识别职业危害因素；

（2）及时、如实向当地安全监督管理部门申报法定职业病目录所列的职业危害因素，接受其监督。

【检查内容】

1. 查文件

（1）职业病危害因素识别记录；

（2）职业病危害因素申报表及批复资料。

2. 现场检查

检查现场存在的职业危害因素与申报内容符合情况。

二、作业场所职业危害管理

1. 企业应制定职业危害防治计划和实施方案，建立、健全职业卫生档案和从业人员健康监护档案。

【解释】
职业健康监护档案和管理档案。
健康监护档案是健康监护全过程的客观记录资料，是系统地观察劳动者健康状况的变化，评价个体和群体健康损害的依据，其特征是资料的完整性、连续性。
（1）劳动者职业健康监护档案包括：
①劳动者职业史、既往史和职业病危害接触史；
②相应工作场所职业病危害因素监测结果；
③职业健康检查结果及处理情况；
④职业病诊疗等健康资料。
（2）用人单位职业健康监护管理档案包括：
①职业健康监护委托书；
②职业健康检查结果报告和评价报告；
③职业病报告卡；
④用人单位对职业病患者、患有职业禁忌证者和已出现职业相关健康损害劳动者的处理和安置记录；
⑤用人单位在职业健康监护中提供的其他资料和职业健康检查机构记录整理的相关资料；
⑥卫生行政部门要求的其他资料。
【要求】
（1）制定职业危害防治计划和实施方案；
（2）建立健全职业卫生档案，包括职业危害防护设施台账、职业危害监测结果、健康监护报告等；
（3）建立从业人员健康监护档案。
【检查内容】
查文件：
（1）职业危害防治计划和实施方案；
（2）职业卫生档案；
（3）从业人员健康监护档案。

2. 企业作业场所应符合《工业企业设计卫生标准》（GBZ1—2010）、《工作场所有害因素职业接触限值　化学有害因素》（GBZ2.1—2007）、《工作场所有害因素职业接触限值　物理因素》（GBZ2.2—2007）。

【依据】

《工业企业设计卫生标准》(GBZ1—2010)、《工作场所有害因素职业接触限值 化学有害因素》(GBZ2.1—2007)、《工作场所有害因素职业接触限值 物理因素》(GBZ2.2—2007)

【要求】

企业作业场所职业危害因素应符合 GBZ1、GBZ2.1、GBZ2.2 规定。

【检查内容】

1. 查文件

查看职业卫生档案。

2. 现场检查

检查作业现场职业危害管理情况。

3. 企业应确保使用有毒物品作业场所与生活区分开,作业场所不得住人;应将有害作业与无害作业分开,高毒作业场所与其他作业场所隔离。

【要求】

(1)使用有毒物品作业场所与生活区分开,作业场所不得住人;
(2)将有害作业与无害作业分开;
(3)将高毒作业场所与其他作业场所隔离。

【检查内容】

现场检查:

(1)作业场所区域划分情况;
(2)作业场所有无住人;
(3)高毒作业场所与其他作业场所的隔离是否符合要求。

4. 企业应在可能发生急性职业损伤的有毒有害作业场所按规定设置报警设施、冲洗设施、防护急救器具专柜,设置应急撤离通道和必要的泄险区,定期检查,并记录。

【要求】

在可能发生急性职业损伤的有毒有害作业场所按规定设置报警设施、冲洗设施、防护急救器具专柜,设置应急撤离通道和必要的泄险区,定期检查并记录。

【检查内容】

1. 查文件

检查记录。

2. 现场检查

检查报警设施、冲洗设施、防护急救器具专柜、应急撤离通道、泄险区的设置及完整性。

5. 企业应严格执行生产作业场所职业危害因素检测管理制度,定期对作业场所进行检测,在检测点设置告知牌,告知检测结果,并将检测结果存入职业卫生档案。

【要求】
(1)定期对作业场所职业病危害因素进行检测；
(2)在检测点设置告知牌，告知检测结果；
(3)将检测结果存入职业卫生档案；
(4)工作场所职业病危害因素的检测结果不符合标准规定，要进行整改。

【检查内容】
1. 查文件
(1)职业病危害因素监测制度；
(2)职业病危害因素监测报告及职业卫生档案、整改计划。
2. 询问
询问从业人员对检测结果了解情况。
3. 现场检查：
检查检测点设置及告知牌。

6. 企业不得安排上岗前未经职业健康检查的从业人员从事接触职业病危害的作业；不得安排有职业禁忌的从业人员从事禁忌作业。

【依据】
《用人单位职业健康监护监督管理办法》(国家安全生产监督管理总局令第49号)、《健康监护技术规范》(GBZ188)、《放射工作人员职业健康监护技术》(GBZ235)。

【要求】
(1)不得安排上岗前未经职业健康检查的从业人员从事接触职业病危害的作业；
(2)按规定对从事接触职业病危害作业的人员进行在岗期间、离岗时职业健康检查；
(3)不得安排有职业禁忌的人员从事禁忌作业。
安全标准化二级企业应建立完善的作业场所职业危害控制管理制度与检测制度并有效实施，作业场所职业危害得到有效控制。

【检查内容】
1. 查文件
查看职业健康体检报告。
安全标准化二级企业查文件：作业场所职业危害控制管理制度与检测制度、台账。
2. 询问
抽查从事接触职业危害及禁忌作业的有关人员健康检查情况及是否有职业禁忌人员。
3. 现场检查
检查作业场所职业危害管理情况。

三、职业病防护设施建设

1. 企业应确保建设项目职业病防护设施必须与主体工程同时设计、同时施工、同时投入生产和使用(以下简称职业卫生"三同时")。职业病防护设施所需费用应当纳入建设项目工程预算。

【依据】

《建设项目职业卫生"三同时"监督管理暂行办法》(国家安全生产监督管理总局令第51号):

第三条 建设单位是建设项目职业病防护设施建设的责任主体。

建设项目职业病防护设施必须与主体工程同时设计、同时施工、同时投入生产和使用。职业病防护设施所需费用应当纳入建设项目工程预算。

【解释】

(1)可能产生职业病危害的建设项目,是指存在或者产生《职业病危害因素分类目录》所列职业病危害因素的建设项目。

(2)职业病防护设施,是指消除或者降低工作场所的职业病危害因素的浓度或者强度,预防和减少职业病危害因素对劳动者健康的损害或者影响,保护劳动者健康的设备、设施、装置、构(建)筑物等的总称。

【要求】

确保建设项目职业病防护设施与建设项目的主体工程同时设计、同时施工、同时投入生产和使用。

【检查内容】

1. 查文件

查看职业病防护设施建设项目设计资料、施工记录、试生产方案、竣工验收文件等。

2. 现场检查

查看职业病防护设施投入使用情况。

2. 企业对可能产生职业病危害的建设项目,应当依照本办法向安全生产监督管理部门申请职业卫生"三同时"的备案、审核、审查和竣工验收。

【依据】

《建设项目职业卫生"三同时"监督管理暂行办法》(国家安全生产监督管理总局令第51号):

第四条 建设单位对可能产生职业病危害的建设项目,应当依照本办法向安全生产监督管理部门申请职业卫生"三同时"的备案、审核、审查和竣工验收。

建设项目职业卫生"三同时"工作可以与安全设施"三同时"工作一并进行。

【要求】

(1)对可能产生职业病危害的建设项目,建设单位应当在建设项目可行性论证阶段委托具有相应资质的职业卫生技术服务机构进行职业病危害预评价,编制预评价报告;

(2)职业病危害预评价报告编制完成后,建设单位应当组织有关职业卫生专家,对职业病危害预评价报告进行评审;

(3)存在职业病危害的建设项目,建设单位应当委托具有相应资质的设计单位编制职业病防护设施设计专篇;

(4)建设项目职业病防护设施应当由取得相应资质的施工单位负责施工,并与建设项目主体工程同时进行;

(5)建设项目完工后,需要进行试运行的,其配套建设的职业病防护设施必须与主体工程同时投入试运行。

【检查内容】

查文件:

(1)建设项目职业病危害预评价报告备案或者审核申请书;

(2)建设项目职业病危害预评价报告;

(3)建设单位对预评价报告的评审意见;

(4)职业卫生专家对预评价报告的审查意见;

(5)建设项目职业病防护设施设计专篇;

(6)建设单位对职业病防护设施设计专篇的评审意见;

(7)建设项目职业病危害控制效果评价报告;

(8)职业卫生专家对职业病危害控制效果评价报告的审查意见;

(9)建设单位对职业病危害控制效果评价报告的评审意见;

(10)建设项目职业病防护设施设计单位、施工单位和监理单位资质证明(影印件)。

四、劳动防护用品

1. 企业应根据接触危害的种类、强度,为从业人员提供符合国家标准或行业标准的个体防护用品和器具,并监督、教育从业人员正确佩戴、使用。

【依据】

《个体防护装备选用规范》(GB/T 11651—2008);

《化工企业劳动防护用品选用及配备》(AQ/T 3048—2013)。

【要求】

(1)为从业人员提供符合国家标准或行业标准的个体防护用品和器具;

(2)监督、教育从业人员正确佩戴、使用个体防护用品和器具。

【检查内容】

(1)查文件:

个体防护用品台账。

(2)现场检查:

①从业人员配备和使用的个体防护用品是否符合规定;

②从业人员是否能够正确佩戴、使用个体防护用品和器具。

2. 企业各种防护器具应定点存放在安全、方便的地方,并有专人负责保管、检查,定期校验和维护,每次校验后应记录、铅封。

【要求】
(1)各种防护器具都应设置专柜,并定点存放在安全、方便取用的地方;
(2)专人负责保管防护器具专柜;
(3)定期校验和维护防护器具;
(4)防护器具校验后的记录、铅封。

【检查内容】
现场检查:
(1)防护器具配备是否正确、齐全;
(2)防护器具专柜存放地点是否安全、方便;
(3)防护器具定期校验、维护,并记录和铅封。

3. 企业应建立职业卫生防护设施及个体防护用品管理台账,加强对劳动防护用品使用情况的检查监督,凡不按规定使用劳动防护用品者不得上岗作业。

【依据】
《个体防护装备选用规范》(GB/T 11651—2008);
《化工企业劳动防护用品选用及配备》(AQ/T 3048—2013)。

【解释】
1. 劳动防护用品选用:企业要根据工作环境和性质来确定作业类别,按照国家规定,选择符合国家标准或行业标准的劳动防护用品。根据接触危险、有害因素的种类和强度及对人体伤害的途径等特点,为从业人员配备符合国家或行业标准的个体防护用品。我国早在1989年就颁发了《劳动防护用品选用规则》(GB/T 11651—89),并于2008年颁布了修订后的《个人防护装备选用规范》(GB/T 11651—2008),2013年出台了《化工企业劳动防护用品选用及配备》(AQ/T 3048—2013),为正确合理选用劳动防护用品提供了依据。

2. 个体防护用品的正确使用:个体防护用品在使用中,要真正让其发挥作用,保护从业人员免受职业危险、有害因素的伤害,达到保护从业人员的安全与健康的目的,应注意以下三个问题:

(1)正确选购防护用品。为了保证防护用品质量,我国特种劳动防护用品实行三证制度,即生产许可证、安全鉴定证和产品合格证。生产特种劳动防护用品的企业除了应具有生产许可证外,应按照产品所依据的标准对产品进行自检,并出具产品合格证。特种劳动防护用品在出厂前应接受地方劳动防护用品质量监督检验机构的抽检,检验机构按批量配给安全鉴定证。目前我国劳动防护用品按《特种劳动防护用品生产许可证实施细则》规定,已发放生产许可证的劳动防护用品分为七类:头防护类;呼吸器官防护类;眼、面防护类;听觉器官防护类;防护服装类;手、足防护类;防坠落类。没有许可证不得生产,而且必须在产品上贴有"安全鉴定证"。当在选购时应查看是否有"两证",如没有则是非法产品。

（2）个人要正确选用合适的防护用品。每个人的高矮、胖瘦不一，体型不同，每种防护品也有不同的型号，因此，每个从业人员要正确选用适合自己的防护用品。安全卫生专业人员应教会从业人员正确使用防护用品。如佩戴空气呼吸器时，如何开气瓶阀，如何观察气压，在何时必须离开现场，以免空气用尽而发生窒息现象。另外，要让从业人员坚持使用防护用品，如有的企业对噪声作业者发放了耳塞或耳罩，但怕麻烦，到噪声现场检查时却不佩戴耳塞或耳罩。

（3）注意使用期限和定期报废。劳动防护用品的使用期限是由多方面因素确定的，与作业场所环境状况、劳动防护用品使用频率、劳动防护用品自身材质等有密切关系。一般来说，使用期限应考虑以下三个原则：

①磨蚀作业程度。根据不同作业对劳动防护用品的磨损划分为重磨蚀作业、中磨蚀作业和轻磨蚀作业。磨蚀作业程度反映作业环境和工种使用状况。

②受损耗情况。根据劳动防护用品的防护功能降低的程度可分为易受损耗、中等受损耗和强制性报废。受损耗情况反映护品防护性能情况。

③耐用性能。根据使用周期可分为耐用、中等耐用和不耐用。耐用性能反映劳动防护用品材质状况，如用耐高温阻燃纤维织物制成的阻燃防护服，要比用阻燃剂处理的阻燃织物制成的阻燃防护服耐用。

劳动防护用品符合下述条件之一时，应予报废，不得作为劳动防护用品使用。

①不符合国家标准或行业标准或地方标准。

②未达到有关标准和规程所规定的功能指标。

③在使用或保管储存期内遭到损坏或超过有效使用期，经检验未达到原规定的有效防护功能最低指标。

3. 劳动防护用品的存放：各种防护器具要定点存放，确保其安全、易于存取。要有专人负责保管防护器具。企业要对防护器具定期进行校验和维护，每次校验后应记录或铅封，主管人员应经常检查防护器具的管理情况。

4. 职业卫生防护设施及个体防护用品管理台账：企业应建立职业卫生防护设施及个体防护用品管理台账，将职业卫生防护设施的设置、校验、维护、更新情况进行登记。将个体防护用品的发放和更换情况进行登记。

企业安全生产管理人员应加强对从业人员个体防护用品使用情况的检查监督，凡不按规定使用劳动防护用品者不得上岗作业。

【要求】

（1）建立职业卫生防护设施及个体防护用品管理台账；

（2）加强对劳动防护用品使用情况的检查监督，凡不按规定使用劳动防护用品者不得上岗作业。

【检查内容】

1. 查文件

（1）职业卫生防护设施台账；

（2）个体防护用品台账。

2. 现场检查

检查作业人员是否按规定使用个体防护用品。

第九节　危险化学品管理

一、危险化学品档案

> 企业应对所有危险化学品，包括产品、原料和中间产品进行普查，建立危险化学品档案。

【依据】

《危险化学品目录》(2015版)；

《危险化学品安全管理条例》第六十六条：国家实行危险化学品登记制度，为危险化学品安全管理以及危险化学品事故预防和应急救援提供技术、信息支持；

《危险化学品登记管理办法》第十八条：登记企业应当对本企业的各类危险化学品进行普查，建立危险化学品管理档案。

【解释】

(1)产品：是指生产企业生产且用于出售的危险化学品；

(2)原料：是指生产企业外购的作为原料使用的危险化学品；

(3)中间产品：是指生产企业为生产某种产品，在生产过程中产生，并根据目前技术已知的、稳定存在且不向外出售的危险化学品。

(4)危险化学品管理档案应包括以下内容：①普查、建档登记表格(参考表3-29～表3-33)；②危险性不明的化学品要有鉴别分类报告；③危险化学品要有安全技术说明书与安全标签(对非危险化学品要列出其理化、燃爆数据和危害)。

表3-29　生产原料一览表

栏号	1			2		3	4	5
序号	化学品名称			危险性类别		使用地点	储存地点	最大储量/t
	商品名	化学名	俗名	类别	是否剧毒			
1								

表3-30　中间产品一览表

栏号	1			2		3	4	5	6	7
序号	化学品名称			危险性类别		生产地点	使用地点	储存地点	最大储量/t	登记号
	商品名	化学名	俗名	类别	是否剧毒					
1										

表 3-31　产品一览表

栏号	1			2		3	4	5	6
序号	化学品名称			危险性类别		生产地点	储存地点	最大储量/t	登记号
	商品名	化学名	英文名	类别	是否剧毒				
1									

表 3-32　储存单位的危险化学品一览表

栏号	1			2		3	4	5
序号	化学品名称			危险性类别		最大储量/t	包装类别	储存地点
	商品名	化学名	俗名	类别	是否剧毒			
1								

表 3-33　经营单位的危险化学品一览表

栏号	1			2		3	4	5	7
序号	化学品名称			危险性类别		最大储量/t	储存地点	包装类别	经营地点
	商品名	化学名	俗名	类别	是否剧毒				
1									

表格填写说明：

（1）要用钢笔、签字笔填写或用打印机打印。

（2）登记号：是指危险化学品登记后，由国家安全生产监督管理总局化学品登记中心（简称"化学品登记中心"）颁发的化学品登记号码。

（3）最大储量：指产品或原料在仓储设施内的最大储存量。

（4）危险性类别：应根据依据相关国家标准（见 GB20576～GB20599，GB20601，GB20602）对化学品进行危险性分类的结果，标明化学品的物理、健康和环境危害的危险性分类和类别。

【要求】

（1）对所有危险化学品进行普查；

（2）建立危险化学品档案，内容包括：名称及存放、生产、使用地点；数量、危险性分类、危规号、包装类别、登记号、危险化学品安全技术说明书和安全标签（以下简称"一书一签"）等。

【检查内容】

1. 查文件

（1）化学品普查表；

（2）危险化学品档案。

2. 现场检查

检查危险化学品储存情况。

【参考案例】

见表 3-34。

表 3-34 某生产企业的产品档案

栏号	1			2		3	4	5	6
序号	化学品名称			危险类别		生产地点	储存地点	最大储量/t	登记号
	商品名	化学名	英文名	类别	是否剧毒				
1	烧碱	氢氧化钠	sodiun hydroxide	皮肤腐蚀/刺激，类别 1A；严重眼损伤/眼刺激，类别 1	否			20	

二、化学品分类

企业应按照国家有关规定对其产品、所有中间产品进行分类，并将分类结果汇入危险化学品档案。

【依据】

《危险化学品目录》(2015 版)。

《危险化学品安全管理条例》第六十七条：危险化学品生产企业……应当办理危险化学品登记。危险化学品登记包括下列内容：(一)分类和标签信息。

《化学品分类和危险性公示 通则》GB 13690—2009。

《化学品分类、警示标签和警示性说明安全规范》GB20576～20599、20601、20602。

【解释】

根据 GB13690—2009 的相关规定，化学品可从理化危险、健康危险、环境危险三方面进行分类。具体分类情况如下：

1. 理化危险

(1)爆炸物

爆炸物质(或混合物)是这样一种固态或液态物质(或物质的混合物)，其本身能够通过化学反应产生气体，而产生气体的温度、压力和速度能对周围环境造成破坏。其中也包括发火物质，即使它们不放出气体。

发火物质(或发火混合物)是这样一种物质或物质的混合物，它旨在通过非爆炸自持放热化学反应产生的热、光、声、气体、烟或所有这些的组合来产生效应。

爆炸性物品是含有一种或多种爆炸性物质或混合物的物品。

烟火物品是包含一种或多种发火物质或混合物的物品。

爆炸物种类包括：

a）爆炸性物质和混合物；

b）爆炸性物品，但不包括下述装置：其中所含爆炸性物质或混合物由于其数量或特性，在意外或偶然点燃或引爆后，不会由于迸射、发火、冒烟、发热或巨响而在装置之外产生任何效应。

c）在 a）和 b）中未提及的为产生实际爆炸或烟火效应而制造的物质、混合物和物品。

（2）易燃气体

易燃气体是在 20℃ 和 101.3 kPa 标准压力下，于空气中易燃的气体。

（3）易燃气溶胶

气溶胶是指气溶胶喷雾罐，是任何不可重新罐装的容器，该容器由金属、玻璃或塑料制成，内装强制压缩、液化或溶解的气体，包含或不包含其他膏剂或粉末，配有释放装置，可使所装物质喷射出来，形成在气体中悬浮的固态或液态微粒或形成泡沫、膏剂或粉末或处于液态或气态。

（4）氧化性气体

氧化性气体是一般通过提供氧气，此空气更能导致或促使其他物质燃烧的任何气体。

（5）压力下气体

压力下气体是指高压气体在压力等于或大于 200 kPa（表压）下装入储器的气体，或是液化气体或冷冻液化气体。压力下气体包括压缩气体、液化气体、溶解液体、冷冻液化气体。

（6）易燃液体

易燃液体是指闪点不高于 93℃ 的液体。

（7）易燃固体

易燃固体是容易燃烧或通过摩擦可能引燃或助燃的固体。易于燃烧的固体为粉状、颗粒状或糊状物质。它们在与燃烧着的火柴等火源短暂接触即可点燃和火焰迅速蔓延的情况下，都非常危险。

（8）自反应物质或混合物

自反应物质或混合物是即使没有氧（空气）也容易发生激烈放热分解的热不稳定液态或固态物质或者混合物。本类不包括根据统一分类制度分类为爆炸物、有机过氧化物或氧化物质的物质和混合物。

自反应物质或混合物如果在实验室实验中其组分容易起爆、迅速爆燃或在封闭条件下加热时显示剧烈反应，应视为有爆炸性质。

（9）自燃液体

自燃液体是即使数量小也能在与空气接触后 5 min 之内引燃的液体。

（10）自燃固体

自燃固体是即使数量小也能在与空气接触后 5 min 之内引燃的固体。

（11）自热物质和混合物

自热物质是发火液体或固体以外，与空气反应不需要能源供应就能自己发热的固体或液体物质或混合物。这类物质或混合物与发火液体或固体不同，因为这类物质只有散量很大（公斤级）并经过长时间（几小时或几无）才会燃烧。

（12）遇水放出易燃气体的物质或混合物

遇水放出易燃气体的物质或混合物是通过与水作用，容易具有自燃性或放出危险数量的易燃气体的固态或液态物质或混合物。

（13）氧化性液体

氧化性液体是本身未必燃烧，但通常因放出氧气可能引起或促使其他物质燃烧的液体。

（14）氧化性固体

氧化性固体是本身未必燃烧，但通常因放出氧气可能引起或促使其他物质燃烧的固体。

（15）有机过氧化物

有机过氧化物是含有二价—O—O—结构的液态或固态有机物质，可以看作是一个或两个氢原子被有机基替代的过氧化氢衍生物。该类也包括有机过氧化物配方（混合物）。有机过氧化物是热不稳定物质或混合物，容易放热自加速分解。另外，它们可能具有下列一种或几种性质：

a）易于爆炸分解；

b）迅速燃烧；

c）对撞击或摩擦敏感；

d）与其他物质发生危险反应。

如果有机过氧化物在实验室试验中，在封闭条件下加热时组分容易爆炸、迅速爆燃或表现出剧烈效应，则可认为它具有爆炸性质。

（16）金属腐蚀剂

腐蚀金属的物质或混合物是通过化学作用显著损坏或毁坏金属的物质或混合物。

2. 健康危险

（1）急性毒性；

（2）皮肤腐蚀/刺激；

（3）严重眼损伤/眼刺激；

（4）呼吸或皮肤过敏；

（5）生殖细胞致突变性；

（6）致癌性；

(7)生殖毒性；

(8)特异性靶器官系统毒性——一次接触；

(9)特异性靶器官系统毒性——反复接触；

(10)吸入危险。

3. 环境危险

(1)急性水生毒性；

(2)慢性水生毒性。

【要求】

(1)对所有产品、中间产品进行危险性鉴别与分类，并将分类结果汇入危险化学品档案；

(2)化验室使用化学试剂应分类并建立清单。

【检查内容】

查文件：

(1)化学品普查表；

(2)化学品鉴别分类报告；

(3)化验室化学试剂分类清单。

三、化学品安全技术说明书和安全标签

1. 生产企业的产品属危险化学品时，应按 GB16483 和 GB15258 编制产品安全技术说明书和安全标签，并提供给用户。

【依据】

《危险化学品安全管理条例》第十五条：危险化学品生产企业应当提供与其生产的危险化学品相符的化学品安全技术说明书，并在危险化学品包装（包括外包装件）上粘贴或者拴挂与包装内危险化学品相符的化学品安全标签。化学品安全技术说明书和化学品安全标签所载明的内容应当符合国家标准的要求。危险化学品生产企业发现其生产的危险化学品有新的危险特性的，应当立即公告，并及时修订其化学品安全技术说明书和化学品安全标签。

《化学品安全技术说明书　内容和项目顺序》GB/T 16483—2008。

《化学品安全标签编写规定》GB 15258—2009。

【解释】

1. 安全技术说明书

化学品安全技术说明书（SDS），国际上称作化学品安全信息卡，简称 MSDS 或 CSDS，是一份关于危险化学品燃爆、毒性和环境危害以及安全使用、泄漏应急处置、主要理化参数、法律法规等方面信息的综合性文件。作为用户的一种服务，生产企业应随化学商品向

用户提供安全技术说明书,使用户明了化学品的有关危害,使用时能主动进行防护,起到减少职业危害和预防化学事故的作用。

2. 安全标签

化学品安全标签是指危险化学品在市场上流通时由生产销售单位提供的附在化学品包装上的标签,是向作业工人传递安全信息的一种载体,它用简单、明了、易于理解的文字、图形表述有关化学品的危险特性及其安全处置注意事项,以警示作业人员进行安全操作和处置。

【要求】

(1)生产企业要给本企业生产的危险化学品编制符合国家标准要求的"一书一签";

(2)生产企业生产的危险化学品发现新的危险特性时,要及时更新"一书一签",并公告;

(3)主动向本企业生产的危险化学品购买者或用户提供"一书一签"。

【检查内容】

1. 查文件

"一书一签"。

2. 现场检查

化学品包装上是否有中文化学品安全标签。

【参考案例】

(1)简化标签样例(图3-7)。

图3-7

(2) 安全标签样例(图3-8)。

| 化学品名称 | A组分:40%; B组分:60% |

危　险　

极易燃液体和蒸气,食入致死,对水生生物毒性非常大

【预防措施】
- 远离热源、火花、明火、热表面。使用不产生火花的工具作业。
- 保持容器密闭。
- 采取防止静电措施,容器和接收设备接地、连接。
- 使用防爆电器、通风、照明及其他设备。
- 戴防护手套、防护眼镜、防护面罩。
- 操作后彻底清洗身体接触部位。
- 作业场所不得进食、饮水或吸烟。
- 禁止排入环境。

【事故响应】
- 如皮肤(或头发)接触:立即脱掉所有被污染的衣服。用水冲洗皮肤、淋浴。
- 食入:催吐,立即就医。
- 收集泄漏物。
- 火灾时,使用干粉、泡沫、二氧化碳灭火。

【安全储存】
- 在阴凉、通风良好处储存。
- 上锁保管。

【废弃处置】
- 本品或其容器采用焚烧法处置。

请参阅化学品安全技术说明书

供应商:×××××××××××××××××× 电话:×××××
地　址:×××××××××××××××××× 邮编:×××××
化学事故应急咨询电话:××××××

图3-8

2. 企业采购危险化学品时,应索取危险化学品安全技术说明书和安全标签,不得采购无安全技术说明书和安全标签的危险化学品。

【依据】

《危险化学品安全管理条例》第三十七条:危险化学品经营企业不得向未经许可从事危险化学品生产、经营活动的企业采购危险化学品,不得经营没有化学品安全技术说明书

或者化学品安全标签的危险化学品。

【解释】

企业采购危险化学品时，应主动向销售单位索取符合标准要求的安全技术说明书和安全标签，以了解该物质的危险特性，掌握相应的风险控制和应急处置措施。

【要求】

采购危险化学品时，应主动向销售单位索取"一书一签"。

【检查内容】

查文件：

(1) 采购的危险化学品名录；

(2) 采购的危险化学品中文"一书一签"。

四、化学事故应急咨询服务电话

生产企业应设立 24 小时应急咨询服务固定电话，有专业人员值班并负责相关应急咨询。没有条件设立应急咨询服务电话的，应委托危险化学品专业应急机构作为应急咨询服务代理。

【依据】

《危险化学品登记管理办法》(国家安全生产监督管理总局令第 53 号)和国家标准《化学品安全标签编写规定》(GB15258)规定，危险化学品生产单位应设立 24 小时应急咨询服务固定电话。

【解释】

危险化学品生产单位的应急咨询服务电话应符合下列条件：

(1) 应急咨询电话应是国内固定服务电话，专门用于提供本单位危险化学品的应急咨询服务，不得挪作他用。电话号码应印在本单位生产的危险化学品的"一书一签"上。

(2) 有专职人员负责接听并准确回答用户的应急咨询，专职人员应当熟悉本单位生产的危险化学品的危险特性和应急处置方法，以及国家有关危险化学品安全管理法律法规。

(3) 除不可抗拒的因素外，应急咨询服务电话应当每天 24 小时开通，并有专职人员值守。不设本单位专门应急咨询服务电话的生产单位，可委托登记机构代理应急咨询服务，并签订应急咨询代理服务协议。应急咨询代理服务协议经生产单位、登记机构和负责人签字、盖章生效后，生产单位方可在其生产的危险化学品"一书一签"上标注登记机构的应急咨询服务电话号码。

【要求】

生产企业设立应急咨询服务固定电话或委托危险化学品专业应急机构，为用户提供 24 小时应急咨询服务。

【检查内容】

1. 查文件

"一书一签"上是否有应急咨询服务电话。

2. 询问

应急咨询服务电话设立情况及应急咨询服务情况。

3. 现场检查

现场测试应急咨询服务电话及咨询服务情况。

五、危险化学品登记

企业应按照有关规定对危险化学品进行登记。

【依据】

《危险化学品安全管理条例》第六十六条：国家实行危险化学品登记制度，为危险化学品安全管理以及危险化学品事故预防和应急救援提供技术、信息支持。第六十七条：危险化学品生产企业、进口企业，应当向国务院安全生产监督管理部门负责危险化学品登记的机构办理危险化学品登记。

【解释】

我国对危险化学品实行登记制度，并为危险化学品事故预防和应急救援提供技术、信息支持。危险化学品登记是我国开展危险化学品安全管理的重要基础。通过登记，对化学品进行危险性评估和分类，有针对性地制订预防和防护措施；建立化学事故应急响应信息系统和全国化学品动态管理系统，减少化学事故的发生，减少和控制化学事故的损失，促进和强化化学品的管理。为保证危险化学品登记工作的顺利开展，登记工作按照《危险化学品安全管理条例》和《危险化学品登记管理办法》的有关规定实施。

1. 登记工作的组织

国家设国家安全生产监督管理总局化学品登记中心（简称化学品登记中心），国家安全生产监督管理总局对化学品登记中心实施监督管理；各省、自治区、直辖市设"危险化学品登记办公室"（简称登记办公室），各省、自治区、直辖市安全生产监督管理部门对本辖区登记办公室实施监督管理。

2. 登记范围

危险化学品生产企业、进口企业，应当向国务院安全生产监督管理部门负责危险化学品登记的机构（以下简称危险化学品登记机构）办理危险化学品登记。

3. 登记工作的内容

危险化学品登记包括下列内容：

（1）分类和标签信息；
（2）物理、化学性质；
（3）主要用途；
（4）危险特性；
（5）储存、使用、运输的安全要求；
（6）出现危险情况的应急处置措施。

对同一企业生产、进口的同一品种的危险化学品，不进行重复登记。危险化学品生产企业、进口企业发现其生产、进口的危险化学品有新的危险特性的，应当及时向危险化学品登记机构办理登记内容变更手续。

危险化学品登记的具体办法由国务院安全生产监督管理部门制定。

4. 登记工作流程

（1）账号申请：登记单位通过上网登录http：//www.nrcc.com.cn网站，进入"危险化学品登记信息管理系统"(以下简称"登记系统"),提出登记账号申请并如实填写企业信息,登记单位的单位名称应与工商营业执照的注册名称一致。并选择正确的省市、单位性质和行业分类,用户名和密码由登记单位自行设定。待所填写信息提交省登记办审核批准后方为账号申请成功。

(2)登记单位网上登记材料填报:登记单位通过已申请成功的账号登录"登记系统",按照登记要求如实输入登记所需的单位信息和化学品信息(包括"一书一签"),经确认无误后提交省登记办。

(3)登记信息(系统信息)的审核:省登记办和国家登记中心对登记单位提交的网上登记信息进行审核,审核合格后,登记单位可自行打印登记表与其他登记材料一并提交省登记办。上报的纸质材料应与通过审核的网上登记信息一致。

(4)登记材料(纸质文件)的审核:省登记办和国家登记中心对登记单位上报的登记材料的完整性、真实性和一致性进行审核,登记单位上报的登记材料如下:

登记单位向省登记办提交的主要材料:

①《危险化学品登记表》一式 3 份和电子版(光盘)1 份;

②登记单位工商营业执照正本复印件 1 份加盖公章;

③依据《化学品安全技术说明书编写规定》(GB16483)编制的危险化学品安全技术说明书,以及依据《化学品安全标签编写规定》(GB15258)编制的危险化学品安全标签各 1 份和电子版(光盘)1 份;

④办理登记的危险化学品产品标准(采用国家标准或行业标准的,提供所采用的标准编号,采用企业标准或国际标准、外国标准的生产单位,应当提供标准全文);

⑤危险性不明或新化学品的危险性鉴别、分类和评估报告(由国家安全监管总局认可的鉴别分类机构出具)各 1 份;

⑥应急咨询服务电话号码,通过省登记办委托国家化学品登记中心设立应急咨询服务电话的,需提供三方签订的应急代理服务协议。

5. 登记证书和登记编号

经过省登记办和国家登记中心二级审核,由国家登记中心对符合要求的登记单位及其登记的危险化学品统一发放登记证明和登记编号。

6. 登记证书有效期与复核程序

登记证书有效期为 3 年。登记单位应在登记证书有效期满前 3 个月,到所在地登记办公室进行复核。复核程序按照登记复核程序进行,复核的主要内容为:登记单位基本情况的变更情况,安全技术说明书和安全标签的更新情况等。

7. 登记工作的注意事项

(1)生产单位是指最终产品或者中间产品属于危险化学品的单位。

(2)重大危险源是指长期地或临时地生产、加工、搬运、使用或储存危险化学品,且危险化学品的数量等于或超过临界量的单元,其辨识方法见《危险化学品重大危险源辨识》(GB 18218)。

(3)化学品新、改、停企业的登记。

①新建的生产单位应在投产前办理危险化学品登记手续。

②已登记的登记单位在生产规模或产品品种及其理化特性发生重大变化时,应当在 3 个月内对发生重大变化的内容办理重新登记手续。

③生产单位终止生产危险化学品时,应当在终止生产后的3个月内办理注销登记手续。

【要求】

按照有关规定对危险化学品进行登记。

【检查内容】

查文件:

查看危险化学品登记证及资料。

【参考案例】

见图3-9~图3-10。

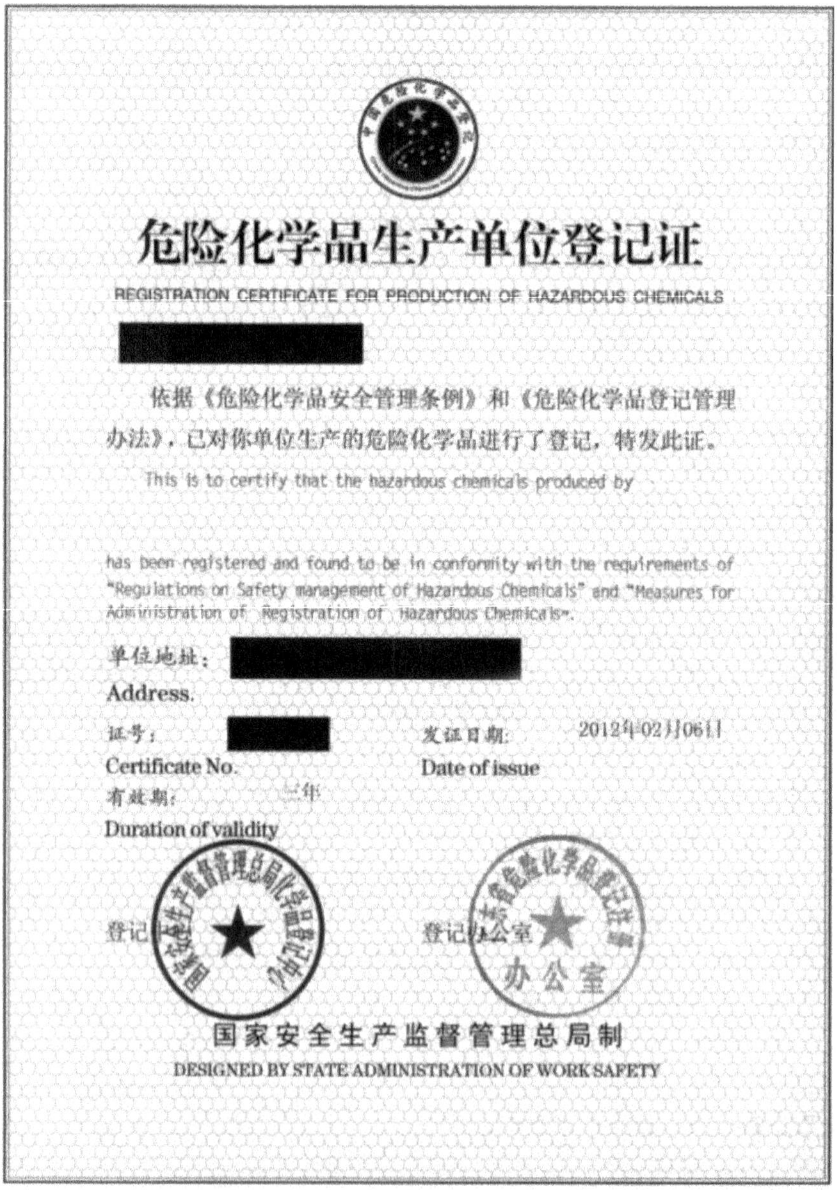

图3-9

图 3-10

六、危害告知

企业应以适当、有效的方式对从业人员及相关方进行宣传,使其了解生产过程中危险化学品的危险特性、活性危害、禁配物等,以及采取的预防及应急处理措施。

【依据】

《中华人民共和国安全生产法》第三十二条:生产经营单位应当在有较大危险因素的生产经营场所和有关设施、设备上,设置明显的安全警示标志。第五十条规定:生产经营单位的从业人员有权了解其作业场所和工作岗位存在的危险因素、防范措施及事故应急措施,有权对本单位的安全生产工作提出建议。

《职业病防治法》第二十五条:产生职业病危害的用人单位,应当在醒目位置设置公告栏,公布有关职业病防治的规章制度、操作规程、职业病危害事故应急救援措施和工作场所职业病危害因素检测结果。对产生严重职业病危害的作业岗位,应当在其醒目位置,设置警示标识和中文警示说明。警示说明应当载明产生职业病危害的种类、后果、预防以及应急救治措施等内容。

广东省安全生产监督管理局于2011年专门发布了《关于规范危险化学品生产、储存企业作业场所安全标志标识的通知》(粤安监管三〔2011〕50号)来规范危险化学品生产和储存企业厂(库)区总平面布置图、危险化学品安全周知牌(卡)、重大危险源场所标志牌等的设置。企业应采取各种有效的方式,如:培训教育、张贴(或悬挂)安全标志、提供安全技术说明书和安全标签等方式,对从业人员进行宣传,以使从业人员了解生产经营过程中危险化学品的特性和预防及应急处理措施。

【解释】

1. 危险化学品安全周知卡

《常用危险化学品安全周知卡编制导则》HG 23010—1997 规定了安全周知卡内容。常用危险化学品安全周知卡用文字、图形符号和数字及字母的组合形式表示该危险化学品所具有的危险性、安全使用的注意事项、现场急救措施和防护的基本要求(适用于操作室)。

(1)危险性提示词:根据化学品的危险性进行提示。危险提示词包括:"爆炸!"、"易燃!"、"自燃!"、"剧毒!"、"有毒!"、"有害!"、"腐蚀!"、"刺激!"、"窒息!"、"致癌!"、"致敏!"、"放射!"等。当某种化学品具有一种以上危险性时,按危险性程度依次排列,提示词不超过 3 个,与危险性标志相对应。提示词要醒目、清晰,位于安全周知卡的左上方。

(2)化学品标识。

①名称:用中文和英文分别标明化学品的商品名称。中文名称要求醒目、清晰,居于安全周知卡的正中上方,英文名称居中文名称的左上方。

②分子式:用元素符号表示危险化学品的分子式,居中文名称的左下方。

③辅助识别码:辅助识别码按规定选用,CC 码居中文名称的右上方,CAS 码居中文名称的右下方。

(3)危险性标志。

①种类:根据常用危险化学品的危险特性和类别,采用 12 种标志。

②图形和颜色:按照 GB 190《危险货物包装标志》要求制作和印刷常用危险化学品安全周知卡所需的危险性标志。标志采用菱形,上方为危险性图示,下方为危险性文字叙述。

③使用方法:一种标志对应一个类别或一种危险性。当一种化学品具有一种以上的危险性时,标志应与危险性保持一致。危险性主次按上→左→右的次序排列。危险性标志居于安全周知卡的右上方,每种化学品最多可选用 3 个标志。

(4)危险性理化数据:是指根据危险化学品的危险特性所列出的相应的理化数据。包括闪点、燃点、爆炸极限、沸点、相对密度、蒸汽压等。

(5)危险特性:是指按照 GB 13690 的有关规定,确认危险化学品易发生的危险性。

(6)接触后表现:是指危险化学品与机体接触后,特别是在意外事故发生时(如吸入、皮肤接触、经口等),产生的急、慢性症状和体征。

(7)现场急救措施:是指在工作场所中发生意外,机体受到危险化学品伤害时,在就医之前所采取的自救或互救的简单有效的救护措施。

(8)个体防护措施:表述在危险化学品生产、使用、储存等作业中所必须采取的个体防护要求。采用 12 种个体防护标志。防护标志采用圆形,标志正中为防护图示,标志下方为防护的文字叙述。根据具体化学品的危险特性,有针对性地选用相应的标志,填入"个体防护措施"一栏中。

(9)泄漏处理及防火防爆措施:表述在工作场所中,危险化学品泄漏后所采取的最有效的消除方法和工人必须进行的个体防护措施。泄漏处理及防火防爆措施采用 3 种标志:三角形为警告标志,圆形为禁止标志,正方形为提示标志。标志正中为图示,标志下方为文字叙述。根据具体化学品的危险特性,有针对性地选用相应的标志,填入"泄漏处理及防火防爆措施"一栏中。

(10)最高容许浓度:是指作业场所空气中,危险化学品在长期、分次、有代表性的采样监测中,均不应超过的规定。

(11)当地应急救援单位名称:要求由使用单位的安全专业技术人员填写当地应急救援单位及消防部门的全称,不得缩写或简写。

(12)当地应急救援电话:要求由使用单位的安全专业技术人员完整填写当地应急救

援单位及消防部门的电话。

2. 有毒物品作业岗位职业病危害告知卡

(1)根据《中华人民共和国职业病防治法》和《使用有毒物品作业场所劳动保护条例》规定的标准，GBZ158—2003《工作场所职业病危害警示标识》自2003年12月1日起执行，本标准为全文强制性标准。

(2)在该标准中，根据实际需要，由各类图形标识和文字组合成《有毒物品作业岗位职业病危害告知卡》(以下简称《告知卡》)。《告知卡》是针对某一职业病危害因素，告知劳动者危害后果及其防护措施的提示卡。

(3)《告知卡》设置在使用有毒物品作业岗位的醒目位置。

①在使用有毒物品作业场所入口或作业场所的显著位置，根据需要，设置"当心中毒"或者"当心有毒气体"警告标识，"戴防毒面具"、"穿防护服"、"注意通风"等指令标识和"紧急出口"、"救援电话"等提示标识。

②依据《高毒物品目录》，在使用高毒物品作业岗位的醒目位置设置"告知卡"。

③在高毒物品作业场所，设置红色警示线。在一般有毒物品作业场所，设置黄色警示线。警示线设在使用有毒作业场所外缘不少于30cm处。

④在高毒物品作业场所应急撤离通道设置紧急出口提示标识。在泄险区启用时，设置"禁止入内"、"禁止停留"警示标识，并加注必要的警示语句。

⑤可能产生职业病危害的设备发生故障时，或者维修、检修存在有毒物品的生产装置时，根据现场实际情况设置"禁止启动"或"禁止入内"警示标识，可加注必要的警示语句。

(4)其他职业病危害工作场所警示标识的设置。

①在产生粉尘的作业场所设置"注意防尘"警告标识和"戴防尘口罩"指令标识。

②在可能产生职业性灼伤和腐蚀的作业场所，设置"当心腐蚀"警告标识和"穿防护服"、"戴防护手套"、"穿防护鞋"等指令标识。

③在产生噪声的作业场所，设置"噪声有害"警告标识和"戴护耳器"指令标识。

④在高温作业场所，设置"注意高温"警告标识。

⑤在可引起电光性眼炎的作业场所，设置"当心弧光"警告标识和"戴防护镜"指令标识。

⑥在生物性职业病危害因素的作业场所，设置"当心感染"警告标识和指令标识。

⑦存在放射性同位素和使用放射性装置的作业场所，设置"当心电离辐射"警告标识和相应的指令标识。

(5)设备警示标识的设置，在可能产生职业病危害的设备上或其前方醒目位置设置相应的警示标识。

(6)产品包装警示标识的设置，可能产生职业病危害的化学品、放射性同位素和含放射性物质的材料的，产品包装要设置相应的醒目的警示标识和简明中文警示说明。警示说明载明产品特性、存在的有害因素、可能产生的危害后果、安全使用注意事项以及应急救治措施内容。

(7)储存场所警示标识的设置，储存可能产生职业病危害化学品、放射性同位素和含有放射性物质材料的场所，在入口处和存放处设置相应的警示标识以及简明中文警示说明。

(8)职业病危害事故现场警示线的设置,在职业病危害事故现场,根据实际情况,设置临时警示线,划分出不同功能区:

①红色警示线设在紧邻事故危害源周边,将危害源与其他区域分隔开来,限佩戴相应防护用具的专业人员进入此区域。

②黄色警示线设在危害区域的周边,其内外分别是危害区和洁净区,此区域内的人员要佩戴适当的防护用具,出入此区域的人员必须进行洗消处理。

③绿色警示线设在救援区域的周边,将救援人员与公众隔离开来。患者的抢救治疗、指挥机构设在此区内。

3. 危害告知的其他形式

(1)劳动合同;

(2)厂区内"公告栏"(要在栏内公告当年本厂职业病危害因素检测报告);

(3)新进厂职工的入厂三级安全教育和从业人员的再培训;

(4)工作现场的安全标志。

【要求】

对从业人员及相关方进行宣传、培训,使其了解本企业、本岗位涉及危险化学品的危险特性、健康危害、禁配物等,以及采取的预防及应急处理措施。

【检查内容】

1. 查文件

查看劳动合同及宣传、培训教育记录。

2. 现场检查

检查公告栏、告知牌等。

【参考案例】

见图 3-11~图 3-13。

图 3-11　重大危险源安全警示标志牌式样

危险化学品安全周知牌（卡）式样

危险性提示词	化学品标识	危险性标志
易燃！ 有毒！	1,2-二甲苯 1,2-xylene C_8H_{10} CAS 号：95-47-6	

危险性理化数据	危险特性
熔点（℃）：-25.5 沸点（℃）：144.4 相对密度（水=1）：0.88 相对密度（空气=1）：3.66	易燃，其蒸气与空气可形成爆炸性混合物，遇明火、高热能引起燃烧爆炸。与氧化剂能发生强烈反应。流速过快，容易产生和积聚静电。其蒸气比空气重，能在较低处扩散到相当远的地方，遇火源会着火回燃。

接触后表现	现场急救措施
二甲苯对眼及上呼吸道有刺激作用，高浓度时对中枢神经系统有麻醉作用。急性中毒：短期内吸入较高浓度本品可出现眼及上呼吸道明显的刺激症状、眼结膜及咽充血、头晕、头痛、恶心、呕吐、胸闷、四肢无力、意识模糊、步态蹒跚。重者可有躁动、抽搐或昏迷。有的有癔病样发作。慢性影响：长期接触有神经衰弱综合征，女工有月经异常，工人常发生皮肤干燥、皲裂、皮炎。	【皮肤接触】脱去污染的衣物，用肥皂水和清水彻底冲洗皮肤。 【眼睛接触】提起眼睑，用流动清水或生理盐水冲洗。就医。 【吸入】迅速脱离现场至空气新鲜处。保持呼吸道通畅。如呼吸困难，给输氧。如呼吸停止，立即进行人工呼吸。就医。 【食入】饮足量温水，催吐。就医。

个体防护措施

● 必须戴防毒面具　● 必须戴防护手套　● 必须戴防护眼镜　● 必须戴呼吸器　● 必须穿工作服

泄漏处理及防火防爆措施

迅速撤离泄漏污染区人员至安全区，并进行隔离，严格限制出入。切断火源。建议应急处理人员戴自给正压式呼吸器，穿防毒服。尽可能切断泄漏源。防止流入下水道、排洪沟等限制性空间。小量泄漏：用活性炭或其他惰性材料吸收。也可以用不燃性分散剂制成的乳液刷洗，洗液稀释后放入废水系统。大量泄漏：构筑围堤或挖坑收容。用泡沫覆盖，抑制蒸发。用防爆泵转移至槽车或专用收集器内，回收或运至废物处理场所处置。【灭火方法】喷水冷却容器，可能的话将容器从火场移至空旷处。灭火剂：泡沫、二氧化碳、干粉、砂土。

最高容许浓度	当地应急救援单位名称	当地应急救援单位电话
MAC（mg/m³）：100	市消防中心 市人民医院	市消防中心：119 市人民医院：120

图 3-12　危险化学品安全周知牌(卡)式样

Chlorine 氯气 Cl₂	UN NO.1017	生产（或储存）场所最大数量
	CN NO. 23002	300 吨

危险

剧毒

具有氧化性、强刺激性

有毒气体 2

危险性

对眼、呼吸道粘膜有刺激作用。
急性中毒：轻度者出现气管炎和支气管炎；中度发生支气管肺炎或间质性肺水肿；重者发生肺水肿、昏迷和休克
吸入极高浓度氯气，引起迷走神经反射性心跳骤停或喉头痉挛而发生"电击样"死亡
皮肤接触液氯或高浓度氯，暴露部位可有灼伤或急性皮炎
对环境有严重危害运载水体可造成污染

储运要求

储存于阴凉、通风仓间内，仓温<30℃
远离火种、热源，防止阳光直射
应与易燃或可燃物、金属粉末分开储运
储存区要低于自然地面的围堤
搬运时要轻装轻卸
勿在居民区和人口密集处停留

泄漏处置

撤离现场无关人员至上风处
进行隔离，严格限制出入
戴自给自压式呼吸器、穿防毒服
切断泄漏源
合理通风，加速扩散
喷雾状水稀释、溶解
将泄漏物导入还原溶液

急 救

脱离污染环境至空气新鲜处，必要时人工呼吸和胸外心脏按压
脱去污染的衣物，大量流水冲洗
就医

灭火方法

切断气源、喷水冷却容器
雾状水、泡沫、二氧化碳

防护措施

● 必须穿防护服

● 必须戴防毒面具

● 必须戴防护手套

图 3-13 重大危险源危险物质安全周知牌式样

七、储存和运输

> 1. 企业应严格执行危险化学品储存、出入库安全管理制度。危险化学品应储存在专用仓库、专用场地或者专用储存室(以下统称专用仓库)内,并按照相关技术标准规定的储存方法、储存数量和安全距离,实行隔离、隔开、分离储存,禁止将危险化学品与禁忌物品混合储存;危险化学品专用仓库应当符合相关技术标准对安全、消防的要求,设置明显标志,并由专人管理;危险化学品出入库应当进行核查登记,并定期检查。

【依据】

《危险化学品管理管理条例》第二十四条:危险化学品应储存在专用仓库、专用场地或者专用储存室内,并由专人负责管理。第二十五条:储存危险化学品的单位应当建立危险化学品出入库核查、登记制度。第二十六条:危险化学品专用仓库应当符合国家标准、行业标准的要求,并设置明显的标志。

【解释】

(1)软件:管理制度;危险化学品出入库登记记录。

(2)硬件:有符合国家标准的设备或者储存方式、设施。主要包括:①建筑物、储存地点及建筑结构的设置;②储存场所的电气设施;③储存场所通风或湿度调节;④禁配要求;⑤储存方式;⑥安全设施、设备;⑦报警装置等。

建筑物:符合《建筑设计防火规范》,库房门应用铁门或木质门外包铁皮,采用外开式,设置侧窗(剧毒物品仓库的窗户应加设铁护栏)。

毒害性、腐蚀性危险化学品库房的耐火等级不得低于二级。易燃易爆性危险化学品库房的耐火等级不得低于三级。爆炸品应储存于一级轻顶耐火建筑内,低中闪点液体、一级易燃固体、自燃物品、压缩气体和液化气体类储存于一级耐火建筑的库房内。

储存场所的电气设施:①要符合《建筑设计防火规范》的要求;②消防用电设备应能够充分满足消防用电的需要;③输配电线路、灯具、火灾事故照明和疏散指示标志应符合安全要求;④贮存易燃易爆危险化学品的建筑必须安装避雷设备(避雷设备要实现有效覆盖)。

储存场所通风或湿度调节:储存危险化学品的建筑必须安装通风设备,并注意设备的防护措施。储存危险化学品的建筑通排风系统应设有导除静电的接地装置。通风管应采用非燃烧材料制作。通风管道不宜穿过防火墙等防火分隔物,如必须穿过时应用非燃烧材料分隔。

禁配要求:根据危险品性能分区、分类、分库储存。各类危险品不得与禁忌物料混合储存。禁忌物料是指化学性质相抵触或灭火方法不同的化学物料。

储存方式:危险化学品的储存必须是具备适合储存方式的设施。

隔离储存:在同一房间或同一区域内,不同的物料之间分开一定的距离,非禁忌物料间用通道保持空间的储存方式。

隔开储存:在同一建筑物或同一区域内,用隔板或墙,将其与禁忌物料分开的储存方式。

分离储存：在不同的建筑物或远离所有建筑的外部区域内的储存方式。

安全设施、设备：应当根据危险化学品的种类、特性，在车间、库房等作业场所按照国家标准和国家相关规定设置相应的监测、通风、防晒、调温、防火、灭火、防爆、泄压、防毒、消毒、中和、防潮、防雷、防静电、防腐、防渗漏、防护围堤或者隔离操作等安全设施、设备，保证符合安全运行要求。

报警装置：危险化学品的生产、储存、使用单位，应当在生产、储存和使用场所设置通讯、报警装置，并保证在任何情况下处于正常适用状态。石油化工企业可燃气体和有毒气体检测报警的设置应符合《石油化工可燃气体和有毒气体检测报警设计规范》（GB 50493—2009）的要求。

3）储存要求：

(1)《危险化学品安全管理条例》第二十四条规定，危险化学品应当储存在专用仓库、专用场地或者专用储存室（以下统称专用仓库）内，并由专人负责管理；危险化学品的储存方式、方法以及储存数量应当符合国家标准或者国家有关规定。

(2)《常用化学危险品贮存通则》（GB15603—1995）规定，储存危险化学品的仓库必须配备有专业知识的技术人员，其仓库及场所应设专人管理，管理人员必须配备可靠的个人安全防护用品。

(4)危险化学品露天堆放，应符合防火、防爆的安全要求，爆炸物品、一级易燃物品、遇湿燃烧物品、剧毒物品不得露天堆放。

(5)储存方式：按照GB15603—1995根据危险化学品品种特性，实施隔离储存、隔开储存和分离储存。各类危险品不得与禁忌物料混合储存，灭火方式不同的危险化学品不能同库储存。

(6)储存危险化学品的建筑物、区域内严禁吸烟和使用明火。

(7)储存量及储存安排见表3-35。

表3-35

储存要求	储存类别			
	露天储存	隔离储存	隔开储存	分离储存
平均单位面积储存量/(t/m^2)	1.0~1.5	0.5	0.7	0.7
单一储存区最大储量/t	2000~2400	200~300	200~300	400~600
垛距限制/m	2	0.3~0.5	0.3~0.5	0.3~0.5
通道宽度/m	4~6	1~2	1~2	5
墙距宽度/m	2	0.3~0.5	0.3~0.5	0.3~0.5
与禁忌品距离/m	10	不得同库储存	不得同库储存	7~10

【要求】

(1)危险化学品应储存在专用仓库内，并按照相关技术标准规定的储存方法、储存数量和安全距离，实行隔离、隔开、分离储存，禁止将危险化学品与禁忌物品混合储存；

(2)危险化学品专用仓库符合安全、消防要求，设置明显安全标志、通讯和报警装置，并由专人管理；

(3)危险化学品出入库应当进行核查登记,并定期检查;
(4)选用合适的液位测量仪表,实现储罐物料液位动态监控;
(5)危险化学品输送管道应定期巡线。

【检查内容】

1. 查文件

(1)危险化学品安全管理制度;
(2)危险化学品出入库记录;
(3)检查记录;
(4)巡线记录。

2. 现场检查

(1)危险化学品专用仓库安全设施和安全管理情况;
(2)液位动态监控系统;
(3)危险化学品输送管道安全设施。

2. 企业的剧毒化学品必须在专用仓库单独存放,实行双人收发、双人保管制度。企业应将储存剧毒化学品的数量、地点以及管理人员的情况,报当地公安部门和安全生产监督管理部门备案。

【依据】

《危险化学品安全管理条例》第二十四条:剧毒化学品以及储存数量构成重大危险源其他危险化学品,应当在专用仓库内单独存放,并实行双人收发、双人保管制度。第二十五条:对剧毒化学品以及储存数量构成重大危险源的其他危险化学品,储存单位应当将其储存数量、储存地点以及管理人员情况,报所在地县级人民政府安全生产监督管理部门(在港区内储存的,报港口行政管理部门)和公安机关备案。第二十六条:存放剧毒化学品的专用仓库,应当按照国家有关规定设置相应的技术防范设施。

【要求】

(1)剧毒化学品及储存数量构成重大危险源的其他危险化学品必须在专用仓库单独存放,实行双人收发、双人保管制度;
(2)将储存剧毒化学品的数量、地点以及管理人员的情况,报当地公安部门和安全生产监督管理部门备案。

【检查内容】

1. 查文件

(1)剧毒化学品安全管理制度;
(2)剧毒化学品收发台账;
(3)剧毒化学品备案资料。

2. 询问

询问有关人员对剧毒化学品管理的要求。

3. 现场检查

检查剧毒化学品仓库安全管理情况。

3. 企业应严格执行危险化学品运输、装卸安全管理制度，规范运输、装卸人员行为。

【依据】

《危险化学品安全管理条例》第四十四条：危险化学品道路运输企业、水路运输企业的驾驶人员、船员、装卸管理人员、押运人员、申报人员、集装箱装箱现场检查员应当经交通运输主管部门考核合格，取得从业资格。具体办法由国务院交通运输主管部门制定。

危险化学品的装卸作业应当遵守安全作业标准、规程和制度，并在装卸管理人员的现场指挥或者监控下进行。水路运输危险化学品的集装箱装箱作业应当在集装箱装箱现场检查员的指挥或者监控下进行，并符合积载、隔离的规范和要求；装箱作业完毕后，集装箱装箱现场检查员应当签署装箱证明书。

《汽车运输装卸危险货物作业规程》JT618—2004。

《广东省道路危险货物运输企业安全生产工作规范》（粤交运[2004]689号）。

【解释】

1. 驾驶员安全生产职责

(1)严格遵守《道路交通安全法》、《危险化学品安全管理条例》、《道路运输条例》、《道路危险货物运输管理规定》、《汽车危险货物运输规则》、《汽车危险货物运输、装卸作业规程》等有关危险货物运输的法规、规章，确保行车安全。

(2)自觉参加安全培训及业务学习，掌握危险货物运输安全注意事项和应急处理办法，了解所运输危险货物的物理、化学特性及预防危险货物运输事故的措施。

(3)严格执行车辆日常维护检查制度，发现车辆安全隐患及时报告，保持车辆技术状况良好。

(4)正确使用、妥善保管各种劳动保护用品、防护和消防器材。

2. 押运人员安全生产职责

(1)对所押运货物负安全监管责任。

(2)熟知所押运货物的物理、化学特性；具备防火、防爆、防中毒及处理各类突发事件的应急能力。

(3)监督驾驶员执行《汽车危险货物运输、装卸作业规程》等标准，制止驾驶员违反运输、装卸作业规程及驾驶危运车辆进入禁止通行区域和路线的行为。

(4)参加安全活动和安全培训，提高业务技术水平。

3. 装卸管理人员安全职责

(1)了解危险货物的一般物理、化学特性和装卸工具的使用，具备一定的应对突发事件能力。

(2)严格执行《汽车危险货物运输、装卸作业规程》等标准，按照货物的性质佩戴相应的防护用品，做好自身防护。

(3)参加安全活动和安全培训，提高自身的安全知识和技能。

【要求】

(1)严格执行危险化学品运输、装卸安全管理制度，进行安全检查，对运输、装卸人员行为进行规范管理；

(2)危险化学品运输专用车辆安装具有行驶记录功能的卫星定位装置；

(3)企业要对危险化学品运输车辆 GPS 的安装、使用情况进行检查并记录；

(4)采用金属万向管道充装系统充装液氯、液氨、液化石油气、液化天然气等液化危险化学品；

(5)生产储存危险化学品企业转产、停产、停业或解散时，应当采取有效措施，及时妥善处置危险化学品装置、储存设施以及库存的危险化学品，不得丢弃；处置方案报县级政府有关部门备案。

【检查内容】

1. 查文件

(1)危险化学品运输、装卸安全管理制度；

(2)装车前后安全检查记录；

(3)危险化学品装置、储存设施以及库存的危险化学品处置文件；

(4)备案文件。

2. 询问

询问有关人员对危险化学品运输、装卸的安全管理要求。

3. 现场检查

(1)危险化学品运输专用车辆是否配备卫星定位装置；

(2)充装设施；

(3)废弃设施。

第十节 事故与应急

一、应急指挥与救援系统

1. 企业应建立应急指挥系统，实行分级管理，即厂级、车间级管理。

【依据】

《中华人民共和国安全生产法》第十八条：生产经营单位的主要负责人对本单位安全生产工作负有下列职责：(六)组织制定并实施本单位的生产安全事故应急救援预案。

【解释】

企业应成立应急救援指挥领导小组，由企业法定代表人、有关副职管理人员及后勤、安技、保卫、环保、卫生保健等部门的负责人组成，下设应急救援办公室负责日常的管理工作。成立事故应急救援指挥部，企业法定代表人任总指挥，有关副职管理人员任副指挥，负责一旦发生事故时的全厂应急救援的组织和指挥；落实各部门的职责，若企业法定代表人不在时，应明确由哪位企业副职管理人员全权负责应急救援工作。

指挥部下设的组织机构应包括应急处置行动组、通讯联络组、疏散引导组、安全防护组等。

车间应建立应急小组，由车间负责人、安全人员、班组长等组成。

【要求】
建立厂级和车间级应急指挥系统。
【检查内容】
1. 查文件
查应急救援预案。
2. 询问
询问有关人员是否了解应急指挥系统。

2. 企业应建立应急救援队伍。

【依据】
《中华人民共和国安全生产法》第七十九条：危险物品的生产、经营、储存单位……应当建立应急救援组织。
【解释】
企业应建立本单位的应急救援队伍，以便发生生产安全事故时，能够及时进行抢险救护。
【要求】
建立应急救援队伍。
【检查内容】
1. 查文件
查应急救援预案。
2. 询问
询问有关人员是否了解应急救援队伍的组成。

3. 企业应明确各级应急指挥系统和救援队伍的职责。

【依据】
《中华人民共和国突发事件应对法》第十八条：应急预案应当根据本法和其他有关法律、法规的规定，针对突发事件的性质、特点和可能造成的社会危害，具体规定突发事件应急管理工作的组织指挥体系与职责和突发事件的预防与预警机制、处置程序、应急保障措施以及事后恢复与重建措施等内容。
【解释】
企业应明确各级应急指挥系统和救援单位的职责，以便发生生产安全事故时，各机构、人员能够按照自己的职责进行抢险救护。
指挥领导小组，负责本单位预案的制定、修订，组建应急救援队伍，组织预案的实施和演练，检查督促做好事故的预防和应急救援的各项准备工作。一旦发生事故，按照应急救援预案实施救援。
企业在对应急系统进和职责划分时，应结合企业的实际，对相关部门和人员进行规定。
【要求】
明确各级指挥系统和救援队伍职责。

【检查内容】

1. 查文件

查应急救援预案。

2. 询问

询问应急救援指挥人员和救援人员是否了解各自的职责。

二、应急救援设施

1. 企业应按国家有关规定，配备足够的应急救援器材，并保持完好。

【依据】

《中华人民共和国安全生产法》第七十九条：危险物品的生产、经营、储存、运输单位……应当配备必要的应急救援器材、设备和物资，并进行经常性维护、保养，保证正常运转。

【解释】

应急救援器材主要包括应急救援装备的配备原则、救援装备的分类、医疗急救器械和急救药品、救援装备的保管和使用等。

(1)应急救援装备的配备原则。救援装备的配备应根据各自承担的救援任务和救援要求选配。选择装备要从实用性、功能性、耐用性和安全生，以及客观条件等进行配置。

(2)救援装备的分类。化学事故应急救援装备可分为两大类：基本装备和专用救援装备。

基本装备：一般是指救援工作所需的通讯装备、交通工具、照明装备和防护装备等。

专用装备：主要指各专业救援队伍所用的专用工具(物品)。

(3)医疗急救器械和急救药品。医疗急救器械和急救药品的选配应根据需要，有针对性地加以配置。急救药品，特别是特殊解毒药品的配备，应根据企业化学毒物的种类备好一定的数量。

(4)救援装备的保管和使用。各救援部门应制定救援装备的保管、使用制度和规定，指定专人负责，定时检查。做好救援装备的交接清点工作和装备的调度使用，保证应急救援的紧急调用。

【要求】

(1)针对可能发生的事故类型，按照规定配备足够的应急救援器材、消防设施及器材；

(2)建立应急救援器材、消防设施及器材台账；

(3)应急救援器材、消防设施及器材保持完好，方便易取；

(4)疏散通道、安全出口、消防通道符合规定，保持畅通。

【检查内容】

1. 查文件

(1)应急救援预案；

(2)应急救援器材台账；

(3)消防设施、器材台账；

(4)应急救援器材、消防设施及器材检查维护记录。

2. 现场检查

(1)应急救援器材、消防设施及器材数量及完整性;
(2)疏散通道、安全出口、消防通道符合性。

2. 企业应建立应急通信网络，保证应急通信网络的畅通。

【依据】

《中华人民共和国突发事件应对法》第三十三条：国家建立健全应急通信保障体系，完善公用通信网，建立有线与无线相结合、基础电信网络与机动通信系统相配套的应急通信系统，确保突发事件应对工作的通信畅通。

【解释】

企业应建立 24 小时有效的内部、外部通信联络系统，在应急工作中确保通信网络的畅通。将应急救援组织内部上至总指挥，下至最基层人员的联系电话，应急救援物资存放地点及人员的联系电话，以及单位所在地政府应急救援组织的电话、安全监管部门的电话、火警电话等进行公告和宣传，使每名员工清楚了解。

【要求】

(1)设置固定报警电话；
(2)明确应急救援指挥和救援人员电话；
(3)明确外部救援单位联络电话；
(4)报警电话 24 小时畅通。

【检查内容】

1. 查文件

查应急救援预案。

2. 询问

询问作业人员是否清楚内部、外部报警电话。

3. 现场查验

(1)企业是否设置了报警电话；
(2)报警电话是否置于各岗位显著位置；
(3)报警电话是否畅通。

3. 企业应为有毒有害岗位配备救援器材柜，放置必要的防护救护器材，进行经常性的维护保养并记录，保证其处于完好状态。

【依据】

《危险化学品安全管理条例》第七十条：危险化学品单位应当制定本单位的危险化学品应急预案，配备应急救援人员和必要的应急救援器材、设备，并定期组织应急救援演练。第二十条：生产储存危险化学品的单位，应当根据其生产估计上的危险化学品的种类和危险特性，在作业场所设置相应的监测、监控、防晒……等安全设施、设备，并按照国家标准、行业标准或者国家有关规定对安全设施、设备进行经常性维护、保养，保证安全设施、设备的正常使用。

【解释】

企业应根据现场危险分析结果及国家法规标准要求，为有毒有害岗位配备防护救护器材，建立防护救护器材管理台账，定期进行检测、维护保养，保证防护救护器材处于完好状态。

【要求】

(1)有毒有害岗位配备救援器材专柜，放置必要的防护救护器材；

(2)防护救护器材应处于完好状态；

(3)建立防护救护器材管理台账和维护保养记录。

【检查内容】

1. 查文件

(1)防护救护器材管理台账；

(2)防护救护器材检查维护记录。

2. 询问

作业人员是否熟悉防护救护器材的使用。

3. 现场检查

(1)有毒有害岗位是否设置了救援器材专柜；

(2)防护救护器材是否完好。

三、应急救援预案与演练

1. 企业宜按照 AQ/T9002，根据风险评价的结果，针对潜在事件和突发事故，制定相应的事故应急救援预案。

【依据】

《中华人民共和国安全生产法》第七十八条：生产经营单位应当制定本单位生产安全事故应急救援预案，与所在地县级以上地方人民政府组织制定的生产安全事故应急救援预案相衔接，并定期组织演练。

《危险化学品安全管理条例》第七十条：危险化学品单位应当制定本单位危险化学品事故应急预案，配备应急救援人员和必要的应急救援器材、设备，并定期组织应急救援演练。

危险化学品单位应当将其危险化学品事故应急预案报所在地设区的市级人民政府安全生产监督管理部门备案。

【解释】

应急预案应形成体系，企业除制订综合应急预案外，针对各级各类可能发生的事故和所有危险源制订专项应急预案和现场应急处置方案，并明确事故前、事发、事中、事后的各个过程中相关部门和有关人员的职责。生产规模小、危险因素少的生产经营单位，综合应急预案和专项应急预案可以合并编写。

(1)综合应急预案：是从总体上阐述事故的应急方针、政策、应急组织结构及相关应急职责，应急行动、措施和保障等基本要求和程序，是应对各类事故的综合性文件。

(2)专项应急预案：是针对具体的事故类别(危险化学品泄漏等事故)、危险源和应急保障而制定的计划或方案,是综合应急预案的组成部分,应按照综合应急预案的程序和要求组织制定,并作为综合应急预案的附件。专项应急预案应制定明确的救援程序和具体的应急救援措施。

(3)现场处置方案:是针对具体的装置、场所或设施、岗位所制定的应急处置措施。现场处置方案应具体、简单、针对性强。现场处置方案应根据风险评估及危险性控制措施逐一编制,做到事故相关人员应知应会,熟练掌握,并通过应急演练,做到迅速反应、正确处置。

(4)企业应急救援预案的编制原则:

①应根据本单位危险源的特点编制,要有较强的针对性;

②救援措施、避险要领应简洁明了,有较强的可操作性;

③企事业单位应急救援预案的编制应遵循企业自救与社会救援相结合的原则。

(5)事故应急救援预案的主要内容:综合应急预案、专项应急预案、现场处置方案。

【要求】

(1)事故应急救援预案编制符合标准要求;

(2)根据风险评价结果,编制专项和现场处置预案。

【检查内容】

查文件:

查应急救援预案。

2. 企业应组织从业人员进行应急救援预案的培训,定期演练,评价演练效果,评价应急救援预案的充分性和有效性,并形成记录。

【依据】

《中华人民共和国安全生产法》第七十八条:生产经营单位应当制定本单位生产安全事故应急救援预案,与所在地县级以上地方人民政府组织制定的生产安全事故应急救援预案相衔接,并定期组织演练。

根据国家安全生产监督管理总局令第17号《生产安全事故应急预案管理办法》"第五章 应急预案的实施"的要求;(1)有关人员了解应急预案内容,熟悉应急职责、应急程序和岗位应急处置方案;(2)应急预案的要点和程序应当张贴在应急地点和应急指挥场所,并设有明显的标志;(3)每年至少组织一次综合应急预案演练或者专项应急预案演练,每半年至少组织一次现场处置方案演练;(4)应急预案演练结束后,应急预案演练组织单位应当对应急预案演练效果进行评估,撰写应急预案演练评估报告,分析存在的问题,并对应急预案提出修订意见;(5)应急预案应当至少每三年修订一次,预案修订情况应有记录并归档;(6)有下列情形之一的,应急预案应当及时修订:①生产经营单位因兼并、重组、转制等导致隶属关系、经营方式、法定代表人发生变化的;②生产经营单位生产工艺和技术发生变化的;③周围环境发生变化,形成新的重大危险源的;④应急组织指挥体系或者职责已经调整的;⑤依据的法律、法规、规章和标准发生变化的;⑥应急预案演练评估报告要求修订的;⑦应急预案管理部门要求修订的。(7)及时向有关部门或者单位报告应急预案的修订情况,并按照有关应急预案报备程序重新备案。

【解释】

应急预案的演练一般可分为室内演练和现场演练两种。

(1)室内演练：又称模拟演练。它是偏重于研究性质的，主要由指挥人员和相关人员参加，按一定的目的和要求，对应急预案进行演练。

(2)现场演练：又称事故实地演练。根据其任务要求和规模，现场演练还可分为单项训练、部分演练和综合演练3种。

应急救援预案演练的基本内容包括：各演练课目时间顺序要合乎逻辑性；各演练单位相互支援、配合及协调程度；工厂生产系统运行情况；厂内应急情景；厂内应急抢险；急救与医疗；厂内洗消；染毒空气监测与化验；事故区清点人数及人员控制；防护指导，包括专业人员的个人防护及居民对毒气的防护；通信及报警讯号联络；各种标志布设及由于危险、有害因素区域的变化布设点的变更；交通控制及交通道口的管制；治安工作；政治宣传工作；居民及无关人员的撤离以及有关撤离工作的演练内容；防护区的洗消污水处理及上、下水源受污染情况调查；事故后的善后工作，包括防护区房屋内空气器具的消毒；向上级报告情况及向友邻单位通报情况；各专业群众观点讲评要点；演练资料汇总需要的表格等。除此之外，还应根据演练的任务增减相关内容。

演练后，应对应急救援预案进行评审和总结，确保应急救援预案的充分性和有效性。评审和总结的内容要整理资料存档，并报上级部门。

企业应根据评审和总结的意见，对事故应急救援预案进行验证，认为确实需要修订的，预案内容要在最短的时间内修订完毕，报上级批准，对从业人员进行培训。

【要求】

(1)组织应急救援预案培训；

(2)综合应急救援预案每年至少组织一次演练，现场处置方案每半年至少组织一次演练；

(3)演练后及时进行演练效果评价，并对应急预案评审。

【检查内容】

1. 查文件

(1)应急救援预案培训记录；

(2)应急救援预案演练记录；

(3)应急救援预案演练评价报告。

2. 询问

有关人员是否熟悉应急救援预案内容及参加演练情况。

3. 企业应定期评审应急救援预案，尤其在潜在事件和突发事故发生后。

【依据】

《生产安全事故应急预案管理办法》"第三章应急预案的评审"要求：1)危险化学品生产、经营、储存、使用单位和中型规模以上的其他生产经营单位，应当定期组织专家对本单位编制的应急预案进行评审。评审应当形成书面纪要并附有专家名单；2)评审要求：应当注重应急预案的实用性、基本要素的完整性、预防措施的针对性、组织体系的科学性、响应程序的操作性、应急保障措施的可行性、应急预案的衔接性等内容；3)应急预案经评审或者论证后，由生产经营单位主要负责人签署公布。

广东省安全生产监督管理局于 2014 年 4 月 16 日发布了修改后的《广东省安全生产监督管理局关于〈生产安全事故应急预案管理办法〉实施细则》(粤安监应急〔2014〕6 号)对广东省内应急预案的管理提出了具体要求。

【要求】

(1)定期评审应急救援预案,至少每三年评审修订一次;

(2)潜在事件和突发事故发生后,及时评审修订预案。

【检查内容】

查文件:

(1)应急救援预案评审修订规定;

(2)应急救援预案评审记录。

4. 企业应将应急救援预案报当地安全生产监督管理部门和有关部门备案,并通报当地应急协作单位,建立应急联动机制。

【依据】

《生产安全事故应急预案管理办法》(国家安全生产监督管理总局令第 17 号)"第四章应急预案的备案"的要求,将应急救援预案报当地安全生产监督管理部门和有关部门备案。

有关部门通常指公安(消防、治安)、环保、交通、卫生、质监;协作单位通常指医疗救护、相邻单位、社区、同类企业的应急队伍。应根据事故的性质(燃烧、爆炸、中毒、污染等)到相关部门备案或通报。

中央直属企业(总厂、集团公司、上市公司)的综合应急预案和专项应急预案,报国务院国有资产监督管理部门、国务院安全生产监督管理部门和国务院有关主管部门备案;其所属单位的应急预案分别抄送所在地的省、自治区、直辖市或者设区的市人民政府安全生产监督管理部门和有关主管部门备案;

其他生产经营单位中涉及实行安全生产许可的,其综合应急预案和专项应急预案,按照隶属关系报所在地县级以上地方人民政府安全生产监督管理部门和有关主管部门备案;未实行安全生产许可的,其综合应急预案和专项应急预案的备案,由省、自治区、直辖市人民政府安全生产监督管理部门确定。

《广东省安全生产监督管理局关于〈生产安全事故应急预案管理办法〉实施细则》(粤安监应急〔2014〕6 号)第二十二条:危险化学品生产、经营、储存、使用单位的应急预案,报企业所在地地级以上市安全生产监督管理部门备案。中央驻粤、省管的危险化学品生产经营单位(总部)的应急预案,还应抄送省安全生产监督管理部门。

【要求】

(1)将应急救援预案报所在地设区的市级人民政府安全生产监督管理部门备案;

(2)通报当地应急协作单位。

【检查内容】

查文件:

(1)应急救援预案备案回执;

(2)应急协作单位收到预案的回执。

四、抢险与救护

1. 企业发生生产安全事故后,应迅速启动应急救援预案,企业负责人直接指挥,积极组织抢救,妥善处理,以防止事故的蔓延扩大,减少人员伤亡和财产损失。安全、技术、设备、动力、生产、消防、保卫等部门应协助做好现场抢救和警戒工作,保护事故现场。

【依据】

《中华人民共和国安全生产法》第七十条:生产经营单位发生生产安全事故后,事故现场有关人员应当立即报告本单位负责人。单位负责人接到事故报告后,应当迅速采取有效措施,组织抢救,防止事故扩大,减少人员伤亡和财产损失,并按照国家有关规定立即如实报告当地负有安全生产监督管理职责的部门,不得隐瞒不报、谎报或者迟报,不得故意破坏事故现场、毁灭有关证据。

《危险化学品安全管理条例》第七十一条:发生危险化学品事故,事故单位主要负责人应当立即按照本单位危险化学品应急预案组织救援,并向当地安全生产监督管理部门和环境保护、公安、卫生主管部门报告;道路运输、水路运输过程中发生危险化学品事故的,驾驶人员、船员或者押运人员还应当向事故发生地交通运输主管部门报告。第七十三条:有关危险化学品单位应当为危险化学品事故应急救援提供技术指导和必要的协助。

【解释】

(1)紧急疏散:建立警戒区,紧急疏散。迅速将警戒区内与事故应急处理无关的人员撤离,以减少不必要的人员伤亡。

(2)现场急救:在事故现场,化学品对人体可能造成的伤害有中毒、窒息、冻伤、化学灼伤、烧伤等,进行急救时,不论患者还是救援人员都需要进行适当的防护。

(3)泄漏处理:化学品泄漏后,不仅污染环境,对人体造成伤害,而且可燃物质有引发火灾爆炸的可能。因此,对泄漏事故应及时、正确处理,防止事故扩大。

(4)火灾控制:化学品容易发生火灾、爆炸事故,不同化学品发生火灾时,其扑救方法差异很大,若处置不当,不仅不能有效扑灭火灾,反而会使灾情进一步扩大。此外,由于化学品本身及其燃烧产物大多具有较强的毒害性和腐蚀性,还极易造成人员中毒、灼伤。因此,扑救化学品火灾是一项极其重要又非常危险的工作。从事化学品生产、经营、储存的人员和消防救护人员平时应熟悉和掌握化学品的主要危险特性及其相应的灭火措施,并定期进行防火演练,加强紧急事态时的应变能力。

一旦发生火灾,每个从业人员都应清楚地知道各自的作用和职责,掌握有关消防设施启用、人员的疏散程序和化学品灭火的特殊要求等内容。

化学品火灾的扑救应由专业消防队来进行,其他人员不可盲目行动。待消防队到达后,向消防人员介绍物料介质,配合消防队扑救。

化学品泄漏,应在报警的同时尽可能切断泄漏源。

【要求】
(1)发生生产安全事故后,迅速启动应急救援预案;
(2)企业负责人直接指挥抢救,妥善处理,减少人员伤亡和财产损失;
(3)相关部门协助现场抢救和警戒工作,保护事故现场。
【检查内容】
1. 查文件
(1)应急预案;
(2)事故台账和调查报告;
(3)事故或事件后,对预案评审的报告。
2. 询问
询问企业负责人、各职能部门负责人是否了解事故时各自的职责。

2. 企业发生有害物大量外泄事故或火灾爆炸事故应设警戒线。

【依据】
《中华人民共和国安全生产法》第八十二条:参与事故抢救的部门和单位应当服从统一指挥,加强协同联动,采取有效的应急救援措施,并根据事故的需要采取警戒、疏散等措施,防止事故扩大和次生灾害的发生,减少人员伤亡和财产损失。
【解释】
当发生有害物大量外泄事故或火灾爆炸事故时应设警戒线,采取隔离、警戒和疏散措施,必要时采取交通管制,避免无关人员进入现场危险区域。当发生火灾爆炸事故或有害、可燃物大量外泄事故时,应及时疏散下风口附近居民,并通知停用一切明火。
【要求】
发生有害物大量泄漏事故或火灾爆炸事故时,及时设置警戒线。
【检查内容】
1. 查文件
查看事故调查报告。
2. 询问
询问相关人员是否了解发生有害物大量外泄事故或火灾爆炸事故时应采取的措施。

3. 企业抢救人员应佩戴好相应的防护器具,对伤亡人员及时进行抢救处理。

【依据】
《危险化学品单位应急救援物资配备要求》GB30077—2013。
【解释】
1)现场应急救援应坚持以人为本的原则:
(1)第一时间救援受伤人员,最大限度减少人员伤亡;
(2)先自救、再互救,进入事故现场参加侦检、救人、抢险等任务的人员必须佩戴适合的个体防护装置,保证自身安全;
(3)在不清楚事故现场状况时,应采取有限参与原则,避免不必要的人员伤亡。

2）进入危险化学品事故现场的注意事项：

（1）应从上风、上坡处接近现场；

（2）避免单兵作战，要根据实际情况派遣协作人员和监护人员；

（3）处于不同区域的应急人员应佩戴不同级别的个体防护装备，并与应急任务相适应。

【要求】

（1）抢救人员应熟练使用相关防护器具；

（2）抢救人员应掌握必要的急救知识，并经过急救技能培训。

【检查内容】

1. 查文件

查看事故调查报告。

2. 询问

询问事故抢救人员是否了解事故现场防护器具的配备、使用规定及抢救知识。

五、事故报告

1. 企业应明确事故报告程序。发生生产安全事故后，事故现场有关人员除立即采取应急措施外，应按规定和程序报告本单位负责人及有关部门。情况紧急时，事故现场有关人员可以直接向事故发生地县级以上人民政府安全生产监督管理部门和负有安全生产监督管理职责的有关部门报告。

【依据】

《中华人民共和国安全生产法》第七十条：生产经营单位发生生产安全事故后，事故现场有关人员应当立即报告本单位负责人。单位负责人接到事故报告后，应当迅速采取有效措施，组织抢救，防止事故扩大，减少人员伤亡和财产损失，并按照国家有关规定立即如实报告当地负有安全生产监督管理职责的部门，不得隐瞒不报、谎报或者迟报，不得故意破坏事故现场、毁灭有关证据。

【解释】

事故报告：企业事故报告制度和程序的内容应符合《生产安全事故报告和调查处理条例》（国务院493号令）规定的要求。

企业事故报告制度中应明确事故报告的时限、方式、对象、内容等。

生产经营单位发生生产安全事故后，事故现场有关人员应当立即报告本单位负责人。单位负责人接到事故报告后，应当迅速采取有效措施，组织抢救，防止事故扩大，减少人员伤亡和财产损失，并按照国家有关规定立即如实报告当地安全生产监督管理部门。不得隐瞒不报、谎报或者拖延，不得故意破坏事故现场，毁灭证据。

情况紧急时，事故现场有关人员可以直接向事故发生地县级以上人民政府安全生产监督管理部门和负有安全生产监督管理职责的有关部门报告。

事故报告应当及时、准确、完整，任何单位和个人对事故不得迟报、漏报、谎报或者瞒报。

报告事故应当包括下列内容：
(1)事故发生单位概况；
(2)事故发生的时间、地点以及事故现场情况；
(3)事故的简要经过；
(4)事故已经造成或者可能造成的伤亡人数(包括下落不明的人数)和初步估计的直接经济损失；
(5)已经采取的措施；
(6)其他应当报告的情况。

【规范要求】
(1)明确事故报告程序和事故报告的责任部门、责任人；
(2)发生事故，现场人员立即采取应急措施；
(3)发生事故后按程序报告；
(4)情况紧急时，事故现场人员可以直接向有关部门报告。

【检查内容】
1. 查文件
(1)事故管理制度；
(2)事故调查报告。
2. 询问
(1)从业人员是否了解事故报告程序；
(2)从业人员是否了解应急措施。

2. 企业负责人接到事故报告后，应当在 1 小时内向事故发生地县级以上人民政府安全生产监督管理部门和负有安全生产监督管理职责的有关部门报告。

【依据】
《生产安全事故报告和调查处理条例》(中华人民共和国国务院令第 493 号)第九条：事故发生后，事故现场有关人员应当立即向本单位负责人报告；单位负责人接到报告后，应当在 1 小时内向事故发生地县级以上人民政府安全生产监督管理部门和负有安全生产监督管理职责的有关部门报告。情况紧急时，事故现场有关人员可以直接向事故发生地县级以上人民政府安全生产监督管理部门和负有安全生产监督管理职责的有关部门报告。

【解释】
企业发生生产事故后，一般情况下，事故现场有关人员应当立即向本单位负责人及有关部门报告事故；在情况紧急情况下，允许事故现场有关人员直接向安全生产监督管理部门和负有安全生产监督管理职责的有关部门报告。"情况紧急"是指事故单位负责人联系不上、事故重大需要政府部门迅速调集救援力量等情形。

单位负责人接到报告后，应当在 1 小时内向事故发生地县级以上人民政府安全生产监督管理部门和负有安全生产监督管理职责的有关部门报告。

【要求】
(1)明确事故报告程序和事故报告的责任部门、责任人；
(2)发生事故，现场人员应立即采取应急措施；

(3)发生事故后按程序报告;
(4)情况紧急时事故现场人员可以直接向有关部门报告。
【检查内容】
1. 查文件
查看事故台账和调查报告。
2. 询问
询问企业负责人是否了解事故报告职责和时限。

3. 企业在事故报告后出现新情况时,应按有关规定及时补报。

【依据】
《生产安全事故报告和调查处理条例》(国务院493号令)第十三条:自事故发生之日起30日内,事故造成的伤亡人数发生变化的,应当及时补报。道路交通事故、火灾事故自发生之日起7日内,事故造成的伤亡人数发生变化的,应及时补报。

【解释】
事故发生后的一定时期内,往往会出现一些新情况,尤其是伤亡人数和直接经济损失会发生一些变化。

【要求】
事故报告后出现新情况时及时补报。

【检查内容】
1. 查文件
查看事故台账和调查报告。
2. 询问
询问企业负责人是否了解事故报告补报的要求和内容。

六、事故调查

1. 企业发生生产安全事故后,应积极配合各级人民政府组织的事故调查,负责人和有关人员在事故调查期间不得擅离职守,应当随时接受事故调查组的询问,如实提供有关情况。

【依据】
《中华人民共和国安全生产法》第八十三条:事故调查处理应当按照科学严谨、依法依规、实事求是、注重实效的原则,及时、准确地查清事故原因,查明事故性质和责任,总结事故教训,提出整改措施,并对事故责任者提出处理意见。事故调查报告应当依法及时向社会公布。

【解释】
事故调查的目的是掌握事故情况、查明事故原因、分清事故责任、制定整改措施、防止事故重复发生。企业发生生产安全事故后,应当按照《生产安全事故报告和调查处理条例》(国务院第493号令)有关规定,按照事故不同类别、等级,组建事故调查组,积极配合各级人民政府组织的事故调查。

【要求】
(1)发生事故,积极配合政府组织的事故调查;
(2)负责人和有关人员在事故调查期间不得擅离职守,应当随时接受事故调查组的调查,如实提供有关情况。

【检查内容】
1. 查文件
查看事故调查报告。
2. 询问
询问有关人员是否了解如何配合事故调查。

2. 未造成人员伤亡的一般事故,县级人民政府委托企业负责组织调查的,企业应按规定成立事故调查组组织调查,按时提交事故调查报告。

【依据】
《生产安全事故报告和调查处理条例》(国务院493号令)第十九条:未造成人员伤亡的一般事故,县级人民政府也可以委托事故发生单位组织事故调查组进行调查。第二十九条:事故调查组应当自事故发生之日起60日内提交事故调查报告;特殊情况下,经负责事故调查的人民政府批准,提交事故调查报告的期限可以适当延长,但延长的期限最长不超过60日。

【解释】
事故调查:
事故调查中,应明确事故调查人员的要求、职责和权力等。
事故调查组成员应当具有事故调查所需要的知识和专长,并与所调查的事故没有直接利害关系。
事故调查组应履行的职责包括:
(1)查明事故发生的经过、原因、人员伤亡情况及直接经济损失;
(2)认定事故的性质和事故责任;
(3)提出对事故责任者的处理建议;
(4)总结事故教训,提出防范和整改措施;
(5)提交事故调查报告。
事故调查组成员在事故调查工作中应当诚信公正、恪尽职守,遵守事故调查组的纪律,保守事故调查的秘密。未经事故调查组组长允许,事故调查组成员不得擅自发布有关事故的信息。
事故调查报告应当包括下列内容:
(1)事故发生单位概况;
(2)事故发生经过和事故救援情况;
(3)事故造成的人员伤亡和直接经济损失;
(4)事故发生的原因和事故性质;
(5)事故责任的认定以及对事故责任者的处理建议;

(6)事故防范和整改措施。

事故调查报告应当附具有关证据材料,事故调查组成员应当在事故调查报告上签名。

【要求】

(1)按规定成立事故调查组,必要时请外部专家参加事故调查组;

(2)认真组织一般事故调查,按时提交事故调查报告。

【检查内容】

1. 查文件

(1)事故管理规定;

(2)事故调查报告。

2. 询问

询问相关人员是否了解事故调查组要求、职责、一般事故调查程序。

3. 企业应落实事故整改和预防措施,防止事故再次发生。整改和预防措施应包括:

(1)工程技术措施;

(2)培训教育措施;

(3)管理措施。

【依据】

《中华人民共和国安全生产法》第八十三条:事故发生单位应当及时全面落实整改措施,负有安全生产监督管理职责的部门应当加强监督检查。

【解释】

发生事故的企业应当认真吸取事故教训,落实防范和整改措施,防止事故再次发生。防范和整改措施的落实情况应当接受工会和职工的监督。防范和整改措施包括有:

(1)工程技术措施:企业从安全生产的要求考虑,对设备、设施、工艺、操作等进行设计、检查和维护保养等,减少和消除不安全因素。

(2)培训教育措施:通过不同形式和途径对广大从业人员进行安全培训教育,提高从业人员预防事故的意识和技能,规范从业人员的安全生产行为。

(3)管理措施:针对事故原因,制定新的或修订、完善安全生产规章制度、操作规程,补充、完善安全生产管理网络和人员。

【要求】

(1)制定并落实事故整改和预防措施;

(2)事故整改和预防措施要具体,有针对性和可操作性;

(3)检查事故整改情况和预防措施落实情况。

【检查内容】

1. 查文件

查看事故调查报告。

2. 现场检查

检查有关事故整改和预防措施的落实情况。

4. 企业应建立事故档案和事故管理台账。

【解释】

企业应建立生产安全事故(包括未遂事故)台账。其内容至少应包括事故时间、地点、事故类别、伤亡人数、经济损失情况、事故经过、救援过程、事故原因、整改措施、事故教训、"四不放过"处理情况等内容。

企业还应把事故结案材料归档,如:职工伤亡事故登记表、职工死亡/重伤事故调查报告书及批复、现场调查记录/图纸/照片、技术鉴定和试验报告、物证/人证材料、直接和间接经济损失材料、事故责任者的自述材料、医疗部门对伤亡人员的论断书、发生事故时的工艺条件/操作情况和设计资料、处分决定和受处分的人员的检查材料、有关事故的通报/简报及文件、注明参加调查组的人员姓名/职务/单位。

【要求】

(1)建立事故管理台账,包括未遂事故;

(2)建立事故档案。

对涉险事故、未遂事故等安全事件(如事故征兆、非计划停工、异常工况、泄漏等),按照重大、较大、一般等级别,进行分级管理,制定整改措施。

二级企业已把承包商事故纳入本企业事故管理。

【检查内容】

1. 查文件

(1)事故管理台账;

(2)事故档案。

2. 询问

了解企业发生的事故与台账、档案是否相符。

对涉险事故、未遂事故等安全事件的了解。

查文件:

(1)事故管理制度;

(2)事故管理台账;

(3)已发生事件的调查处理报告。

● 二级企业

查文件:

(1)事故管理台账;

(2)已发生事件的调查处理报告。

第十一节 检查与自评

一、安全检查

1. 企业应严格执行安全检查管理制度,定期或不定期进行安全检查,保证安全标准化有效实施。

【依据】

《中华人民共和国安全生产法》第十八条:生产经营单位的主要负责人对本单位安全生产工作负有下列职责:(五)督促、检查本单位的安全生产工作,及时消除生产安全事故隐患。第四十三条:生产经营单位的安全生产管理人员应当根据本单位的生产经营特点,对安全生产状况进行经常性检查;对检查中发现的安全问题,应当立即处理;不能处理的,应当及时报告本单位负责人,有关负责人应当及时处理。检查及处理情况应当如实记录在案。第四十三条:生产经营单位的安全生产管理人员应当根据本单位的生产经营特点,对安全生产状况进行经常性检查;对检查中发现的安全问题,应当立即处理;不能处理的,应当及时报告本单位有关负责人,有关负责人应当及时处理。检查及处理情况应当如实记录在案。生产经营单位的安全生产管理人员在检查中发现重大事故隐患,依照前款规定向本单位有关负责人报告,有关负责人不及时处理的,安全生产管理人员可以向主管的负有安全生产监督管理职责的部门报告,接到报告的部门应当依法及时处理。

【解释】

安全检查(HG/T23001—1992《化工企业安全管理工作标准》):

(1)公司、厂级综合安全大检查每年至少进行2次,由经理(或厂长、总工程师)负责,组织生产技术、调度、机动、安技、保卫、工会等有关部门参加。

(2)季节性安全大检查和节假日安全大检查可根据各地区的要求进行。

(3)专业安全检查分别由各主管职能部门负责组织有关人员进行。

①专业安全检查,主要包括:

a. 电气安全检查;

b. 防雷防静电安全检查;

c. 机动车辆安全检查;

d. 气瓶、液化气槽车安全检查;

e. 化学危险物品装卸、贮运安全检查;

f. 防暑降温安全检查;

g. 防汛防台风安全检查;

h. 防冻保暖安全检查;

i. 防火、防爆安全检查;

j. 蒸汽锅炉、压力容器安全检查;

k. 起重机械安全检查；

l. 防护装置安全检查。

②上述检查和整改情况，分别由各主检部门汇总上报经理(厂长)，并抄送安技部门。

(4)安全大检查和专业安全检查中发现的不安全因素，由经理(厂长)与有关职能部门和生产车间研究，分轻重缓急进行整改。如属重大隐患，本企业又无力整改，立即如实向上级汇报，并采取防范措施。如威胁安全生产，立即停产整改。

生产经营单位的安全生产管理主要依靠制度管理，良好的制度制定之后，只有不折不扣地执行，企业的安全生产才能够有保障。

企业的生产经营活动始终是一个动态的过程，在这个动态的过程中，生产设备、设施等原来处于安全的状态，但由于生产的不断进行、设备磨损老化、技术革新、新工艺、新原料、新设备、新工人等方面的变化，可能使企业从安全的生产状态变成不安全的生产状态，或者存在潜在的不安全的因素。安全检查的目的就是及时发现生产设备、作业场所环境中(物、环境)存在的危险和有害因素，并予以消除；及时发现操作人员的违章行为，并及时制止、纠正；防止事故和职业病的发生；并通过安全检查找出不符合新的安全生产要求的管理制度、管理方法的缺陷，从根本上控制人的不安全行为和消除物的不安全状态，确保生产经营单位安全生产。

【要求】

明确各种安全检查的内容、频次和要求，开展安全检查。

(1)为了保证安全方针和目标的实现，确保安全标准化的有效实施，企业应建立健全安全检查和自评管理制度，规定安全检查的组织、职责、类别、内容、方法及检查结果、问题整改要求等，对安全标准化的实施情况进行定期检查和自评。

(2)安全检查是安全管理的重要手段，其主要任务是对生产过程及安全管理中可能存在的问题、有害与危险因素、缺陷等进行查证，查找不安全因素和不安全行为，以确定隐患或有害与危险因素、缺陷的存在状态，以及它们转化为事故的条件，以便制定整改措施，消灭、防范或控制隐患和有害与危险因素，确保生产的安全。

(3)企业应制定安全检查管理制度，明确安全检查的形式、各种安全检查的内容、频次和要求，开展定期或不定期安全检查。

【检查内容】

查文件：

查看安全检查管理制度。

2. 企业安全检查应有明确的目的、要求、内容和计划。各种安全检查均应编制安全检查表，安全检查表应包括检查项目、检查内容、检查标准或依据、检查结果等内容。

【依据】

《中华人民共和国安全生产法》第三十三条：生产经营单位必须对安全设备进行经常性维护、保养，并定期检测，保证正常运转。维护、保养、检测应当做好记录，并由有关人员签字。第四十三条：生产经营单位的安全生产管理人员应当根据本单位的生产经营特点，对安全生产状况进行经常性检查；对检查中发现的安全问题，应当立即处理；不能处理的,应当及时报告本单位负责人,有关负责人应当及时处理。检查及处理情况应当如实记录在案。

【解释】

企业应认真策划每一次安全检查,制定详细的安全检查计划,各种检查都应有明确的检查目的、检查要求、检查内容和日程安排等。组建由能够满足检查要求的专业人员组成的安全检查组,参加检查的人员应有相应的知识和经验,熟悉有关标准和规范。由于系统的检查提纲、检查标准,安全检查的效果受检查人员的知识、经验、对生产情况的熟悉程度所限,安全检查经验丰富者发现的问题多,经验不足者发现的问题少,甚至只能观察到一些表面现象而忽略了重大隐患或潜在危险,或出现漏检,使检查流于形式。安全检查表的使用在于保证检查的质量,提高工作效率,避免检查时出现上述弊端。

安全检查表的内容应包括检查项目、检查内容、检查标准或依据、检查结果、检查时间、检查者签名、备注等内容。企业可制作安全检查表汇编以方便管理。《安全检查表》的样例可参照以下案例。

编制安全检查表的主要依据是:

(1)有关法律法规、标准、规程、规范及规定,企业的规章制度、标准及操作规程。

(2)上级、行业和企业的有关安全生产的要求。

(3)国内外事故案例。要搜集国内外同行业的事故案例,吸取其中的经验教训,从中发掘出不安全因素,作为安全检查的内容。国内外及本单位在安全管理及生产中的有关经验,也是一项重要内容。

(4)通过系统安全分析确定的危险部位及防范措施,也是制定安全检查表的依据。

企业进行的各种安全检查,均应编制检查表,以便于为安全检查人员提供依据,规范安全检查人员的行为。

在安全检查过程中,安全检查表检查结果的填写是一项十分重要的工作,它关系到是否真实反映检查和分析对象的安全性、危险性因素所在,是否能迅速地获取安全信息。对填写安全检查表的人员来说,一方面要求有实事求是、认真负责的态度,另一方面还要懂得检查内容的基本安全知识和要求,各类安全检查表的执行者可以参考以下案例。

【要求】

(1)制定安全检查计划,明确各种检查的目的、要求、内容和负责人;

(2)编制综合、专项、节假日、季节和日常安全检查表;

(3)各种安全检查表内容全面。

【检查内容】

查文件:

(1)安全检查计划;

(2)各种安全检查表;

(3)安全检查表应用培训记录。

【参考案例】

见表3-36~表3-38。

表3-36 安全检查表示例

序号	检查项目	检查标准	检查方法（或依据）	检查评价 符合	检查评价 不符合及主要问题
1	严格压力容器、压力管道的检验	新投用压力容器必须办理使用许可证	查看安全阀台账和校验资料，现场查看外观和标识		
		未经检验的压力容器和压力管道不准使用			
		压力管道外部每年至少检验一次			
		Ⅰ、Ⅱ、Ⅲ类管道每3～6年至少进行一次检测			
2	压力容器周期检验	安全状况等级为1～2级的，每隔6年至少检验一次；安全状况等级为3～4级的，每隔3年至少检验一次，检验资料如：设计资料，制造安装质量证明资料，运行操作资料，修理、改造资料，历次检验资料等齐全	查记录台账、档案		
3	压力容器操作人员的安全教育与持证上岗情况	必须持有效证件上岗、特种作业证复审、操作人员经常接受教育	查检查记录，现场查看		
4	压力管道管理	贯彻执行有关法律法规，健全安全管理制度，有专职或兼职的人员负责压力管道的安全管理工作，建立压力管道的技术档案，对压力管道操作人员进行安全技术培训			

表3-37 消防安全检查表

序号	检查内容	检查标准内容	检查依据	检查方法及结果	符合性评价	备注
1	消防站	大中型石油化工企业应设消防站。消防站的规模应根据石油化工企业的规模、火灾危险性、固定消防设施的设置情况，以及邻近单位消防协作条件等因素确定	GB50160—2008 8.2.1	查设计、现场		
2	消防车辆	石油化工企业消防车辆的车型应根据被保护对象选择，以大型泡沫消防车为主，且应配备干粉或干粉-泡沫联用车；大型石油化工企业尚宜配备高喷车和通信指挥车	GB50160—2008 7.2.5	查设计、现场		

续上表

序号	检查内容	检查标准内容	检查依据	检查方法及结果	符合性评价	备注
3	消防站	消防总站应由车库、通讯室、办公室、值勤宿舍、药剂库、器材库、蓄电池室、干燥室(寒冷或多雨地区)、培训学习室及训练场、训练塔,以及其他必要的生活设施等组成	GB50160—2008 8.2.4	查设计、现场		
4		消防车库的耐火等级不应低于二级;车库室内温度不宜低于12℃,并宜设机械排风设施	GB50160—2008 8.2.5	查设计、现场		
5	消防站	车库、值勤宿舍必须设置警铃,并应在车库前场地一侧安装车辆出动的警灯和警铃。通信室、车库、值勤宿舍以及公共通道等处应设事故照明	GB50160—2008/ 8.2.6	查设计、现场		
6	消防总站	车库大门应面向道路,距道路边不应小于15m。车库前场地应采用混凝土或沥青地面,并应有不小于2%坡度的道路	GB50160—2008 8.2.7	查设计、现场		
7	消防车库	当消防用水由工厂水源直接供给时,工厂给水管网的进水管不应少于两条。当其中一条发生事故时,另一条应能通过100%的消防用水和70%的生产、生活用水总量的要求。消防用水由消防水池(罐)供给时,工厂给水管网的进水管,应能通过消防水池(罐)的补充水和100%的生产、生活用水的总量的要求	GB50160—1992 8.3.1	查设计、现场		
8	消防站	工艺装置、辅助生产设施及建筑物的消防用水量计算应符合本规范8.4.3的要求	GB50160—2008 8.4.3	查设计、现场		

表3-38 各类安全检查表分级执行划分

序号	安全检查表种类	实施执行者
1	工序或岗位安全检查表	操作工人、班组长、工段长
2	专门机构专门人员用安全检查表	专门机构负责人、专业技术人员、安全专业干部
3	车间安全检查表	车间主任、安全员、安全部门人员
4	厂级安全检查表	厂长、安全专业技术人员、安全检查人员
5	设计审查施工验收安全检查表	工程技术人员、安全专业人员、工程负责人
6	事故分析、预测安全检查表	安全技术人员、企业主管、HSE部门专业人员

> 3. 企业各种安全检查表应作为企业有效文件，并在实际应用中不断完善。

【解释】

检查表编制后，在不断的运行过程中，经过多次实践的检验，或者随着新的法律、法规、标准规范的出台，在后续的过程中应不断修改完善。修订完善检查表应有相关的修订记录。

【要求】

(1)明确各种安全检查表的编制单位、审核人、批准人；
(2)每年评审修订各种安全检查表。

【检查内容】

查文件：

(1)各种安全检查表；
(2)检查表评审修订记录。

二、安全检查形式与内容

> 1. 企业应根据安全检查计划，开展综合性检查、专业性检查、季节性检查、日常检查和节假日检查；各种安全检查均应按相应的安全检查表逐项检查，建立安全检查台账，并与责任制挂钩。

【依据】

《企业安全生产标准化基本规范》AQ/T9006—2010 第 5.1 条：企业根据自身安全生产实际，制定总体和年度安全生产目标。按照所属基层单位和部门在生产经营中的职能，制定安全生产指标和考核办法。第 5.13.1 条：企业应每年至少一次对本单位安全生产标准化的实施情况进行评定，验证各项安全生产制度措施的适宜性、充分性和有效性，检查安全生产工作目标、指标的完成情况。企业主要负责人应对绩效评定工作全面负责。评定工作应形成正式文件，并将结果向所有部门、所属单位和从业人员通报，作为年度考评的重要依据。

【解释】

安全检查计划：企业应根据安全检查管理制度制定安全检查计划，按照安全检查表开展综合、专项、节假日、季节和日常安全检查，并对安全检查建立安全检查台账，安全检查结果应纳入经济责任制考核，督促被检查单位加强安全生产管理。

【要求】

(1)根据安全检查计划，按相应检查表开展各种安全检查；
(2)建立安全检查台账；
(3)检查结果与责任制挂钩。

【检查内容】

查文件：

(1)安全检查台账；
(2)检查考核记录。

2. 企业安全检查形式和内容应满足：

(1)综合性检查应由相应级别的负责人负责组织，以落实岗位安全责任制为重点，各专业共同参与的全面安全检查。厂级综合性安全检查每季度不少于1次，车间级综合性安全检查每月不少于1次；

(2)专业检查分别由各专业部门的负责人组织本系统人员进行，主要是对锅炉、压力容器、危险物品、电气装置、机械设备、构建筑物、安全装置、防火防爆、防尘防毒、监测仪器等进行专业检查。专业检查每半年不少于1次；

(3)季节性检查由各业务部门的负责人组织本系统相关人员进行，是根据当地各季节特点对防火防爆、防雨防汛、防雷电、防暑降温、防风及防冻保暖工作等进行预防性季节检查；

(4)日常检查分岗位操作人员巡回检查和管理人员日常检查。岗位操作人员应认真履行岗位安全生产责任制，进行交接班检查和班中巡回检查，各级管理人员应在各自的业务范围内进行日常检查；

(5)节假日检查主要是对节假日前安全、保卫、消防、生产物资准备、备用设备、应急预案等方面进行的检查。

【依据】

《企业安全生产标准化基本规范》AQ/T9006—2010第5.8.2条：企业应根据安全生产的需要和特点，采用综合检查、专业检查、季节性检查、节假日检查、日常检查等方式进行隐患排查。

【解释】

安全检查形式：企业应根据安全检查计划开展各种形式的安全检查。安全检查的形式主要有综合检查、专业检查、季节性检查、日常检查和节日检查等，这些不同形式的检查可以是定期也可以是不定期的。

(1)综合检查：综合检查(包括节假日检查)是以落实岗位安全责任制为重点，各专业共同参与的全面检查。应由相应级别的负责人负责，即厂级安全检查由厂主要负责人负责，车间级安全检查由车间主任负责，班组级安全检查由班组长负责。

(2)专业检查：专业检查应分别由各专业职能部门的负责人组织本专业系统人员进行，每年不少于两次。专业检查主要是对锅炉、压力容器、电气设备、机械设备、安全装备、监测仪器、危险物品、运输车辆、厂房建筑等以及防火防爆、防尘防毒等系统分别进行的专业检查。

(3)季节性检查：季节性检查是根据各季节特点开展的专项检查。季节性检查分别由各专业职能部门的负责人，根据当地的地理和气候特点组织本系统专业人员进行，各种季节性检查每年至少一次。春季安全大检查以防雷、防静电、防解冻跑漏为重点；夏季安全大检查以防暑降温、防台风、防洪防汛为重点；秋季安全大检查以防火、防冻保温为重点；冬季安全大检查以防火、防爆、防中毒、防冻防凝、防滑为重点。

(4)日常检查：日常检查分班组岗位操作人员检查和管理人员巡回检查。班组和岗位从业人员应严格履行交接班检查和班中巡回检查职责，特别对关键装置、重点部位的危险源进行重点检查,发现问题和隐患,及时逐级报告有关职能部门解决。

(5)节日检查:主要是节前对安全、保卫、消防、生产物质准备、备用设备、应急预案等方面进行的检查。

各级管理人员,如基层管理人员及工艺、设备、安全等专业技术人员,应经常深入现场,在各自专业范围内进行安全检查,对关键装置、重点部位的检查应做好检查记录。

各种安全检查均应按相应的《安全检查表》进行,科学、规范开展检查活动。安全检查应认真填写检查记录,做好安全检查总结,做到检查监督工作有标准、有记录、有纠正、有反馈、有考核。企业应对安全检查结果进行考核并与经济责任制挂钩。

【要求】

企业安全检查形式和内容应满足:

(1)综合性检查应由相应级别的负责人负责组织,以落实岗位安全责任制为重点,各专业共同参与的全面安全检查。厂级综合性安全检查每季度不少于1次,车间级综合性安全检查每月不少于1次。

(2)专业检查分别由各专业部门的负责人组织本系统人员进行,主要是对特种设备、危险物品、电气装置、机械设备、建构筑物、安全装置、防火防爆、防尘防毒、监测仪器等进行专业检查。专业检查每半年不少于1次。

(3)季节性检查由各业务部门的负责人组织本系统相关人员进行,是根据当地各季节特点对防火防爆、防雨防汛、防雷电、防暑降温、防风及防冻保暖工作等进行预防性季节检查。

(4)日常检查分岗位操作人员巡回检查和管理人员日常检查。岗位操作人员应认真履行岗位安全生产责任制,进行交接班检查和班中巡回检查,各级管理人员应在各自的业务范围内进行日常检查。

(5)节假日检查主要是对节假日前安全、保卫、消防、生产物资准备、备用设备、应急预案等方面进行的检查。

【检查内容】

查文件:

查看各种安全检查记录。

三、整改

1. 企业应对安全检查所查出的问题进行原因分析,制定整改措施,落实整改时间、责任人,并对整改情况进行验证,保存相应记录。

【依据】

《中华人民共和国安全生产法》第十八条:生产经营单位的主要负责人对本单位安全生产工作负有下列职责:(五)督促、检查本单位的安全生产工作,及时消除生产安全事故隐患。第四十三条:生产经营单位的安全生产管理人员应当根据本单位的生产经营特点,对安全生产状况进行经常性检查;对检查中发现的安全问题,应当立即处理;不能处理的,应当及时报告本单位负责人,有关负责人应当及时处理。检查及处理情况应当如实记录在案。

【解释】

企业应对各种安全检查所查出的问题，进行原因分析，针对原因制定并实施整改措施，必须做到"四定"，定措施、定责任人、定资金来源、定完成期限，组织对整改措施的实施效果进行验证。各级安全的组织和主管部门，应将检查有关记录、整改及验证资料进行归档保存。

【要求】

(1) 对检查出的问题进行原因分析，及时进行整改；

(2) 对整改情况进行验证；

(3) 保存检查、整改和验证等相关记录。

【检查内容】

查文件：

(1) 安全检查台账；

(2) 检查问题整改记录。

2. 企业各种检查的主管部门应对各级组织和人员检查出的问题和整改情况定期进行检查。

【依据】

《企业安全生产标准化基本规范》AQ/T9006—2010 第5.8.1条：企业应组织事故隐患排查工作，对隐患进行分析评估，确定隐患等级，登记建档，及时采取有效的治理措施。

【解释】

各种安全检查的主管部门，应对各级组织检查出的问题和整改情况定期进行检查，督促各级安全检查单位认真按照有关要求组织安全检查，被检查单位应对检查出的各类问题进行原因分析，完成整改，消除各类安全隐患。

【要求】

各种检查的主管部门对各级组织检查出的问题和整改情况定期检查。

【检查内容】

查文件：

检查记录。

四、自评

企业应每年至少1次对安全标准化运行进行自评，提出进一步完善安全标准化的计划和措施。

【依据】

《企业安全生产标准化基本规范》AQ/T9006—2010 第4.2条：企业安全生产标准化工作采用"策划、实施、检查、改进"动态循环的模式，依据本标准的要求，结合自身特点，建立并保持安全生产标准化系统；通过自我检查、自我纠正和自我完善，建立安全绩效持续改进的安全生产长效机制。第5.4.4条：企业应每年至少一次对安全生产法律法规、标准规范、规章制度、操作规程的执行情况进行检查评估。第5.13.1条：企业应每年至少一次对本单位安全生产标准化的实施情况进行评定，验证各项安全生产制度措施的适宜性、充分性和有效性，检查安全生产工作目标、指标的完成情况。

【解释】

自评：危险化学品安全标准化体系是采用P（计划）、D（实施）、C（检查）、A（改进）循环的形式，不断提升企业的安全生产管理水平以实现安全管理长效机制。企业应根据在实际运行过程中取得的成绩以及发现的不足，立足实际情况，对公司的安全标准化体系建设和维护，寻找到更多的、更适宜企业发展的改进机会，并有利于降低各类风险。企业应通过自评的形式不断改进、持续完善企业的标准化体系。企业开展自评每年应该至少1次，并根据自评情况提出进一步完善安全标准化的计划和措施。

【要求】

(1) 明确自评时间；
(2) 制定自评计划；
(3) 编制自评检查表；
(4) 建立自评组织；
(5) 每年至少1次进行安全标准化自评；
(6) 编制自评报告；
(7) 提出进一步完善的计划和措施；
(8) 对自评有关资料存档管理。

【检查内容】

查文件：
(1) 安全标准化自评管理制度；
(2) 开展自评的相关文件资料；
(3) 进一步完善的安全标准化工作的计划和措施。

第十二节 本地区要求

一、从业人员素质基本要求

1. 基本从业条件

主要负责人、分管安全负责人、安全管理人员、危险岗位操作人员应符合基本从业条件。

【依据】

《中华人民共和国安全生产法》第二十四条：生产经营单位的主要负责人和安全生产管理人员必须具备与本单位所从事的生产经营活动相应的安全生产知识和管理能力。危险物品的生产、经营、储存单位……的主要负责人和安全生产管理人员，应当由有关主管部门对其安全生产知识和管理能力考核合格。

《危险化学品生产企业安全生产许可证实施办法》第十六条：企业主要负责人、分管安全负责人和安全生产管理人员必须具备与其从事的生产经营活动相适应的安全生产知识和管理能力，依法参加安全生产培训，并经考核合格，取得安全资格证书。企业分管安全负责人、分管生产负责人、分管技术负责人应当具有一定的化工专业知识或者相应的专业学历，专职安全生产管理人员应当具备国民教育化工化学类（或安全工程）中等职业教育以上学历或者化工化学类中级以上专业技术职称，或者具备危险物品安全类注册安全工程师资格。特种作业人员应当依照《特种作业人员安全技术培训考核管理规定》，经专门的安全技术培训并考核合格，取得特种作业操作证书。本条第一、二、三款规定以外的其他从业人员应当按照国家有关规定，经安全教育培训合格。

《危险化学品安全使用许可证实施办法》第九条：企业主要负责人、分管安全负责人和安全生产管理人员必须具备与其从事生产经营活动相适应的安全知识和管理能力，参加安全资格培训，并经考核合格，取得安全资格证书。特种作业人员应当依照《特种作业人员安全技术培训考核管理规定》，经专门的安全技术培训并考核合格，取得特种作业操作证书。本条第一款、第二款规定以外的其他从业人员应当按照国家有关规定，经安全教育培训合格。

教育部、国家安全监管总局《关于加强化工安全人才培养工作的指导意见》（教高〔2014〕4号）第七条：严格化工安全从业人员上岗准入条件。化工企业要严格按照法规标准的要求配备专职安全生产管理人员，建立有效的人才激励和使用机制。要根据本企业实际情况，明确化工安全从业人员必须具备的学历和专业要求，把是否具备相关化工安全知识和技能作为招聘的重要条件。涉及"两重点一重大"（重点监管危险化工工艺、重点监管危险化学品、危险化学品重大危险源）的化工装置、设施的操作人员要逐步实现从化工安全相关专业毕业生中聘用。

《化工（危险化学品）企业保障生产安全十条规定》（国家安全生产监督管理总局令第64号）第三条：必须确保从业人员符合录用条件并培训合格，依法持证上岗。

《广东省安全生产条例》（2013修订）第十八条、第十九条。

《广东省安全生产监督管理局关于规范危险化学品生产企业从业人员从业条件的指导意见》（粤安监〔2009〕374号）。

【要求】

危险化学品生产企业：

1. 主要负责人

（1）无违反国家安全生产法律法规行为；

（2）无因安全生产事故受处罚记录；

（3）有1年以上的化工从业经历；

（4）无职业病禁忌；

（5）经考核合格，取得危险化学品生产经营单位主要负责人安全资格证书。

2. 分管安全负责人

（1）认真履行安全生产管理职责，执行安全生产决策；

（2）有化工专业大专以上学历，或该专业中级以上技术职称；

（3）有3年以上的化工从业经历；

（4）无职业病禁忌；

（5）经考核合格，取得危险化学品生产经营单位安全生产管理人员安全资格证书。

3. 安全管理人员

（1）有化工专业大专以上学历、注册安全工程师执业资格证书或该专业中级以上技术职称；

（2）有3年以上的化工从业经历；

（3）无职业病禁忌；

（4）经考核合格，取得危险化学品生产经营单位安全生产管理人员安全资格证书。

4. 危险岗位操作人员

（1）有化工专业中职以上或高中及以上学历；

（2）无职业病禁忌，经体检建档；

（3）经有资质机构安全教育培训、岗位知识技能培训；

（4）特种作业人员经考核取得操作资格证书。

【检查内容】

查文件：

（1）岗位责任制、任命文件、安全生产管理机构组织架构图；

（2）有关人员的从业资格证书。

2. 配备要求
按照有关规定配备一定数量的专职安全管理人员。

【依据】

《中华人民共和国安全生产法》第二十四条：危险物品的生产、储存单位……应当有注册安全工程师从事安全生产管理工作。鼓励其他生产经营单位聘用注册安全工程师从事安全生产管理工作。注册安全工程师按专业分类管理。

《注册安全工程师管理规定》第六条。

《广东省安全生产监督管理局关于规范危险化学品生产企业从业人员从业条件的指导意见》（粤安监〔2009〕374号）。

【要求】

危险化学品生产企业：每个企业按不少于专职安全生产管理人员总人数的15%比例配备注册安全工程师；不足300人的企业可委托安全生产中介机构选派注册安全工程师提供安全生产技术服务。

【检查内容】

查文件：

（1）安全生产管理人员及注册安全工程师花名册；

（2）或外聘注册安全工程师委托合同；

（3）有关资格证书。

3. 工作要求
加强从业人员继续教育工作，落实企业主体责任。

【依据】

《国家安全监管总局关于进一步严格危险化学品和化工企业安全生产监督管理的通知》(安监总管三〔2014〕46号)第二条:加强对危险化学品安全生产政策法规的培训力度。各地区要进一步加大有关法律、法规和规范性文件的宣贯培训工作力度,要把重大危险源、输送管道、安全生产标准化、隐患排查治理、化工过程安全管理,特别是《化工(危险化学品)企业保障生产安全十条规定》(国家安全监管总局令第64号)等方面规定要求纳入再培训内容。今年7月底前,市、县两级安全监管部门要督促本行政区域内所有危险化学品和化工企业完成其分管负责人、装置负责人和安全管理人员的再培训,并组织专题考试。考试不合格的人员要限期补考,补考不合格的,要依法取消其与安全生产有关的任职资格。确保企业在学习、理解的基础上,把有关法律法规及规章等要求转化为企业的安全管理制度,并切实得到认真执行。

《国家安全监管总局关于加强化工安全仪表系统管理的指导意见》(安监总管三〔2014〕116号)第二条第二款:……和危险化学品生产、储存单位要组织对相关负责人、工艺和仪表等工程技术人员开展安全仪表专业培训,普及功能安全相关知识,学习有关标准规范。要针对安全仪表系统全生命周期不同的环节,分别对……操作维护管理人员进行具有针对性的培训,使相关人员熟练掌握安全仪表系统、风险分析和控制、风险降低等相关专业技术。

《广东省安全生产监督管理局安全生产培训管理实施细则》(粤安监〔2006〕580号)。

【要求】

加强从业人员安全教育培训和专业技术培训,做好从业人员的安全继续教育,建立安全培训考核档案。

【检查内容】

查文件:

(1)从业人员安全教育培训和专业技术培训计划;
(2)从业人员的安全继续教育计划;
(3)安全培训考核档案。

二、危险化学品重大危险源安全管理

1. 危险化学品单位应按照《广东省安全生产监督管理局关于〈危险化学品重大危险源监督管理暂行规定〉的实施细则》(粤安监〔2013〕17号)要求,落实重大危险安全管理。

【依据】

《化工(危险化学品)企业保障生产安全十条规定》(国家安全生产监督管理总局令第64号)第四条:必须严格管控重大危险源,严格变更管理,遇险科学施救。第七条:严禁可燃和有毒气体泄漏等报警系统处于非正常状态。

《广东省安全生产监督管理局关于〈危险化学品重大危险源监督管理暂行规定〉的实施细则》(粤安监〔2013〕17号)。

《广东省危险化学品重大危险源检测、检验指南》。

【要求】

(1) 危险化学品单位应当根据构成重大危险源的危险化学品种类、数量、生产、使用工艺(方式)或者相关设备、设施等实际情况，建立健全安全监测监控体系，完善控制措施。

(2) 危险化学品单位应当按照国家有关规定，制定安全检维修管理制度和制定检维修计划，定期按《广东省危险化学品重大危险源检测、检验指南》列示要求对重大危险源的安全设施和安全监测监控系统进行检测、检验，并进行经常性维护保养。

(3) 危险化学品单位应按照检测、检验计划，定期开展检测、检验工作，检测、检验过程和结果应有记录，检测、检验报告应在有效期内。

(4) 危险化学品单位应建立设备、设施和安全监测监控系统的检测、检验以及维护保养记录，记录应包括检测时间、检测方法、检测人员、检测报告(结论)和整改措施等内容；

(5) 重大危险源设备、设施和安全监测监控系统检测周期根据有关法规、标准要求制定，无明确规定的，应根据本单位生产实际，制定合适的检测周期，一般不应超过一年。

【检查内容】

查文件：
(1) 变更管理制度及记录。
(2) 安全检维修管理制度和检维修计划。
(3) 重大危险源的设备、设施定期检查记录。
(4) 设备、设施的检验报告或检验合格证。

现场检查：
检查重大危险源的设备、设施的完整性和有效性。

三、安全设施设计管理

1. 涉及危险化工工艺的化工生产装置根据要求安装自动化安全控制系统。

【依据】

《关于进一步加强危险化学品建设项目安全设计管理的通知》(安监总管三〔2013〕76号)第十九条：新建化工装置必须设计装备自动化控制系统。应根据工艺过程危险和风险分析结果，确定是否需要装备安全仪表系统。涉及重点监管危险化工工艺的大、中型新建项目要按照《过程工业领域安全仪表系统的功能安全》(GB/T21109)和《石油化工安全仪表系统设计规范》(GB50770)等相关标准开展安全仪表系统设计。

《国家安全监管总局关于加强化工安全仪表系统管理的指导意见》(安监总管三〔2014〕116号)第十二条：从2016年1月1日起，大型和外商独资合资等具备条件的化工企业新建涉及"两重点一重大"的化工装置和危险化学品储存设施，要按照本指导意见的要求设计符合相关标准规定的安全仪表系统。第十三条：从2018年1月1日起，所有新建涉及"两重点一重大"的化工装置和危险化学品储存设施要设计符合要求的安全仪表系统。其他新建化工装置、危险化学品储存设施安全仪表系统，从2020年1月1日起，应执行功能安全相关标准要求，设计符合要求的安全仪表系统。第十四条：涉及"两重点一重大"

在役生产装置或设施的化工企业和危险化学品储存单位,要在全面开展过程危险分析(如危险与可操作性分析)基础上,通过风险分析确定安全仪表功能及其风险降低要求,并尽快评估现有安全仪表功能是否满足风险降低要求。第十五条:企业应在评估基础上,制定安全仪表系统管理方案和定期检验测试计划。对于不满足要求的安全仪表功能,要制定相关维护方案和整改计划,2019年底前完成安全仪表系统评估和完善工作。其他化工装置、危险化学品储存设施,要参照本意见要求实施。

《重点监管的危险化工工艺目录》。

《重点监管的危险化工工艺安全控制要求、重点监控参数及推荐的控制方案》。

《广东省涂料用树脂聚合工艺安全控制实施指导方案》。

【要求】

(1)按照安监总管三〔2009〕116号文《首批重点监管的危险化工工艺目录》、《首批重点监管的危险化工工艺安全控制要求、重点监控参数及推荐的控制方案》、《国家安全监管总局关于公布第二批重点监管危险化工工艺目录和调整首批重点监管危险化工工艺中部分典型工艺的通知》(安监总管三〔2013〕3号)和《广东省涂料用树脂聚合工艺安全控制实施指导方案》要求,对照本企业采用的危险化工工艺及其特点,确定重点监控的工艺参数,装备和完善自动控制系统,大型和高度危险化工装置要按照推荐的控制方案装备紧急停车系统。

(2)按照《国家安全监管总局关于加强化工安全仪表系统管理的指导意见》(安监总管三〔2014〕116号)的要求,涉及"两重点一重大"在役生产装置或设施的化工企业和危险化学品储存单位,要在全面开展过程危险分析(如危险与可操作性分析)基础上,通过风险分析确定安全仪表功能及其风险降低要求,并尽快评估现有安全仪表功能是否满足风险降低要求。企业应在评估基础上,制定安全仪表系统管理方案和定期检验测试计划。对于不满足要求的安全仪表功能,要制定相关维护方案和整改计划,2019年底前完成安全仪表系统评估和完善工作。

【检查内容】

查文件:

(1)安全设施管理台账。

(2)工作计划。

(3)自动化改造验收资料。

(4)安全评价报告。

现场检查:

检查各种自动化安全设施的设置及运行情况,包括:

(1)自动化控制系统和安全仪表系统流程图及维护记录。

(2)监控、报警系统、联锁系统维护、调试记录。

(3)工艺控制流程图及自动化控制资料。

2. 涉及"两重点一重大"和首次工业化设计的建设项目设计资质必须符合资质要求,必须在基础设计阶段开展 HAZOP 分析。

【依据】

《关于进一步加强危险化学品建设项目安全设计管理的通知》(安监总管三〔2013〕76号)第一条:严格建设项目设计单位资质要求。(一)建设项目的设计单位必须取得原建设部《工程设计资质标准》(建市〔2007〕86号)规定的化工石化医药、石油天然气(海洋石油)等相关工程设计资质。(二)涉及重点监管危险化工工艺、重点监管危险化学品和危险化学品重大危险源(以下简称"两重点一重大")的大型建设项目,其设计单位资质应为工程设计综合资质或相应工程设计化工石化医药、石油天然气(海洋石油)行业、专业资质甲级。第三条:建设单位应委托具备国家规定资质等级的设计单位承担建设项目工程设计,依法申请建设项目的安全审查并办理相关手续。对实行工程监理的建设项目,应将安全施工质量一并委托监理。建设单位在建设项目设计合同中应主动要求设计单位对设计进行危险与可操作性(HAZOP)审查,并派遣有生产操作经验的人员参加审查,对HAZOP审查报告进行审核。涉及"两重点一重大"和首次工业化设计的建设项目,必须在基础设计阶段开展HAZOP分析。

《重点监管的危险化工工艺目录》。

【要求】

建设项目设计必须符合《关于进一步加强危险化学品建设项目安全设计管理的通知》(安监总管三〔2013〕76号)的有关要求,建设单位在建设项目设计合同中应主动要求设计单位对设计进行危险与可操作性(HAZOP)审查,并派遣由生产操作经验的人员参加审查,对HAZOP审查报告进行审核。

【检查内容】

查文件:

(1)相关设计合同;

(2)相关审查记录。

四、事故状态"清净下水"收集处置

1. 根据安监总危化〔2006〕10号要求,企业应针对本企业可能发生的危险化学品事故采取防范污染环境的措施。

【依据】

《中华人民共和国安全生产法》第八十二条:事故抢救过程中应采取必要措施,避免或减少对环境造成的危害。

《关于督促化工企业切实做好几项安全环保重点工作的紧急通知》(安监总危化〔2006〕10号)。

【要求】

(1)事故应急预案是否考虑事故状态"清净下水"的收集和处置,是否具有针对性和可操作性。

(2)关键生产装置、危险化学品储罐区和仓库是否配备事故状态下防止污染事件的围堰、防火堤等设施及其维护情况。

(3)是否有事故状态下防止"清净下水"引发环境污染的设施和措施。已经有事故状态下"清净下水"收集、处置设施和措施的,要评估其是否科学有效,适应应急需要。

【检查内容】

查文件:

(1)应急预案;

(2)制度文件。

现场检查:

(1)各类事故清净下水收集和处置设施是否充分、完好、适用。

(2)事故状态防止清净下水的设施是否符合要求。

五、隐患排查

1. 按照《危险化学品企业事故隐患排查治理实施导则》建立隐患排查制度及隐患档案。

【依据】

《中华人民共和国安全生产法》第三十八条:生产经营单位应当建立健全生产安全事故隐患排查治理制度,采取技术、管理措施,及时发现并消除事故隐患。事故隐患排查治理情况应当如实记录,并向从业人员通报。

《危险化学品企业事故隐患排查治理实施导则》要求,建立隐患排查治理工作责任制,落实隐患排查治理制度,建立健全全面覆盖、全员参与的隐患排查治理机制,从安全基础管理、区域位置及总图布置、工艺、设备、电气系统、仪表、承包商及危险作业、重大危险源、危险化学品管理、储运系统、公用工程、消防应急、职业卫生等方面进行全面排查,彻底消除化工企业事故隐患。

《安全生产事故隐患排查治理暂行规定》(国家安监总局2008年第十六号令)。

《广东省安全生产条例》(2013修订)第二十六条。

《企业安全生产标准化基本规范》AQ/T9006—2010。

【要求】

(1)建立隐患排查治理的管理制度,明确责任部门/人员、方法。

(2)制定隐患排查工作方案,明确排查的目的、范围、方法和要求等。

(3)对上级安全生产监督管理部门提出的安全隐患列为整改重点。

(4)发动安全生产管理人员及员工提出企业可能存在的安全隐患。

(5)对隐患进行分析评估,确定隐患等级,登记建档。

【检查内容】

查文件:

(1)隐患排查治理管理制度;

(2)隐患排查工作方案;

(3)上级安全生产监督管理部门提出的安全隐患记录;

(4)企业可能存在的安全隐患记录;

(5)隐患分析评估档案。

2. 隐患排查范围不应有遗漏,隐患排查方法应满足企业需要。

【依据】

《企业安全生产标准化基本规范》AQ/T9006—2010 第 5.8.2 条:企业隐患排查的范围应包括所有与生产经营相关的场所、环境、人员、设备设施和活动。

《全省开展非煤矿山安全生产隐患排查治理和安全生产百日督查专项行动方案》的通知(粤安监〔2008〕166 号)。

《关于加强安全生产标准化工作的通知》(粤安监〔2009〕137 号)。

《广东省安全生产委员会办公室关于加强化工园区安全风险评估和事故隐患排查治理工作的通知》(粤安办〔2015〕34 号)。

【要求】

(1)隐患排查的范围应包括所有与生产经营相关的场所、环境、人员、设备设施和活动。

(2)采用综合检查、专业检查、季节性检查、节假日检查、日常检查等方式进行隐患排查。

【检查内容】

查文件:

查看隐患排查工作记录。

3. 针对排查出来的隐患问题,及时开展隐患治理工作。

【依据】

《企业安全生产标准化基本规范》AQ/T9006—2010 第 5.8.3 条:企业应根据隐患排查的结果,制定隐患治理方案,对隐患及时进行治理。隐患治理方案应包括目标和任务、方法和措施、经费和物资、机构和人员、时限和要求。重大事故隐患在治理前应采取临时控制措施并制定应急预案。隐患治理措施包括:工程技术措施、管理措施、教育措施、防护措施和应急措施。治理完成后,应对治理情况进行验证和效果评估。

【要求】

(1)根据隐患排查的结果,制定隐患治理方案,对隐患进行治理。方案内容应包括目标和任务、方法和措施、经费和物资、机构和人员、时限和要求。重大事故隐患在治理前应采取临时控制措施,并制定应急预案。隐患治理措施应包括工程技术措施、管理措施、教育措施、防护措施、应急措施等。

(2)在隐患治理完成后对治理情况进行验证和效果评估。

(3)按规定对隐患排查和治理情况进行统计分析,并向安全监管部门和有关部门报送书面统计分析表。

【检查内容】

查文件:

(1)隐患治理方案;

(2)重大事故隐患治理的控制措施和应急预案。

六、化工过程安全管理

> 1. 按照《关于加强化工过程安全管理的指导意见》(安监总管三〔2013〕88号)的要求,全面收集安全生产信息。

【依据】

《关于加强化工过程安全管理的指导意见》(安监总管三〔2013〕88号):(二)全面收集安全生产信息。企业要明确责任部门,按照《化工企业工艺安全管理实施导则》(AQ/T3034)的要求,全面收集生产过程涉及的化学品危险性、工艺和设备等方面的全部安全生产信息,并将其文件化。(三)充分利用安全生产信息。企业要综合分析收集到的各类信息,明确提出生产过程安全要求和注意事项。通过建立安全管理制度、制定操作规程、制定应急救援预案、制作工艺卡片、编制培训手册和技术手册、编制化学品间的安全相容矩阵表等措施,将各项安全要求和注意事项纳入自身的安全管理中。(四)建立安全生产信息管理制度。企业要建立安全生产信息管理制度,及时更新信息文件。企业要保证生产管理、过程危害分析、事故调查、符合性审核、安全监督检查、应急救援等方面的相关人员能够及时获取最新安全生产信息。

【要求】

按照《化工企业工艺安全管理实施导则》(AQ/T3034)的要求,全面收集生产过程设计的化学品危险性、工艺和设备等方面的安全生产信息,并将其文件化。

【检查内容】

查文件:
(1)安全生产信息文件;
(2)安全生产信息管理制度;
(3)化工过程风险管理制度。

> 2. 制定可接受风险标准。

【依据】

《关于加强化工过程安全管理的指导意见》(安监总管三〔2013〕88号)第七条:制定可接受的风险标准。企业要按照《危险化学品重大危险源监督管理暂行规定》(国家安全监管总局令第40号)的要求,根据国家有关规定或参照国际相关标准,确定本企业可接受的风险标准。对辨识分析发现的不可接受风险,企业要及时制定并落实消除、减小或控制风险的措施,将风险控制在可接受的范围。

《危险化学品生产、储存装置个人可接受风险标准和社会可接受风险标准(试行)》(国家安全监管总局公告2014年第13号)。

【要求】

根据《危险化学品生产、储存装置个人可接受风险标准和社会可接受风险标准(试行)》(国家安全监管总局公告2014年第13号)有关规定或参照国际相关标准,确定本企业可接受风险标准。

【检查内容】

查文件：

(1) 企业可接受风险标准；

(2) 化工过程风险分析。

3. 开停车安全管理。

【依据】

《关于加强化工过程安全管理的指导意见》(安监总管三〔2013〕88号)第十条：开停车安全管理。企业要制定开停车安全条件检查确认制度。在正常开停车、紧急停车后的开车前，都要进行安全条件检查确认。开停车前，企业要进行风险辨识分析，制定开停车方案，编制安全措施和开停车步骤确认表，经生产和安全管理部门审查同意后，要严格执行并将相关资料存档备查。

企业要落实开停车安全管理责任，严格执行开停车方案，建立重要作业责任人签字确认制度。开车过程中装置依次进行吹扫、清洗、气密试验时，要制定有效的安全措施；引进蒸汽、氮气、易燃易爆介质前，要指定有经验的专业人员进行流程确认；引进物料时，要随时监测物料流量、温度、压力、液位等参数变化情况，确认流程是否正确。要严格控制进退料顺序和速率，现场安排专人不间断巡检，监控有无泄漏等异常现象。

停车过程中的设备、管线低点的排放要按照顺序缓慢进行，并做好个人防护；设备、管线吹扫处理完毕后，要用盲板切断与其他系统的联系。抽堵盲板作业应在编号、挂牌、登记后按规定的顺序进行，并安排专人逐一进行现场确认。

【要求】

在正常开停车、紧急停车后的开车前，都要进行安全条件检查确认。开停车前，企业要进行风险辨识分析，制定开停车方案，编制安全措施和开停车步骤确认表。

【检查内容】

查文件：

(1) 开停车方案；

(2) 重要作业责任人签字确认制度。

七、危化企业泄漏安全管理

1. 全面开展泄漏危险源辨识与风险评估。

【依据】

《国家安全监管总局关于加强化工企业泄漏管理的指导意见》(安监总管三〔2014〕94号)：(九)全面开展泄漏危险源辨识与风险评估。

【要求】

企业要依据有关标准、规范，组织工程技术和管理人员或委托具有相应资质的设计、评价等中介机构对可能存在的泄漏风险进行辨识与评估，结合企业实际设备失效数据或历史泄漏数据分析，对风险分析结果、设备失效数据或历史泄漏数据进行分析，辨识出可能发生泄漏的部位，结合设备类型、物料危险性、泄漏量对泄漏部位进行分级管理，提出具体防范措施。当工艺系统发生变更时,要及时分析变更可能导致的泄漏风险并采取相应措施。

【检查内容】

查文件:

(1)风险评估文件;

(2)管理制度文件。

2. 全面开展化工设备逸散性泄漏检测及维修

【依据】

《国家安全监管总局关于加强化工企业泄漏管理的指导意见》(安监总管三〔2014〕94号):(十)全面开展化工设备逸散性泄漏检测及维修。

【要求】

企业要根据逸散性泄漏检测的有关标准、规范,定期对易发生逸散性泄漏的部位(如管道、设备、机泵等密封点)进行泄漏检测,排查出发生泄漏的设备要及时维修或更换。企业要实施泄漏检测及维修全过程管理,对维修后的密封进行验证,达到减少或消除泄漏的目的。

【检查内容】

查文件:

(1)风险评估文件;

(2)管理制度文件。

现场检查:

检查装置的阀门、法兰、机泵、人孔、压力管道焊接处等密闭系统密封处是否完好、适用。

3. 建立和不断完善泄漏检测、报告、处理、消除等闭环管理制度

【依据】

《国家安全监管总局关于加强化工企业泄漏管理的指导意见》(安监总管三〔2014〕94号):(十六)建立和不断完善泄漏检测、报告、处理、消除等闭环管理制度。

【要求】

建立定期检测、报告制度,对于装置中存在泄漏风险的部位,尤其是受冲刷或腐蚀容易减薄的物料管线,要根据泄漏风险程度制定相应的周期性测厚和泄漏检测计划,并定期将检测记录的统计结果上报给企业的生产、设备和安全管理部门,所有记录数据要真实、完整、准确。企业发现泄漏要立即处置、及时登记、尽快消除,不能立即处置的要采取相应的防范措施并建立设备泄漏台账,限期整改。加强对有关管理规定、操作规程、作业指导书和记录文件以及采用的检测和评估技术标准等泄漏管理文件的管理。

【检查内容】

查文件:

(1)风险评估文件;

(2)管理制度文件。

现场检查：

检查装置的阀门、法兰、机泵、人孔、压力管道焊接处等密闭系统密封处是否完好、适用。

八、化学品罐区安全管理

1. 进一步完善化学品罐区监测监控设施。

【依据】

《国家安全监管总局关于进一步加强化学品罐区安全管理的通知》（安监总管三〔2014〕68号）：（一）进一步完善化学品罐区监测监控设施。

【要求】

根据规范要求设置储罐高低液位报警，采用超高液位自动联锁关闭储罐进料阀门和超低液位自动联锁停止物料输送措施。确保易燃易爆、有毒有害气体泄漏报警系统完好可用。大型、液化气体及剧毒化学品等重点储罐要设置紧急切断阀。

【检查内容】

查文件：

(1) 储罐报警监测监控仪表流程图；

(2) 易燃易爆、有毒有害气体泄漏报警系统定期检测记录。

现场检查：

(1) 储罐是否有采用超高液位自动联锁关闭储罐进料阀门和超低液位自动联锁停止物料输送措施；

(2) 大型、液化气体及剧毒化学品等重点储罐是否设置紧急切断阀。

2. 进一步加强化学品罐区内特殊作业管理。

【依据】

《国家安全监管总局关于进一步加强化学品罐区安全管理的通知》（安监总管三〔2014〕68号）：（三）进一步加强化学品罐区内特殊作业管理。

【要求】

要进一步规范动火、进入受限空间等特殊作业管理及检维修管理，严格执行作业票审批制度，认真进行风险分析，严格隔离、置换（蒸煮）吹扫，严格检测可燃气体浓度，进入受限空间作业时，还要严格检测有毒气体浓度、受限空间氧含量，切实落实防范措施，强化过程监控。严禁以阀门代替盲板作为隔断措施，严禁对未经清洗置换的储罐进行动火作业。作业出现险情时，救援人员要佩戴好劳动防护用品，科学施救。要进一步加强承包商管理，严格承包商资质审核，加强承包商员工培训，做好作业交底和现场监护。

【检查内容】

查文件：

(1) 化学品罐区内特殊作业管理文件；

(2) 风险分析记录。

3. 进一步强化化学品罐区源头管控。

【依据】

《国家安全监管总局关于进一步加强化学品罐区安全管理的通知》(安监总管三〔2014〕68号)：(六)进一步强化化学品罐区源头管控。

《储罐区防火堤设计规范》GB 50351—2014。

【要求】

对未经正规设计的储罐区进行设计复核，按照有关标准规范，完善设备设施。可燃液体储罐要按单罐单堤的要求设置防火堤或防火隔堤。涉及重点监管危险化学品的罐区要定期进行危险与可操作性分析。

【检查内容】

查文件：

(1)储罐区设计文件；

(2)涉及重点监管危险化学品的罐区的危险与可操作性分析记录。

现场检查：

依据《储罐区防火堤设计规范》GB 50351—2014 的要求，检查可燃液体储罐是否按单罐单堤的要求设置防火堤或防火隔堤。

第四章　危险化学品安全监督检查工作规范

第一节　监督检查的计划组织

（1）各级安全生产监督管理部门应合理编制本单位年度、季度和月度日常监督检查工作计划，编制工作计划应按照国家法律法规的要求和上级安全生产监督管理部门的重点工作部署，结合本地区、本行业安全生产特点和实际，综合考虑安全监管职责、检查人员数量、负责监管的生产经营单位数量、分布、规模并参照《广东省生产经营单位安全生产分类分级管理（试行）办法》和《广东省生产经营单位安全生产分类分级规范》对生产经营单位进行分类分级，明确本部门检查工作日、内容及检查生产经营单位的名称、数量和频次。

（2）各级安全生产监督管理部门应将年度日常监督检查计划以正式文件形式报送本级政府批准，并报上一级安全生产监督管理部门备案，避免在日常监督检查对象、内容和时间上的重复或脱节。对生产经营单位的日常监督检查应联合职业卫生、执法监察科（处、股）室人员共同参与，进一步增强督查检查合力，提高督查检查效率。在专业技术性强，工艺、设备、设施复杂的领域、部位和场所，可聘请专家或专业技术服务机构参与安全督查检查。

第二节　监督检查的前期准备

（1）对具体受检单位开展监督检查前应制定工作方案，工作方案应明确检查的对象和范围、工作目标、工作步骤、时间安排、工作要求等内容。

（2）聘请专家应综合考虑监督检查工作目标、受检单位特点以及专家年龄、专业特长、工作经历等方面因素，专家组成员搭配尽量做到专业覆盖面齐全、年龄结构老中青结合、在职和退休人员比例合理，专家超过3人的应确定专家组组长。

（3）在监督检查正式开展前，安全生产监督管理部门应组织参与监督检查的人员和专家召开预备工作会议，学习监督检查工作要求，宣布专家组组长人选，安排监督检查人员分工。

第三节　监督检查的正式实施

一、告知

日常安全监督检查人员抵达受检单位后，应出示行政执法证照，当面向受检主要负责人或分管安全生产负责人告知企业配合监督检查的权利和义务，说明监督检查的目的和内容，应要求受检单位将检查陪同任务分解落实到车间、班组，以方便监督检查人员和专家随时询问问题、了解情况并当场沟通反馈。

二、查阅资料

日常安全监督检查重点检查受检单位贯彻执行国家有关安全生产法律、法规和标准规定的情况，查阅受检单位安全生产规章制度、操作规程、隐患排查治理台账、安全宣传教育培训、劳动防护用品发放记录、应急预案及演练等文件资料，注重检查受检单位主要负责人、分管安全生产工作负责人、安全生产管理机构履行安全生产职责情况。

三、现场核查

监督检查人员应组织对受检单位的重点场所、设施进行抽查，抽查内容应包括受检单位现场布局、重大危险源监控、工作场所职业危害防控、应急救援装备情况以及通风、防火、防爆、防毒、防静电、隔离操作等安全设施情况，可采用对受检单位基层员工问卷调查、询问约谈、实操演练等多种方式了解安全生产落实情况。

第四节　监督检查的台账记录

(1) 在监督检查过程中，参与监督检查的专家按照隐患问题描述、具体部位、所属部门、理由依据、建议措施等"五要素"填写检查记录并及时报送专家组组长进行汇总，确保监督检查中发现的隐患问题描述准确清晰、有理有据，能够经得起专业推敲。

(2) 安全监管人员在检查过程中，应逐一核实专家发现的隐患问题，并留存必要的影像记录。

第五节　监督检查的意见反馈

(1) 查阅资料和现场核查结束后，监督检查人员应根据专家组归纳汇总的意见如实填写监督检查记录，记录应包括受检单位名称、监督检查时间、监督检查内容、监督检查发现问题、监督检查人员和专家签名、受检单位主要负责人签名等内容。

(2) 监督检查情况应当面向受检单位主要负责人或分管安全生产负责人反馈，宜结合现场影像记录制作 PPT 幻灯片，尽量避免枯燥沉闷的说教式反馈。

(3) 在时间和条件允许的情况下，监督检查人员和专家应组织对事故隐患风险等级进行评估，确定一般事故隐患和重大事故隐患，给予受检单位下一步工作必要的建议和参考。

第六节　监督检查结果处理（执法、处罚）

一、责令整改

对于日常监督检查中发现的安全生产非法违法行为和事故隐患，原则上由组织监督检查单位办理书面移交手续后，交由属地具备行政执法职权的安全生产监督管理部门依法实施行政处罚或责令整改，组织监督检查的单位应对有关信息登记、建档。

二、受检单位制定整改计划

受检单位应按照安全生产监督管理部门下达的执法文书，按照"五定"（定整改方案、定资金来源、定项目负责人、定整改期限、定控制措施）的原则，指定详细的整改计划，落实各项整改措施，并及时上报属地安全生产监督管理部门，保证隐患问题整改按期完成。

三、整改复查

组织监督检查的安全生产监督管理部门应指定专人跟踪落实受检单位隐患问题整改工作，结合受检单位上报的整改计划，适时会同属地安全生产监督管理部门、受检单位开展有针对性的复查工作。

四、行政处罚

（1）对监督检查中发现的存在隐患问题，应当责令予以立即纠正或者要求限期整改；对依法应当给予行政处罚的行为，应依照安全生产法律、法规的规定给予处罚。

（2）重大事故隐患排除前或者排除过程中无法保证安全的，应当责令受检单位从危险区域内撤出作业人员，责令暂时停产停业或者停止使用；重大事故隐患排除后，经审查同意，方可恢复生产经营和使用。

（3）对拒不整改事故隐患、安全生产违法行为屡教不改的单位应依法责令停产停业，经整顿仍不具备安全生产条件的，应依法予以关闭。

五、情况通报

（1）各级安全生产监督管理部门每月应对外公开经查确实存在重大事故隐患和严重违法行为的生产经营单位的事故隐患、违法行为、现场处置措施情况和行政处罚情况。

（2）对存在重大事故隐患的生产经营单位，安全生产监督管理部门应挂牌督办、公告公示，并及时做好隐患整改后的摘牌销号，发现的重大事故隐患应定期向生产经营单位的上级主管部门通报。

（3）信息管理。各级安全生产监督管理部门应使用"隐患排查治理信息系统"对隐患排查、监督检查、行政处罚、复查验收、上报情况实行建档登记。档案应包括：现场检查记录、相关执法文书和受检单位整改计划等。

第五章　非药品类易制毒化学品管理

第一节　非药品类易制毒化学品的范围及生产、经营许可管理

非药品类易制毒化学品品种数量占国家管制的易制毒化学品品种数量的80%以上。为防止其流入非法渠道用于制造毒品，《易制毒化学品管理条例》赋予安全监管部门履行非药品类易制毒化学品生产、经营许可和监督工作的职责。

根据国家安全生产监督管理总局令第5号《非药品类易制毒化学品生产、经营许可办法》，将非药品类易制毒化学品共分为三类：第一类共8种，包括1－苯基－2－丙酮、3，4－亚甲基二氧苯基－2－丙酮、胡椒醛、黄樟素、黄樟油、异黄樟素、N－乙酰邻氨基苯酸、邻氨基苯甲酸；第二类共5种，包括苯乙酸、醋酸酐、三氯甲烷、哌啶、乙醚；第三类共6种，包括甲苯、丙酮、甲基乙基酮、高锰酸钾、硫酸、盐酸。其中第一类、第二类所列物质可能存在的盐类，也纳入管制，带有☆标记的品种为危险化学品。

国家对非药品类易制毒化学品的生产、经营实行许可证制度。

对第一类非药品类易制毒化学品的生产、经营实行许可证管理，对第二类、第三类易制毒化学品的生产、经营实行备案证明管理。

广东省安全生产监督管理局负责广东省内第一类非药品类易制毒化学品生产、经营的审批和许可证颁发工作。21个设区的地级市安全生产监督管理局负责各自所在行政区域内第二类非药品类易制毒化学品生产、经营和第三类非药品类易制毒化学品生产的备案证明颁发工作。县级人民政府安全生产监督管理部门负责本行政区域内第三类非药品类易制毒化学品经营的备案证明颁发工作。

第二节　非药品类易制毒化学品生产、经营单位管理基础知识

（1）企业应建立易制毒化学品管理机构并规定其职责。

根据企业实际应设置易制毒化学品管理机构（可以设专门机构、挂靠机构或者非常设机构），由易制毒化学品分管负责人领导，至少配置一名专职或者固定人员负责易制毒化学品管理机构日常工作。

该机构的职责是负责本企业易制毒化学品管理的组织、监督工作，承办所在企业易制毒化学品分管负责人交办的工作，检查易制毒化学品管理制度执行及各类台账记录情况，开展易制毒化学品从业人员的教育培训，编制、报送所在企业易制毒化学品情况报告和信息报表等。

（2）企业应建立完善责任制体系并在工作中予以落实。

企业应当认真履行易制毒化学品管理责任，建立健全主要负责人、分管负责人、销售负责人及其他有关人员的责任体系，明确各级人员职责；员工在5人以内的微型企业至少

应当明确主要负责人和销售人员的易制毒化学品管理职责。

企业主要负责人是易制毒化学品管理第一责任人。企业主要负责人的责任包括：了解有关易制毒化学品管理的法律法规，了解本企业易制毒化学品的基本知识，使企业严格遵守国家易制毒化学品管理各项规定；建立健全易制毒化学品管理责任体系，批准实施企业易制毒化学品管理制度，设置易制毒化学品管理机构，保证易制毒化学品生产、储存等设备设施符合国家规定和要求；保证向有关行政主管部门提交的报告等资料的内容真实；检查各项易制毒化学品管理制度的执行与完善情况；积极推进易制毒化学品管理信息化工作。

企业易制毒化学品分管负责人协助主要负责人分管易制毒化学品管理工作。分管负责人的责任包括：学习并组织本企业贯彻落实易制毒化学品管理的法律法规和国家有关规定，学习并掌握本企业易制毒化学品基本知识；组织制定和审核易制毒化学品管理分部门规章制度、各岗位责任制度；组织易制毒化学品从业人员的教育培训工作；组织检查易制毒化学品各项管理制度的执行和生产、储存等设备设施的使用情况；组织从生产（或采购）、储存到销售（或自用）的易制毒化学品流向清查工作；组织易制毒化学品管理的持续改进和信息化工作，及时通报、报告易制毒化学品管理情况；组织编制提交有关行政主管部门的定期报告等资料。

销售负责人全面负责易制毒化学品的销售管理工作。销售负责人的责任包括：严格执行易制毒化学品管理的法律法规和国家有关规定，学习并掌握本企业易制毒化学品基本知识；组织制定易制毒化学品销售程序及管理制度并监督销售人员严格遵守；组织建立健全销售台账、档案及销售信息系统；检查台账记录和档案整理情况；定期组织易制毒化学品库存销售盘点，及时通报、报告易制毒化学品销售管理情况。销售人员应当了解易制毒化学品管理法律法规有关规定，掌握本企业易制毒化学品基本知识，严格遵守易制毒化学品销售管理制度和程序，做到按规定留存的买方资料完整有效，销售记录无漏项，台账、档案整齐有序，保证易制毒化学品销售记录清晰、相互衔接可追溯。

储存管理人员负责易制毒化学品的保管工作，其责任包括：熟悉本企业易制毒化学品的物理性质和化学性质；严格执行易制毒化学品存储和出入库制度，做到出入库记录完整、记录台账清晰，做到票据、账面记录与实物相符；要经常检查易制毒化学品的存放和安全设施情况，发现异常要及时报告、采取措施处理。

生产管理人员负责易制毒化学品的产出管理工作，其责任包括：严格执行易制毒化学品产成品登记入账制度，做到准确、及时记录每班次投料、产成品数量等，做到及时办理产成品入库和签收，做到产成品记录和入库签收凭证账目完整、清晰。

采购人员负责易制毒化学品、易制毒化学品原料的购入管理工作，其责任包括：了解易制毒化学品管理法律法规有关规定，掌握本企业所购易制毒化学品基本知识，应严格执行易制毒化学品、易制毒化学品原料入库入账制度，做到货物来源合法、货物与卖方发货凭证相符，做到及时办理货物入库和签收。

非药品类易制毒化学品生产、经营单位原有技术或者销售人员、管理人员变动的，变动人员应当具有相应的安全生产和易制毒化学品知识。

接触易制毒化学品的其他相关人员的责任包括：了解易制毒化学品管理法律法规有关规定，掌握本企业易制毒化学品的基本知识；严格遵守企业易制毒化学品管理规章制度，按照本岗位职责做好易制毒化学品管理相关工作。

（3）企业应建立并落实采购管理制度。

企业采购易制毒化学品，应选择有相应易制毒化学品经营许可或备案资质的供货方，依法办理易制毒化学品购买、运输等相关手续。

企业采购易制毒化学品原料，其原料属于危险化学品的，应选择有相应危险化学品经营资质的供货方，按照危险化学品有关安全要求进行运输。

采购的易制毒化学品，其包装必须标明易制毒化学品的规范名称、化学分子式、成分和含量。采购的易制毒化学品、易制毒化学品原料属于危险化学品的，必须附有按照国家标准编制的化学品安全技术说明书和安全标签。

采购的易制毒化学品、易制毒化学品原料须及时入库入账。入库时应严格核对品种、数量、规格、包装等情况，并做好相应记录。

（4）企业应建立并落实生产和储存管理制度。

建立易制毒化学品产成品登记入账管理制度。应记录每班次生产易制毒化学品的投料、产量等数据，办理产成品入库手续，记录资料和入库单及签收凭证应整理为产成品登记台账及档案。

易制毒化学品储存由专人管理，第一类易制毒化学品应实行"双人双锁，双人领取"。

企业应根据生产、经营的易制毒化学品品种，编制易制毒化学品储存禁配表，由储存管理人员严格执行。同时属于危险化学品的，要储存在专用仓库、专用场地内，并按照相关技术标准规定的储存方法、储存数量和安全距离，实行隔离、隔开、分离储存。

建立易制毒化学品出入库管理制度。须凭出入库单据办理出入库，查验出入库易制毒化学品品种和数量，履行出入库签收手续。应记录易制毒化学品出入库时间、品种、数量，以及入库时来源和出库时去向等要素。记录资料和出入库单据应整理为出入库台账及档案。

每月至少进行一次库存盘点，认真核对账面数与实物数并记录清查结果。发现易制毒化学品库存量与出入库数量不符时应及时查找原因，发现被盗、丢失应立即向有关行政主管部门报案。

企业应当保证易制毒化学品生产、储存设备设施的完整性。生产、储存设备设施要符合安全生产等有关要求。要定期检查设备设施使用状况，做好日常维护保养，必要时进行更新。

储存设施应符合国家标准要求和有关规定。企业的储存设施（包括租赁的）要保证符合易制毒化学品的安全储存要求。无封闭墙体的简易棚不得用作仓库，仓库应配置防盗报警等监控设施，并有专人值守。

（5）企业应建立并落实销售管理制度。

销售管理是企业易制毒化学品管理的重要环节，要严格按照许可或备案范围销售易制毒化学品。当需要销售许可或备案范围外的品种或者销售数量发生较大变化的，要办理许可证或备案证明变更手续；企业不再生产、经营易制毒化学品的，要及时办理证件注销手续。

依法核验购买方资质。销售易制毒化学品时，应按规定查验购买方的购买许可、备案证和购买经办人身份证。对符合条件的购买方，如实记录销售的品种、数量、日期和购买方的详细地址、联系方式等情况，留存上述资质证明和身份证的复印件。

规范销售资料的管理。应根据销售记录、留存的复印件、销售合同、发货单等销售资料，填写、建立销售台账及档案。销售资料存放设施、计算机销售信息系统要安全可靠。

企业销售的易制毒化学品，其包装必须可靠，符合国家有关规定。包装必须标明易制毒化学品的规范名称、化学分子式、成分和含量。属于危险化学品的，必须附有按照国家标准编制的化学品安全技术说明书和安全标签。

（6）企业应建立并落实培训教育管理制度。

企业要建立易制毒化学品管理培训教育制度。依据不同岗位类型，制定培训教育目标和考核要求，制定包括学习内容、时间安排、参加人员范围等事项的年度培训教育计划。要建立从业人员培训教育档案，记录培训情况。企业每年应至少进行一次全员易制毒化学品管理方面的遵纪守法教育活动。

易制毒化学品管理培训教育应以法律法规和有关行政主管部门规定、企业规章制度、岗位责任制及工作程序为内容，结合新形势要求，注重联系实际。要对培训教育效果进行评价并不断改进。

企业主要负责人、分管负责人要带头参加本企业易制毒化学品管理培训教育活动；生产、储存、销售部门负责人及管理、技术人员，每年至少要参加一次易制毒化学品管理培训教育，经考核合格后方可任职。

第一类易制毒化学品企业主要负责人和分管技术、生产、销售的负责人还应当参加专门的考核，取得安全生产监管部门颁发的易制毒化学品知识考核合格证明后方可任职。

（7）企业应建立并落实信息填报和违法违规行为举报管理制度。

企业应当在每年3月31日前，以纸质和登录安全监管部门易制毒化学品管理信息系统填报两种方式，提交包括本企业上年度易制毒化学品生产经营品种、数量和主要流向等情况的年报。应当按照有关行政主管部门的要求，上报本企业易制毒化学品管理情况。

企业上报易制毒化学品管理情况和年报要做到及时、准确，上报材料和年报须有企业签章或主要负责人的签名等确认手续。

企业要建立易制毒化学品违法违规举报奖励制度。举报情况属实的，企业应对举报人进行奖励；属于严重违法的，报有关行政主管部门处理。

（8）其他有关事项。

企业易制毒化学品生产、经营的纸质版本各项台账及档案、资料，至少应保存3年备查。要逐步建立各项台账及档案、资料的电子文档，实现信息化、动态化管理。

易制毒化学品从生产、储存到销售环节的流向管理基本要素的有关表格式样见《国家安全监管总局办公厅关于印发企业非药品类易制毒化学品规范化管理指南的通知》（安监总厅管三〔2014〕70号）之附件1～附件10；非药品类易制毒化学品生产经营单位新年度报告表式样见《国家安全监管总局办公厅关于启用非药品类易制毒化学品生产经营单位新年度报告表的通知》（安监总厅管三〔2014〕138号）》之附件1、附件2。企业可以据此建立本单位的各项台账记录和年度报表。

第三节　企业办理易制毒化学品生产、经营许可证所需资料和流程

按照国家安全生产监督管理总局令第5号《非药品类易制毒化学品生产、经营许可办法》的规定，生产、经营第一类非药品类易制毒化学品的，必须取得非药品类易制毒化学品生产许可证方可从事生产、经营活动。

一、非药品类易制毒化学品生产单位办证流程

生产单位申请第一类非药品类易制毒化学品生产许可证，应当向广东省安全生产监督管理局提交下列文件、资料，并对其真实性负责：

（一）非药品类易制毒化学品生产许可证申请书（一式两份）；
（二）生产设备、仓储设施和污染物处理设施情况说明材料；
（三）易制毒化学品管理制度和环境突发事件应急预案；
（四）安全生产管理制度；
（五）单位法定代表人或者主要负责人和技术、管理人员具有相应安全生产知识的证明材料；
（六）单位法定代表人或者主要负责人和技术、管理人员具有相应易制毒化学品知识的证明材料及无毒品犯罪记录证明材料；
（七）工商营业执照副本（复印件）；
（八）产品包装说明和使用说明书。

另外，属于危险化学品生产单位的，还应当提交危险化学品生产企业安全生产许可证和危险化学品登记证（复印件），免于提交本条第（四）、（五）、（七）项所要求的文件、资料。

非药品类易制毒化学品生产许可证有效期为3年。许可证有效期满后需继续生产第一类非药品类易制毒化学品的，应当于许可证有效期满前3个月内向原许可证颁发管理部门提出换证申请并提交相应资料，经审查合格后换领新证。

第一类非药品类易制毒化学品生产、经营单位在非药品类易制毒化学品生产许可证有效期内出现下列情形之一的，应当向原许可证颁发管理部门申请变更许可证：

（一）单位法定代表人或者主要负责人改变；
（二）单位名称改变；
（三）许可品种主要流向改变；
（四）需要增加许可品种、数量。

属于本条第（一）、（三）项的变更，应当自发生改变之日起20个工作日内提出申请；属于本条第（二）项的变更，应当自工商营业执照变更后提出申请。申请变更时，需要按照要求提供证明材料。

非药品类易制毒化学品生产、经营单位原有技术或者销售人员、管理人员变动的，变动人员应当具有相应的安全生产和易制毒化学品知识。

第一类非药品类易制毒化学品生产单位不再生产非药品类易制毒化学品时，应当在停止生产后3个月内办理注销许可手续。

生产第二类、第三类非药品类易制毒化学品的，应当自生产之日起30个工作日内，将生产的品种、数量等情况，向所在地的设区的市级人民政府安全生产监督管理部门备案。第二类、第三类非药品类易制毒化学品生产单位进行备案时，应当提交下列资料：

（一）非药品类易制毒化学品品种、产量、销售量等情况的备案申请书；

（二）易制毒化学品管理制度；

（三）产品包装说明和使用说明书；

（四）工商营业执照副本（复印件）。

属于危险化学品生产单位的，还应当提交危险化学品生产企业安全生产许可证和危险化学品登记证（复印件），免于提交本条第（四）项所要求的文件、资料。

第二类、第三类非药品类易制毒化学品生产备案证明有效期为3年。有效期满后需继续生产的，应当在备案证明有效期满前3个月内重新办理备案手续。

第二类、第三类非药品类易制毒化学品生产单位的法定代表人或者主要负责人、单位名称、单位地址发生变化的，应当自工商营业执照变更之日起30个工作日内重新办理备案手续；生产的备案品种增加、主要流向改变的，在发生变化后30个工作日内重新办理备案手续。

第二类、第三类非药品类易制毒化学品生产单位不再生产非药品类易制毒化学品时，应当在终止生产后3个月内办理备案注销手续。

二、非药品类易制毒化学品经营单位管理

按照国家安全生产监督管理总局令第5号《非药品类易制毒化学品生产、经营许可办法》的规定，经营第一类非药品类易制毒化学品的，必须取得非药品类易制毒化学品生产许可证方可从事生产、经营活动。经营单位申请非药品类易制毒化学品经营许可证，应当向广东省安全生产监督管理局提交下列文件、资料，并对其真实性负责：

（一）非药品类易制毒化学品经营许可证申请书（一式两份）；

（二）经营场所、仓储设施情况说明材料；

（三）易制毒化学品经营管理制度和包括销售机构、销售代理商、用户等内容的销售网络文件；

（四）单位法定代表人或者主要负责人和销售、管理人员具有相应易制毒化学品知识的证明材料及无毒品犯罪记录证明材料；

（五）工商营业执照副本（复印件）；

（六）产品包装说明和使用说明书。

属于危险化学品经营单位的，还应当提交危险化学品经营许可证（复印件），免于提交本条第（五）项所要求的文件、资料。

经营许可证有效期为3年。许可证有效期满后需继续经营第一类非药品类易制毒化学品的，应当于许可证有效期满前3个月内向原许可证颁发管理部门提出换证申请并提交相应资料，经审查合格后换领新证。经营单位不再经营非药品类易制毒化学品时，应当在停止经营后3个月内办理注销许可手续。

第一类非药品类易制毒化学品经营单位在非药品类易制毒化学品经营许可证有效期内出现下列情形之一的，应当向原许可证颁发管理部门申请变更许可证：

（一）单位法定代表人或者主要负责人改变；

（二）单位名称改变；

（三）许可品种主要流向改变；

（四）需要增加许可品种、数量。

属于本条第（一）、（三）项的变更，应当自发生改变之日起20个工作日内提出申请；属于本条第（二）项的变更，应当自工商营业执照变更后提出申请。

申请变更时，应该提供相应的证明资料。经营单位原有技术或者销售人员、管理人员变动的，变动人员应当具有相应的安全生产和易制毒化学品知识。经营单位不再经营非药品类易制毒化学品时，应当在停止经营后3个月内办理注销许可手续。

经营第二类非药品类易制毒化学品的，应当自经营之日起30个工作日内，将经营的品种、数量、主要流向等情况，向所在地的设区的市级人民政府安全生产监督管理部门备案。经营第三类非药品类易制毒化学品的，应当自经营之日起30个工作日内，将经营的品种、数量、主要流向等情况，向所在地的县级人民政府安全生产监督管理部门备案。第二类、第三类非药品类易制毒化学品经营单位进行备案时，应当提交下列资料：

（一）非药品类易制毒化学品销售品种、销售量、主要流向等情况的备案申请书；

（二）易制毒化学品管理制度；

（三）产品包装说明和使用说明书；

（四）工商营业执照副本（复印件）。

属于危险化学品经营单位的，还应当提交危险化学品经营许可证，免于提交本条第（四）项所要求的文件、资料。

第二类、第三类非药品类易制毒化学品经营备案证明有效期为3年。有效期满后需继续经营的，应当在备案证明有效期满前3个月内重新办理备案手续。

第二类、第三类非药品类易制毒化学品经营单位的法定代表人或者主要负责人、单位名称、单位地址发生变化的，应当自工商营业执照变更之日起30个工作日内重新办理备案手续；经营的备案品种增加、主要流向改变的，在发生变化后30个工作日内重新办理备案手续。第二类、第三类非药品类易制毒化学品经营单位不再经营非药品类易制毒化学品时，应当在终止经营后3个月内办理备案注销手续。

第四节　监管工作重点内容

对申请人提交的申请书及文件、资料,应当按照下列规定分别处理:

(1)申请事项不属于本部门职权范围的,应当即时出具不予受理的书面凭证;

(2)申请材料存在可以当场更正的错误的,应当允许或者要求申请人当场更正;

(3)申请材料不齐全或者不符合要求的,应当当场或者在5个工作日内书面一次告知申请人需要补正的全部内容,逾期不告知的,自收到申请材料之日起即为受理;

(4)申请材料齐全、符合要求或者按照要求全部补正的,自收到申请材料或者全部补正材料之日起为受理。

对已经受理的申请材料,省、自治区、直辖市人民政府安全生产监督管理部门应当进行审查,根据需要可以进行实地核查。自受理之日起,对非药品类易制毒化学品的生产许可证申请在60个工作日内、对经营许可证申请在30个工作日内,省、自治区、直辖市人民政府安全生产监督管理部门应当作出颁发或者不予颁发许可证的决定。对决定颁发的,应当自决定之日起10个工作日内送达或者通知申请人领取许可证;对不予颁发的,应当在10个工作日内书面通知申请人并说明理由。第二类、第三类非药品类易制毒化学品生产、经营备案主管部门收到本办法第十九条、第二十条规定的备案材料后,应当于当日发给备案证明。

安全生产监督管理部门应当自收到报告后10个工作日内将本行政区域内上年度非药品类易制毒化学品生产、经营汇总情况报上级安全生产监督管理部门。

各级安全生产监督管理部门应当建立非药品类易制毒化学品许可和备案档案并加强信息管理。安全生产监督管理部门应当及时将非药品类易制毒化学品生产、经营许可及吊销许可情况,向同级公安机关和工商行政管理部门通报;向商务主管部门通报许可证和备案证明颁发等有关情况。

在针对企业的监督管理中应重点做好以下工作:

(1)严格非药品类易制毒化学品生产、经营颁证管理。

各级安全监管部门在许可证审查和备案证明延期换证等过程中,要依法依规严格要求,从严把好非药品类易制毒化学品生产经营准入关口。主要检查许可证和备案证明载明的易制毒化学品品种、产量、销售量、流向等内容与企业实际生产经营情况是否相吻合。

依法淘汰生产条件差、管理水平低的生产企业,关闭无固定经营场所的经营企业,从严查处涉毒案件中的违法企业。许可证或备案证明有效期届满后未按要求提交延期换证申请的企业,应当立即停止相关生产经营活动;继续生产经营的,按非法生产经营行为依法予以严肃查处。发证机关要在非药品类易制毒化学品生产、经营企业许可证或备案证明有效期届满后3个月内依法予以注销,并抄报同级公安、工商、商务等有关部门。

(2)加强非药品类易制毒化学品颁证企业的监管工作。

各级安全监管部门要制定年度监管执法工作计划,针对本地区非药品类易制毒化学品企业分布情况和管理状况按照计划开展日常监督检查,争取年度内覆盖所有企业,主要检查企业执行《条例》情况、保持颁证条件情况、制度落实情况、相关人员对非药品类易制毒化学品管理要求的掌握情况等。

对检查发现的问题,要限期改正,严厉查处和打击非法生产经营行为。要有机结合危险化学品安全监管工作,充分利用安全监管的行政许可手段,加大企业违法成本;对于被暂扣或吊销非药品类易制毒化学品相关许可证或备案证明,又存在违反危险化学品安全法律法规要求的企业,要同时依法暂扣或吊销其相关危险化学品安全许可证。

(3)加强生产、经营环节非药品类易制毒化学品流向监管。

各级安全监管部门要监督企业建立健全非药品类易制毒化学品出入库、销售登记等各项管理制度,主要检查企业非药品类易制毒化学品存放保管等内部流转是否有明确的记录,对外销售记录和买方购买资质留存资料是否完整,企业产量、销售量是否平衡,前后记录是否一致,台账和实物是否相符,以及产量、销售量、流向等与企业年报是否相符等情况。对存在问题的,要责令限期改正,依法处罚。

(4)加强非药品类易制毒化学品信息化管理。

各级安全监管部门要充分运用非药品类易制毒化学品管理信息系统的功能,全面分析和掌握本地区非药品类易制毒化学品生产和经营的总量、品种、流向、颁证等情况及相关变化。主要检查下级安监部门非药品类易制毒化学品生产、经营许可和备案颁证季报填报工作,检查并督促企业按时上报非药品类易制毒化学品生产、经营年报(以下简称年报)情况;要于每季度第一个月末前上报上一季度季报,每年4月底前上报上一年度年报。

企业不提供年报的,安全监管部门要依法予以处罚;下级安全监管部门不提供季报、年报,数据存在明显错误,季报、年报缺项较多的,上级安全监管部门要予以通报或督办。

(5)结合危险化学品安全监管工作,严把非药品类易制毒化学品企业准入关。

进一步加强和完善非药品类易制毒化学品生产、经营环节的流向和数量监管工作,建立日常监督检查机制,完善部门联合执法机制,严厉查处各种非法违法行为;加强对非药品类易制毒化学品企业的监督指导,督促企业认真落实非药品类易制毒化学品管理责任,增强自律意识,健全管理制度,自觉遵守《条例》规定,构建非药品类易制毒化学品生产经营法制秩序。

(6)建立非药品类易制毒化学品案件倒查机制。

对涉及非药品类易制毒化学品流入非法渠道案件的企业,所在地省级安全监管部门要组织专项检查,查清涉案情况、非药品类易制毒化学品管理情况;对存在管理漏洞的,要责令企业限期整改;对存在非法违法销售行为的,依法责令企业停产停业整顿,暂扣或吊销非药品类易制毒化学品生产、经营许可证和备案证明,情节严重的,依法移送公安机关追究法律责任。要举一反三,防止同类案件再次发生。

(7)加强组织领导和监管能力建设。

各级安全监管部门要加强组织领导,充实人员力量,落实责任,保障经费,及时检查和总结非药品类易制毒化学品监管工作。主要是各省级安全监管部门以及非药品类易制毒化学品企业数量多的设区的市级安全监管部门要配置专职管理人员;设区的市级以下的安全监管部门要明确固定的管理人员，并保持人员相对稳定，保证工作的连续性；要加强监管人员易制毒化学品法律法规和业务知识的培训；要创新日常监管方法，建立健全约谈、公布"黑名单"、挂牌督办等制度，应用信用记录等措施。

(8) 加强部门协作与配合。

各级安全监管部门要积极参与同级禁毒委员会组织开展的有关工作，开展与易制毒化学品监管相关部门的合作，形成整体监管合力。主要是在换发许可证和备案证明、检查企业非药品类易制毒化学品销售管理情况等工作中，要通过与有关部门沟通信息、加强联动，进一步查证实情，堵塞漏洞，共同推进监管工作；会同公安、商务和工商等相关部门联合开展专项检查，严厉打击非法违法生产、经营非药品类易制毒化学品行为。

在对企业的监督检查工作中需要重点关注以下两点：

(1) 重点检查《企业非药品类易制毒化学品规范化管理指南》的执行情况，主要是检查易制毒化学品从生产、储存到销售环节的流向管理各个基本要素的相应记录台账表格（附件1~附件10）记录情况与生产经营的现场实际情况是否一致；纸质档案和资料以及电子文档信息管理情况是否规范；各项管理制度是否落实；责任制是否落实；管理机构设立情况以及运行情况等是否符合要求。

(2) 重点检查《非药品类易制毒化学品生产、经营许可办法》的执行情况，主要是检查许可证书、备案文件中的具体内容与企业现场实际情况是否一致；发生变更的是否按照规定执行申请变更；企业是否依法依规取得和使用许可证书、备案文件；企业是否存在《非药品类易制毒化学品生产、经营许可办法》之第二十九条、第三十条、第三十一条的有关违法行为。

其他方面可参考本书其他章节的内容。

第六章　国内外危险化学品典型事故案例分析

案例 1　印度博帕尔毒气泄漏事故

一、事故经过及后果

1984年12月3日凌晨，印度中部博帕尔市北郊的美国联合碳化物公司印度公司的农药厂，突然传出几声尖利刺耳的汽笛声，紧接着在一声巨响声中，一股巨大的气柱冲向天空，形成一个蘑菇状气团，并很快扩散开来。这不是一般的爆炸，而是农药厂发生的严重毒气泄漏事故。

博帕尔农药厂是美国联合碳化物公司于1969年在印度博帕尔市建起来的，用于生产西维因、滴灭威等农药。制造这些农药的原料是一种叫作异氰酸甲酯（MIC）的剧毒液体。这种液体很容易挥发，沸点为39.6℃，只要有极少量短时间停留在空气中，就会使人感到眼睛疼痛，若浓度稍大，就会使人窒息。二战期间德国法西斯正是用这种毒气杀害过大批关在集中营的犹太人。在博帕尔农药厂，这种令人毛骨悚然的剧毒化合物被冷却贮存在一个地下不锈钢储藏罐里，达45吨之多。

12月2日晚，博帕尔农药厂工人发现异氰酸甲酯的储槽压力上升，午夜零时56分，液态异氰酸甲酯以气态从出现漏缝的保安阀中溢出，并迅速向四周扩散。毒气的泄漏犹如打开了潘多拉的魔盒。虽然农药厂在毒气泄漏后几分钟就关闭了设备，但已有30吨毒气化作浓重的烟雾以5km/h的速度迅速四处弥漫，很快就笼罩了25km^{2}的地区，数百人在睡梦中就被悄然夺走了性命，几天之内有25000多人毙命。

当毒气泄漏的消息传开后，农药厂附近的人们纷纷逃离家园。他们利用各种交通工具向四处奔逃，只希望能走到没有受污染的空气中去。很多人被毒气弄瞎了眼睛，只能一路上摸索着前行。一些人在逃命的途中死去，尸体堆积在路旁。至1984年底，该地区有2万多人死亡，20万人受到波及，附近的3000头牲畜也未能幸免于难。在侥幸逃生的受害者中，孕妇大多流产或产下死婴，有5万人可能永久失明或终生残疾，余生将苦痛无尽。

二、原因分析

危险是在灾难发生的前一天下午产生的。在例行日常保养的过程中，由于该公司杀虫剂工厂维修工人的失误，导致了水突然流入到装有MIC气体的储藏罐内。MIC是一种氰化物，一旦遇水会产生强烈的化学反应。这次有水渗入载有MIC的储藏罐内，令罐内产生极大的压力，最后导致罐壁无法抵受压力，罐内的化学物质泄漏至博帕尔市的上空。

其实，储藏罐内的MIC气体储量本身就值得怀疑。"MIC是一种化学过渡态物质，每个人都知道储藏它意味着要面临很大的危险。所以没有人敢管理大量的MIC气体，也没有人敢长时间地储藏它"。事发当晚负责交接班工作的奎雷施说。他说，"公司在管理这种剧毒气体的时候太过于自负了,从来没有真正地担心这种气体有可能引发的一系列的问题。"而据调查,事实是,当时公司在杀虫剂销售方面出现了一些问题,于是尽力削减安全措施方面的开支。在常规检查的过程中出现险情时,杀虫剂厂的重要安全系统或者发生了故障或者被关闭了。

毒气泄漏过程中,未教市民如何逃生。在事发之后,该工厂仍没有尽到向市民提供逃生信息的责任;他们对市民的生命有着惊人的漠视。尽管向警察报告情况花了三个小时的时间,工厂的管理者仍有足够时间把所有的工人转移到安全地带。"没有一个从工厂逃出来的人死亡,原因之一就是他们都被告知要朝相反的方向跑,逃离城市,并且用蘸水的湿布保持眼睛的湿润",奎雷施说。但是当灾难迫近的时候,公司却没有对当地居民做出任何警告,当毒气从储藏罐中泄漏出来的时候,他们没有给予博帕尔市民最基本的建议——不要惊慌,要待在家里并保持眼睛湿润。更为雪上加霜的是,公司迅速决定把灾难的严重性和影响故意说得轻微些,想以此来挽回形象。灾难过后的几天,公司的健康、安全和环境事务的负责人捷克森布朗宁仍旧把这种气体描述为"仅仅是一种强催泪瓦斯"。甚至在灾难的即时后果——几千人死亡,更多人将一生被病魔缠绕——被公布后,公司还是继续着相同的做法。

案例2 山东省青岛市"11·22"中石化东黄输油管道泄漏爆炸特别重大事故

一、基本情况

(一)事故单位情况

(1)中国石油化工集团公司(以下简称中石化集团公司),是经国务院批准于1998年7月在原中国石油化工总公司基础上重组成立的特大型石油石化企业集团,是国家独资设立的国有公司,注册资本2316亿元。

(2)中国石油化工股份有限公司(以下简称中石化股份公司),是中石化集团公司以独家发起方式于2000年2月设立的股份制企业,主要从事油气勘探与生产、油品炼制与销售、化工生产与销售等业务。

(3)中石化股份公司管道储运分公司(以下简称中石化管道分公司),是中石化股份公司下属的从事原油储运的专业化公司,位于江苏省徐州市,下设13个输油生产单位,管辖途经14个省(区、市)的37条、6505km输油管道和101个输油站(库)。

(4)中石化管道分公司潍坊输油处(以下简称潍坊输油处),是中石化管道分公司下属的输油生产单位,位于山东省潍坊市,负责管理东黄输油管道等5条、872km管道。

(5)中石化管道分公司黄岛油库(以下简称黄岛油库),是中石化管道分公司下属的输油生产单位,位于山东省青岛经济技术开发区,负责港口原油接收及转输业务。黄岛油库油罐总容量210万 m^3(其中,5万 m^3 油罐34座,10万 m^3 油罐4座)。

(6)潍坊输油处青岛输油站(以下简称青岛站),是潍坊输油处下属的管道运行维护单位,位于山东省青岛市胶州市,负责管理东黄输油管道胶州、高密界至黄岛油库的94km管道。

(二)青岛经济技术开发区情况

青岛经济技术开发区(以下简称开发区)是经国务院批准于 1984 年 10 月成立的。目前管理区域总面积 478km^2,有黄岛、薛家岛等 7 个街道办事处和 1 个镇,322 个村(居),常住人口近 80 万人。2012 年,完成地区生产总值 1365 亿元。

(三)东黄输油管道相关情况

东黄输油管道于 1985 年建设,1986 年 7 月投入运行,起自山东省东营市东营首站,止于开发区黄岛油库。设计输油能力 2000 万 t/年,设计压力 6.27MPa。管道全长 248.5km,管径 711mm,材料为 API5LX-60 直缝焊接钢管。管道外壁采用石油沥青布防腐,外加电流阴极保护。1998 年 10 月改由黄岛油库至东营首站反向输送,输油能力 1000 万 t/年。

事故发生段管道沿开发区秦皇岛路东西走向,采用地埋方式敷设。北侧为青岛丽东化工有限公司厂区,南侧有青岛益和电器集团公司、青岛信泰物流有限公司等企业。

事故发生时,东黄输油管道输送埃斯坡、罕戈 1∶1 混合原油,密度 0.86t/m^3,饱和蒸汽压 13.1kPa,蒸汽爆炸极限 1.76%~8.55%,闭杯闪点 -16℃。油品属轻质原油。原油出站温度 27.8℃,满负荷运行出站压力 4.67MPa。

(四)排水暗渠相关情况

事故主要涉及刘公岛路(秦皇岛路以南并与秦皇岛路平行)至入海口的排水暗渠,全长约 1945m,南北走向,通过桥涵穿过秦皇岛路。秦皇岛路以南排水暗渠(上游)沿斋堂岛街西侧修建,最南端位于斋堂岛街与刘公岛路交汇的十字路口西北侧,长度约为 557m;秦皇岛路以北排水暗渠(下游)穿过青岛丽东化工有限公司厂区,并向北延伸至入海口,长度约为 1388m。斋堂岛街东侧建有青岛益和电器设备有限公司、开发区第二中学等单位;斋堂岛街西侧建有青岛信泰物流有限公司、华欧北海花园、华欧水湾花园等企业及居民小区。

排水暗渠分段、分期建设。1995 年、1997 年先后建成秦皇岛路桥涵南、北半幅(南半幅长 30m、宽 18m、高 3.29m,北半幅长 25m、宽 18m、高 2.87m)。秦皇岛路桥涵以南沿斋堂岛街的排水明渠于 1996 年建设完成;1998 年、2002 年、2008 年经过 3 次加设盖板改造,成为排水暗渠(暗渠宽 8m、高 2.5m)。秦皇岛路桥涵以北的排水暗渠于 2004 年、2009 年分两期建设完成(暗渠宽 13m、高 2.0~2.5m 不等)。排水暗渠底板为钢筋混凝土,墙体为浆砌石,顶部为预制钢筋混凝土盖板。

(五)东黄输油管道与排水暗渠交叉情况

输油管道在秦皇岛路桥涵南半幅顶板下架空穿过,与排水暗渠交叉。桥涵内设 3 座支墩,管道通过支墩洞孔穿越暗渠,顶部距桥涵顶板 110cm,底部距渠底 148cm,管道穿过桥涵两侧壁部位采用细石混凝土进行封堵。管道泄漏点位于秦皇岛路桥涵东侧墙体外 15cm,处于管道正下部位置。

二、事故发生经过及应急处置情况

(一)原油泄漏处置情况

1. 企业处置情况

11月22日2时12分,潍坊输油处调度中心通过数据采集与监视控制系统发现东黄输油管道黄岛油库出站压力从4.56MPa降至4.52MPa,两次电话确认黄岛油库无操作因素后,判断管道泄漏;2时25分,东黄输油管道紧急停泵停输。

2时35分,潍坊输油处调度中心通知青岛站关闭洋河阀室截断阀(洋河阀室距黄岛油库24.5km,为下游距泄漏点最近的阀室);3时20分左右,截断阀关闭。

2时50分,潍坊输油处调度中心向运销科报告东黄输油管道发生泄漏;2时57分,通知处抢维修中心安排人员赴现场抢修。

3时40分左右,青岛站人员到达泄漏事故现场,确认管道泄漏位置距黄岛油库出站口约1.5km,位于秦皇岛路与斋堂岛街交叉口处。组织人员清理路面泄漏原油,并请求潍坊输油处调用抢险救灾物资。

4时左右,青岛站组织开挖泄漏点、抢修管道,安排人员拉运物资清理海上溢油。

4时47分,运销科向潍坊输油处处长报告泄漏事故现场情况。

5时07分,运销科向中石化管道分公司调度中心报告原油泄漏事故总体情况。

5时30分左右,潍坊输油处处长安排副处长赴现场指挥原油泄漏处置和入海原油围控。

6时左右,潍坊输油处、黄岛油库等现场人员开展海上溢油清理。

7时左右,潍坊输油处组织泄漏现场抢修,使用挖掘机实施开挖作业;7时40分,在管道泄漏处路面挖出2m×2m×1.5m作业坑,管道露出;8时20分左右,找到管道泄漏点,并向中石化管道分公司报告。

9时15分,中石化管道分公司通知现场人员按照预案成立现场指挥部,做好抢修工作;9时30分左右,潍坊输油处副处长报告中石化管道分公司,潍坊输油处无法独立完成管道抢修工作,请求中石化管道分公司抢维修中心支援。

10时25分,现场作业时发生爆炸,排水暗渠和海上泄漏原油燃烧,现场人员向中石化管道分公司报告事故现场发生爆炸燃烧。

2. 政府及相关部门处置情况

11月22日2时31分,开发区公安分局110指挥中心接警,称青岛丽东化工有限公司南门附近有泄漏原油,黄岛派出所出警。

3时10分,110指挥中心向开发区总值班室报告现场情况。至4时17分,开发区应急办、市政局、安全监管局、环保分局、黄岛街道办事处等单位人员分别收到事故报告。4时51分、7时46分、7时48分,开发区管委会副主任、主任、党工委书记分别收到事故报告。

4时10分至5时左右,开发区应急办、安全监管局、环保分局、市政局及开发区安全监管局石化区分局、黄岛街道办事处有关人员先后到达原油泄漏事故现场,开展海上溢油清理。

7时49分,开发区应急办副主任将泄漏事故现场及处置情况报告青岛市政府总值班室。

8时18分至27分,青岛市政府总值班室电话调度青岛市环保局、青岛海事局、青岛市安全监管局,要求进一步核实信息。

8时34分至40分,青岛市政府总值班室将泄漏事故基本情况通过短信报告市政府秘书长、副秘书长、应急办副主任。

8时53分,青岛市政府副秘书长将泄漏事故基本情况短信转发市经济和信息化委员会副主任,并电话通知其立即赶赴事故现场。

9时01分至06分,青岛市政府副秘书长、市政府总值班室将泄漏事故基本情况分别通过短信报告市长及4位副市长。

9时55分,青岛市经济和信息化委员会副主任等到达泄漏事故现场;10时21分,向市政府副秘书长报告海面污染情况;10时27分,向市政府副秘书长报告事故现场发生爆炸燃烧。

(二)爆炸情况

为处理泄漏的管道,现场决定打开暗渠盖板。现场动用挖掘机,采用液压破碎锤进行打孔破碎作业,作业期间发生爆炸。爆炸时间为2013年11月22日10时25分。

爆炸造成秦皇岛路桥涵以北至入海口、以南沿斋堂岛街至刘公岛路排水暗渠的预制混凝土盖板大部分被炸开,与刘公岛路排水暗渠西南端相连接的长兴岛街、唐岛路、舟山岛街排水暗渠的现浇混凝土盖板拱起、开裂和局部炸开,全长波及5000余米。爆炸产生的冲击波及飞溅物造成现场抢修人员、过往行人、周边单位和社区人员,以及青岛丽东化工有限公司厂区内排水暗渠上方临时工棚及附近作业人员,共62人死亡、136人受伤。爆炸还造成周边多处建筑物不同程度损坏,多台车辆及设备损毁,供水、供电、供暖、供气多条管线受损。泄漏原油通过排水暗渠进入附近海域,造成胶州湾局部污染。

(三)爆炸后应急处置及善后情况

爆炸发生后,山东省委书记姜异康、省长郭树清迅速率领有关部门负责同志赶赴事故现场,指导事故现场处置工作。青岛市委、市政府主要领导同志立即赶赴现场,成立应急指挥部,组织抢险救援。中石化集团公司董事长傅成玉立即率工作组赶赴现场,中石化管道分公司调集专业力量、中石化集团公司调集山东省境内石化企业抢险救援力量赶赴现场。王勇国务委员在事故现场听取山东省、青岛市主要领导同志的工作汇报后,指示成立了以省政府主要领导同志为总指挥的现场指挥部,下设8个工作组,开展人员搜救、抢险救援、医疗救治及善后处理等工作。当地驻军也投入力量积极参与抢险救援。

现场指挥部组织2000余名武警及消防官兵、专业救援人员,调集100余台(套)大型设备和生命探测仪及搜救犬,紧急开展人员搜救等工作。截至12月2日,62名遇难人员身份全部确认并向社会公布。遇难者善后工作基本结束。136名受伤人员得到妥善救治。

青岛市对事故区域受灾居民进行妥善安置，调集有关力量，全力修复市政公共设施，恢复供水、供电、供暖、供气，清理陆上和海上油污。当地社会秩序稳定。

三、事故原因和性质

（一）直接原因

输油管道与排水暗渠交汇处管道腐蚀减薄、管道破裂、原油泄漏，流入排水暗渠及反冲到路面。原油泄漏后，现场处置人员采用液压破碎锤在暗渠盖板上打孔破碎，产生撞击火花，引发暗渠内油气爆炸。

原因分析：通过现场勘验、物证检测、调查询问、查阅资料，并经综合分析认定：由于与排水暗渠交叉段的输油管道所处区域土壤盐碱和地下水氯化物含量高，同时排水暗渠内随着潮汐变化海水倒灌，输油管道长期处于干湿交替的海水及盐雾腐蚀环境，加之管道受到道路承重和振动等因素影响，导致管道加速腐蚀减薄、破裂，造成原油泄漏。泄漏点位于秦皇岛路桥涵东侧墙体外 15 cm，处于管道正下部位置。经计算、认定，原油泄漏量约 2000 吨。

泄漏原油部分反冲出路面，大部分从穿越处直接进入排水暗渠。泄漏原油挥发的油气与排水暗渠空间内的空气形成易燃易爆的混合气体，并在相对密闭的排水暗渠内积聚。由于原油泄漏到发生爆炸达 8 个多小时，受海水倒灌影响，泄漏原油及其混合气体在排水暗渠内蔓延、扩散、积聚，最终造成大范围连续爆炸。

（二）间接原因

1. 中石化集团公司及下属企业安全生产主体责任不落实，隐患排查治理不彻底，现场应急处置措施不当。

（1）中石化集团公司和中石化股份公司安全生产责任落实不到位。安全生产责任体系不健全，相关部门的管道保护和安全生产职责划分不清、责任不明；对下属企业隐患排查治理和应急预案执行工作督促指导不力，对管道安全运行跟踪分析不到位；安全生产大检查存在死角、盲区，特别是在全国集中开展的安全生产大检查中，隐患排查工作不深入、不细致，未发现事故段管道安全隐患，也未对事故段管道采取任何保护措施。

（2）中石化管道分公司对潍坊输油处、青岛站安全生产工作疏于管理。组织东黄输油管道隐患排查治理不到位，未对事故段管道防腐层大修等问题及时跟进，也未采取其他措施及时消除安全隐患；对一线员工安全和应急教育不够，培训针对性不强；对应急救援处置工作重视不够，未督促指导潍坊输油处、青岛站按照预案要求开展应急处置工作。

（3）潍坊输油处对管道隐患排查整治不彻底，未能及时消除重大安全隐患。2009 年、2011 年、2013 年先后 3 次对东黄输油管道外防腐层及局部管体进行检测，均未能发现事故段管道严重腐蚀等重大隐患，导致隐患得不到及时、彻底整改；从 2011 年起安排实施东黄输油管道外防腐层大修，截至 2013 年 10 月仍未对包括事故泄漏点所在的 15km 管道进行大修；对管道泄漏突发事件的应急预案缺乏演练，应急救援人员对自己的职责和应对措施不熟悉。

（4）青岛站对管道疏于管理，管道保护工作不力。制定的管道抢维修制度、安全操作规程针对性、操作性不强，部分员工缺乏安全操作技能培训；管道巡护制度不健全，巡线人员专业知识不够；没有对开发区在事故段管道先后进行排水明渠和桥涵、明渠加盖板、道路拓宽和翻修等建设工程提出管道保护的要求，没有根据管道所处环境变化提出保护措施。

（5）事故应急救援不力，现场处置措施不当。青岛站、潍坊输油处、中石化管道分公司对泄漏原油数量未按应急预案要求进行研判，对事故风险评估出现严重错误，没有及时下达启动应急预案的指令；未按要求及时全面报告泄漏量、泄漏油品等信息，存在漏报问题；现场处置人员没有对泄漏区域实施有效警戒和围挡；抢修现场未进行可燃气体检测，盲目动用非防爆设备进行作业，严重违规违章。

2. 青岛市人民政府及开发区管委会贯彻落实国家安全生产法律法规不力。

（1）督促指导青岛市、开发区两级管道保护工作主管部门和安全监管部门履行管道保护职责和安全生产监管职责不到位，对长期存在的重大安全隐患排查整改不力。

（2）组织开展安全生产大检查不彻底，没有把输油管道作为监督检查的重点，没有按照"全覆盖、零容忍、严执法、重实效"的要求，对事故涉及企业深入检查。

（3）黄岛街道办事处对青岛丽东化工有限公司长期在厂区内排水暗渠上违章搭建临时工棚问题失察，导致事故伤亡扩大。

3. 管道保护工作主管部门履行职责不力，安全隐患排查治理不深入。

（1）山东省油区工作办公室已经认识到东黄输油管道存在安全隐患，但督促企业治理不力，督促落实应急预案不到位；组织安全生产大检查不到位，督促青岛市油区工作办公室开展监督检查工作不力。

（2）青岛市经济和信息化委员会、油区工作办公室对管道保护的监督检查不彻底、有盲区，2013年开展了6次管道保护的专项整治检查，但都没有发现秦皇岛路道路施工对管道安全的影响；对管道改建计划跟踪督促不力，督促企业落实应急预案不到位。

（3）开发区安全监管局作为管道保护工作的牵头部门，组织有关部门开展管道保护工作不力，督促企业整治东黄输油管道安全隐患不力；安全生产大检查走过场，未发现秦皇岛路道路施工对管道安全的影响。

4. 开发区规划、市政部门履行职责不到位，事故发生地段规划建设混乱。

（1）开发区控制性规划不合理，规划审批工作把关不严。开发区规划分局对青岛信泰物流有限公司项目规划方案审批把关不严，未对市政排水设施纳入该项目规划建设及明渠改为暗渠等问题进行认真核实，导致市政排水设施继续划入厂区规划，明渠改暗渠工程未能作为单独市政工程进行报批。事故发生区域危险化学品企业、油气管道与居民区、学校等近距离或交叉布置，造成严重安全隐患。

（2）管道与排水暗渠交叉工程设计不合理。管道在排水暗渠内悬空架设，存在原油泄漏进入排水暗渠的风险，且不利于日常维护和抢维修；管道处于海水倒灌能够到达的区域，腐蚀加剧。

（3）开发区行政执法局（市政公用局）对青岛信泰物流有限公司厂区明渠改暗渠审批把关不严，以"绿化方案审批"形式违规同意设置盖板，将明渠改为暗渠；实施的秦皇岛路综合整治工程，未与管道企业沟通协商，未按要求计算对管道安全的影响，未对管道采取保护措施，加剧管体腐蚀、损坏；未发现青岛丽东化工有限公司长期在厂区内排水暗渠上违章搭建临时工棚的问题。

5. 青岛市及开发区管委会相关部门对事故风险研判失误，导致应急响应不力。

(1) 青岛市经济和信息化委员会、油区工作办公室对原油泄漏事故发展趋势研判不足，指挥协调现场应急救援不力。

(2) 开发区管委会未能充分认识原油泄漏的严重程度，根据企业报告情况将事故级别定为一般突发事件，导致现场指挥协调和应急救援不力，对原油泄漏的发展趋势研判不足；未及时提升应急预案响应级别，未及时采取警戒和封路措施，未及时通知和疏散群众，也未能发现和制止企业现场应急处置人员违规违章操作等问题。

(3) 开发区应急办未严格执行生产安全事故报告制度，压制、拖延事故信息报告，谎报开发区分管领导参与事故现场救援指挥等信息。

(4) 开发区安全监管局未及时将青岛丽东化工有限公司报告的厂区内明渠发现原油等情况向政府和有关部门通报，也未采取有效措施。

(三) 事故性质

经调查认定，山东省青岛市"11·22"中石化东黄输油管道泄漏爆炸特别重大事故是一起生产安全责任事故。

案例3 晋济高速公路山西晋城段岩后隧道"3·1"特别重大道路交通危化品燃爆事故

一、基本情况

(一) 事故车辆驾驶人情况

李建云，晋E23504/晋E2932挂铰接列车驾驶人，山西省泽州县人。1991年12月19日初次领取驾驶证，驾驶证有效期至2015年12月19日，准驾车型代号为A2（大型货车）。2006年5月19日在晋城市交通局初次取得危险货物运输驾驶员从业资格证，从业资格证有效期至2014年10月30日。

牛冲，晋E23504/晋E2932挂铰接列车押运员，山西省高平市人。2012年5月28日在晋城市交通运输局初次取得危险货物运输押运员从业资格证，从业资格证有效期至2018年5月28日。

汤天才，豫HC2923/豫H085J挂铰接列车驾驶人，河南省孟州市人。1988年9月23日初次领取驾驶证，驾驶证有效期至2016年9月23日，准驾车型代号为A2、D（摩托车）。2002年7月5日在焦作市交通局初次取得危险货物运输驾驶员从业资格证，从业资格证有效期至2014年6月6日。

冯国强，豫HC2923/豫H085J挂铰接列车押运员，河南省孟州市人。2012年6月15日在焦作市交通局初次取得危险货物运输押运员从业资格证，从业资格证有效期至2018年6月14日。

(二) 事故车辆情况

晋E23504/晋E2932挂铰接列车由半挂牵引车和罐式半挂车组成。半挂牵引车厂牌为斯达-斯太尔牌,准牵引总质量37.6吨;罐式半挂车厂牌为雷星牌,最大设计总质量39.8吨,核定载重质量30.6吨,实际装载29.14吨甲醇。半挂牵引车、罐式半挂车于2008年5月27日在晋城市公安局交通警察支队车辆管理所办理注册登记。事发时机动车所有人为晋城市福安达物流有限公司,车辆使用性质为危险化学品运输,检验有效期至2014年5月31日。2008年6月在晋城市道路运输管理局办理道路运输证。2006年1月24日,国家发展改革委第5号公告《车辆生产企业及产品(第115批)》(以下简称《第115批公告》)记录的装载介质为汽油,出厂检验证书《危险化学品运输汽车罐体委托检验报告》(编号:XJ08-1284)允许装载介质为轻质燃油,发生事故时实际装载甲醇。

豫HC2923/豫H085J挂铰接列车由半挂牵引车和罐式半挂车组成。半挂牵引车厂牌为东风牌,准牵引总质量37.6吨;罐式半挂车厂牌为昌骅牌,最大设计总质量40吨,核定载重质量32吨,实际装载29.66吨甲醇。半挂牵引车、罐式半挂车分别于2011年5月31日、2012年5月2日在焦作市公安局交通警察支队车辆管理所办理注册登记,机动车所有人为河南省焦作市孟州市汽车运输有限责任公司,车辆使用性质为危险化学品运输,检验有效期至2014年5月。2012年5月8日在焦作市道路运输管理局办理道路运输证。2010年6月30日,工业和信息化部工产业〔2010〕第107号公告《车辆生产企业及产品(第215批)》(以下简称《第215批公告》)记录的装载介质为二异丙胺,发生事故时实际装载甲醇。罐式半挂车未经质检部门认定的检验机构出厂检验。

(三)事故单位情况

山西省晋城市福安达物流有限公司成立于2010年1月。该公司具有危险货物运输运营资质(2类3项、3类、8类,即毒性气体、易燃液体、腐蚀性物质),道路危险货物运输许可证有效期至2018年1月28日。该公司现有半挂牵引车7辆,罐式半挂车7辆,驾驶员7名,押运员7名,安全管理人员3名(2名为兼职)。其中,肇事车辆晋E23504/晋E2932挂铰接列车于2012年1月17日由山西省汽运集团晋城汽车运输有限公司过户至晋城市福安达物流有限公司。

河南省焦作市孟州市汽车运输有限责任公司为国有股份制企业,隶属于孟州市交通运输局。该公司具有危险货物运输运营资质(2类1项、2类2项、2类3项、3类、4类3项、8类、9类,即气体、易燃液体、遇湿危险物质、腐蚀性物质和杂类危险物质),道路运输经营许可证有效期至2014年8月23日。公司现有危险货物运输车辆426辆,危险货物运输车辆驾驶员426名,押运员426名,管理人员251名。

(四)事故道路情况

事故发生在晋济高速公路(国家高速公路网二连浩特至广州主干线山西晋城段)山西晋城至河南济源方向的岩后隧道内K9+605.305处。该隧道为左右分离式,事发隧道(右洞)长786.875m,隧道进口段(K9+574.125至K10+265.319)位于直线上,出口段(K10+265.319至K10+361)位于半径为835米的平曲线上,隧道纵坡为2.2%。隧道建筑限界为净宽9.75m,限高5m,隧道内轮廓采用半径为5.29m的单心圆曲墙式断面。隧道围岩属二、三、四类,采用复合式衬砌,路面铺装为4cm加6cm改性沥青混凝土。

隧道内设有人行横洞一处(右线里程桩号为K10+000.000),与隧道左洞相通,长35m,宽2.4m,用于维修、养护和消防救援;人行横洞两端设计可开启的钢质卷闸门,隧道正常运营时关闭。岩后隧道左右洞均采用自然通风；隧道内每50m设置一组消防箱，内置4具手提式灭火器。

距岩后隧道右洞出口3849m、距天井关隧道右洞出口1411m处设有泽州收费站和晋济高速公路煤焦管理站。泽州收费站是晋济高速公路的省际收费站，2008年12月投入使用，出晋方向设有9个收费车道，其中，煤焦车辆专用收费通道5个，其他车道4个（含ETC车道1个），在煤焦车辆专用收费通道与其他收费车道之间设置了隔离设施，煤焦管理站和泽州收费站同时建成投入使用。煤焦管理站在泽州收费站煤焦车辆专用收费通道前设立指挥岗，用于查验和指挥煤焦车辆进入煤焦车辆专用收费通道，在煤焦车辆专用收费通道后设有磅房操作岗、验票岗。

（五）相关涉事单位情况

1. 罐式半挂车生产企业

（1）湖北东特车辆制造有限公司。公司成立于2004年，位于湖北省荆州市，具有专用货车、专用作业车和通用货车挂车的生产资质。原名湖北程力威专用汽车有限公司，2008年4月公司更改为现名。

（2）河北昌骅专用汽车有限公司。公司位于河北省黄骅市，具有自卸车、专用货车（含罐式）、专用作业车、通用货车挂车（含罐式）、特种作业半挂车（油田半挂车）车辆产品的生产资质。

2. 罐式半挂车罐体检验检测机构

（1）山西省锅炉压力容器监督检验研究院。该院成立于2002年11月，属山西省质量技术监督局直属事业单位，现有员工81人，从事锅炉、压力容器、压力管道等特种设备的监督检验、定期检验和委托检验工作，取得了《计量认证》（有效期至2016年7月24日）、特种设备综合检验机构（甲类）资质（有效期至2015年1月30日）。该院下属的槽车罐车质量安全检验站于2013年4月对晋E2932挂罐式半挂车的罐体进行了检验。

（2）河南省正拓罐车检测服务有限公司。公司成立于2012年5月4日，位于河南省焦作市山阳区。现有员工5人，其中检测人员2人。经营范围包括道路运输液体危险货物罐式车辆（金属常压罐体）的检测。于2013年5月对豫H085J挂罐式半挂车的罐体进行了检测。

3. 晋城高速公路有限责任公司

该公司是晋济高速公路的管理单位，隶属山西省高速公路管理局，主要负责晋阳、晋济、环城高速公路共96km的运营管理工作。公司内设7个科室，下设10个收费站、1个路政大队、1个片区监控中心和3个养护中心。

泽州收费站隶属于晋城高速公路有限责任公司，共有员工64人。该站于2008年12月12日经山西省人民政府批复设站，2008年12月31日正式运营收费。

4. 山西煤炭运销集团晋城有限公司

山西煤炭运销集团有限公司受山西省人民政府委托，承担山西省地方煤炭统一经销、山西省煤炭可持续发展基金交纳查验补征的职责，并对出省煤焦管理站的运行和业务进行全面监管。山西煤炭运销集团晋城有限公司是山西煤炭运销集团有限公司的全资子公司，受集团委托具体管理包括晋济高速公路煤焦管理站在内的7个出省煤焦管理站。晋济高速公路煤焦管理站于2008年8月取得山西省人民政府颁发的《山西省设立公路站卡许可证》

（设站许可证编号：晋证许 M 字第 459 号），设站桩号为晋济高速公路 K14+350。

5. 涉事路段交管部门基本情况

事故发生路段属于山西省公安厅交通警察总队高速三支队八大队管辖。八大队民警总人数 26 人，驻地在山西省晋城市城区。八大队为新建大队，与一大队共用值班室，轮流值守，事发当天为一大队值班。

二、事故发生经过

（一）发生事故前路段交通情况

2 月 28 日 17 时 50 分，晋济高速公路全线因降雪相继封闭；3 月 1 日 7 时 10 分，解除交通管制措施。

3 月 1 日 11 时起，事故路段车流量逐渐增加；12 时 45 分，泽州收费站出省方向车辆增多，开始出现通行缓慢的情况；13 时，持续出现运煤车辆在右侧车道和应急车道排队等候通行的情况；事发时岩后隧道右侧车道排队等候，左侧车道行驶缓慢。

（二）肇事车辆追尾情况

3 月 1 日 14 时 43 分许，由汤天才驾驶、冯国强押运的豫 HC2923/豫 H085J 挂铰接列车（事发时位于前方，以下简称前车），装载 29.66 吨甲醇运往洛阳，在沿晋济高速公路由北向南行驶至岩后隧道右洞入口以北约 100m 处时，发现右侧车道上有运煤车辆排队等候，遂从右侧车道变道至左侧车道进入岩后隧道，行驶了 40 余米后，停在皖 BTZ110 号轻型厢式货车后。

14 时 45 分许，由李建云驾驶、牛冲押运的晋 E23504/晋 E2932 挂铰接列车（事发时位于后方，以下简称后车），装载 29.14 吨甲醇运往河南省博爱县，在沿晋济高速公路由北向南行驶至岩后隧道右洞入口以北约 100m 处时，看到右侧车道上有运煤车辆排队缓慢通行，但左侧车道内至隧道口前没有车辆，遂从右侧车道变至左侧车道。驶入岩后隧道后，突然发现前方 5~6m 处停有前车。李建云虽采取紧急制动措施，但仍与前车追尾。碰撞致使后车前部与前车尾部铰合在一起，造成前车尾部的防撞设施及卸料管断裂、甲醇泄漏，后车前脸损坏。

（三）岩后隧道内车辆燃烧爆炸情况

两车追尾碰撞后，前车押运员冯国强从右侧车门下车，由车前部绕到车身左侧尾部观察，发现甲醇泄漏。为关闭主卸料管根部球阀，冯国强要求汤天才向前移动车辆。该车向前移动 1.18m 后停住，汤天才下车走到车身左侧罐体中部时，冯国强发现地面泄漏的甲醇起火燃烧。

甲醇形成流淌火迅速引燃了两辆事故车辆（后车罐体没有泄漏燃烧）和附近的 4 辆运煤车、货车及面包车，由于事发时受气象和地势影响，隧道内气流由北向南，且隧道南高北低，高差达 17.3m，形成"烟囱效应"，甲醇和车辆燃烧产生的高温有毒烟气迅速向隧道内南出口蔓延。经专家计算，第一起火点着火后，8min 后烟气即可充满整个隧道；起火后 10min，距离第一起火点 184m 的 5 辆运煤车起火燃烧，形成第二起火点；随后距离第二起火点 40m 的其他车辆也开始燃烧。

发现着火后，后车驾驶员李建云、押运员牛冲从隧道北口跑出，前车驾驶员汤天才、押运员冯国强跑向隧道南口，并警示前方的皖 BTZ110、皖 BTZ016 驾乘人员后方起火。当时隧道内共有 87 人，部分人员在发现烟、火后驾车或弃车逃生，48 人成功逃出（其中 1 人因伤势过重经抢救无效死亡）。

17 时 5 分许，距离南出口约 100m 的 1 辆装载二甲醚的鲁 RH0900/鲁 RC877 挂铰接列车罐体受热超压爆炸解体。

事故导致滞留隧道内的 42 辆车辆全部烧毁，隧道受损严重。

三、事故应急处置情况

（一）消防部门应急处置情况

3 月 1 日 14 时 50 分，晋城消防支队指挥中心接警后，先后调派 7 个公安消防中队、9 个专职消防队共 400 名官兵、44 辆消防车赶赴现场，山西省消防总队调集相邻的长治、临汾两市消防支队共 29 名官兵、5 辆消防车到场增援。

15 时 15 分，城区中队（系责任区中队，距离事发地约 13.5km）在高速交警引导下首先到达隧道北口。此时隧道北口有车辆猛烈燃烧，地面形成流淌火；位于下风方向的隧道南口有大量黑色浓烟涌出，浓烟已感到烫手。根据现场情况，由晋城市政府及其有关部门组成的现场指挥部决定全力扑救隧道北口火灾，继续对后车罐体实施冷却，在出口处组织停留人员疏散，并协调环保部门对现场环境及可燃有毒气体进行实时监测。18 时许，隧道北口处火灾被彻底扑灭。

3 月 2 日零时 10 分，现场指挥部决定组成攻坚组从人行横洞进入隧道，分别向隧道南、北两侧梯次进攻灭火。3 时 30 分，后车罐体内甲醇导出转移；9 时 30 分，人行横洞以北隧道内大火被基本扑灭；3 月 3 日 18 时，隧道内大火被全部扑灭。

（二）高速公路交管部门处置情况

3 月 1 日 14 时 51 分，山西省公安厅交警总队高速三支队八大队接警后派出民警分两组分别从该大队驻地和泽州收费站出发向晋济高速济源方向寻找事故地点。由大队驻地出发的 2 名民警于 15 时 7 分在距岩后隧道 1 公里处赶上了被堵在路上的晋城消防支队第一梯队，立即疏导车辆，打开中央防护栏引导消防车逆行抵近岩后隧道北口，并通知由泽州收费站出发的另一组民警折返赶赴岩后隧道南口。八大队各组民警陆续到达现场后，采取现场警戒、交通管制措施，配合消防、卫生部门开辟救援通道，并开展控制肇事车辆司乘人员、登记逃生人员等工作。

16 时 23 分，三支队值班副支队长带领事故科 1 名民警赶赴现场；17 时 15 分，三支队指挥中心将事故信息上报山西省公安厅交警总队。

（三）晋城高速公路有限责任公司处置情况

3 月 1 日 15 时 5 分，晋城高速公路有限责任公司信息监控中心得到事故信息，立即通知路政大队派员上路查看，并利用监控系统对辖区内隧道路段进行巡查。

15 时 25 分，晋城高速公路有限责任公司路政大队有关人员接报后赶赴事故现场，配合当地政府救援力量开展清障、管制、救援等工作。

15 时 26 分，根据高速交警指令，信息监控中心向泽州收费站和临近的收费站下达了封闭指令。

(四)晋城市政府及其有关部门的处置情况

3月1日15时18分、15时41分,晋城市110指挥中心、市公安局分别收到事故报告;15时42分,晋城市政府值班室接到晋城高速公路有限责任公司事故报告;16时19分,晋城市政府值班室向山西省政府值班室电话报告事故情况;16时35分、17时、17时3分,市政府应急办分别接到市消防支队、市公安局和市安全监管局的事故信息报告。

16时45分,晋城市委市政府有关领导同志率领相关部门相继抵达岩后隧道入口,成立了以晋城市常务副市长为总指挥的晋城市现场抢险救援指挥部,调派增援力量并部署有关单位进一步做好现场控制、人员搜救、伤者救治、疏散安置、环境保护、应急保障、善后维稳等有关工作。

此次事故抢险共组织救援力量1000余人,投入各类救援车辆300余台次,紧急调运灭火用水9300余吨,清运煤炭1200余吨,吊装拖运烧毁车辆42辆。

(五)伤亡人员核查情况

事故发生后,山西省公安厅组织开展遇难人员数量和身份核定工作。先后在隧道内搜寻到12具遗骸,并对隧道内清理出的42辆车辆残骸、1000余吨煤炭及其他残留物进行反复筛查,提取检材。在国务院安委会工作组(事故调查组成立后在事故调查组)及有关专家的督促指导下,公安机关通过DNA反复检验、人类学骨骼鉴定、收集家属寻亲信息、车辆信息、同车人证明、手机信息验证和大情报系统比对等综合技术手段反复核查,于3月11日,确认这起事故死亡和失踪人数已超过30人,为特别重大事故。截至3月17日,最终确认在这起事故中有40人遇难,并对遇难者身份全部予以确认。

四、事故原因和性质

(一)直接原因

晋E23504/晋E2932挂铰接列车在隧道内追尾豫HC2923/豫H085J挂铰接列车,造成前车甲醇泄漏,后车发生电气短路,引燃周围可燃物,进而引燃泄漏的甲醇。

(1)两车追尾的原因:晋E23504/晋E2932挂铰接列车在进入隧道后,驾驶员未及时发现停在前方的豫HC2932/豫H085J挂铰接列车,距前车仅五六米时才采取制动措施;晋E23504牵引车准牵引总质量(37.6吨),小于晋E2932挂罐式半挂车的整备质量与运输甲醇质量之和(38.34吨),存在超载行为,影响刹车制动。

经认定,在晋E23504/晋E2932挂铰接列车追尾碰撞豫HC2932/豫H085J挂铰接列车的交通事故中,晋E23504/晋E2932挂铰接列车驾驶员李建云负全部责任。

(2)车辆起火燃烧的原因:追尾造成豫H085J挂半挂车的罐体下方主卸料管与罐体焊缝处撕裂,该罐体未按标准规定安装紧急切断阀,造成甲醇泄漏;晋E23504车发动机舱内高压油泵向后位移,启动机正极多股铜芯线绝缘层破损,导线与输油泵输油管管头空心螺栓发生电气短路,引燃该导线绝缘层及周围可燃物,进而引燃泄漏的甲醇。

(二)间接原因

1. 山西省晋城市福安达物流有限公司安全生产主体责任不落实。

企业法定代表人不能有效履行安全生产第一责任人责任;企业应急预案编制和应急演练不符合规定要求;企业没有按照设计充装介质、《第115批公告》批准及《机动车辆整车出厂合格证》记载的介质要求进行充装；从业人员安全培训教育制度不落实，驾驶员和押运员习惯性违章操作，罐体底部卸料管根部球阀长期处于开启状态。另外，根据肇事车辆的行车记录仪记录，于2014年1月3日发生故障后，仍然继续从事运营活动，违反了《国务院关于加强道路交通安全工作的意见》（国发〔2012〕30号）的有关规定。

2. 河南省焦作市孟州市汽车运输有限责任公司危险货物运输安全生产的主体责任落实不到位。

企业未能吸取2012年包茂高速陕西延安"8·26"特别重大道路交通事故教训，仍然存在"以包代管"问题；没有按照设计充装介质、《第215批公告》批准及《机动车辆整车出厂合格证》记载的介质要求进行充装；驾驶员和押运员习惯性违章操作，罐体底部卸料管根部球阀长期处于开启状态。

3. 晋济高速公路煤焦管理站违规设置指挥岗加重了车辆拥堵。

（1）晋济高速公路煤焦管理站违反设计要求在泽州收费站前设置指挥岗，加重了车辆拥堵。拥堵发生后，未主动协调配合收费站等单位对车辆进行疏导。

（2）晋城市公路煤炭有限公司作为晋济高速公路煤焦管理站的上级主管单位，对管理站的监督检查和工作指导不力，未纠正指挥岗长期违规设在泽州收费站前的问题。

4. 湖北东特车辆制造有限公司、河北昌骅专用汽车有限公司生产销售不合格产品。

湖北东特车辆制造有限公司生产销售的"晋E2932挂"半挂车的罐体未安装紧急切断阀，不符合《道路运输液体危险货物罐式车辆第1部分：金属常压罐体技术要求》（GB18564.1—2006）标准的规定，属于不合格产品。河北昌骅专用汽车有限公司生产销售的"豫H085J挂"半挂车的罐体和"豫U8315挂"半挂车的罐体未安装紧急切断阀，不符合GB18564.1—2006标准的规定，属于不合格产品。车辆未经过检验机构检验销售出厂，不符合《危险化学品安全管理条例》的规定。

5. 山西省晋城市、泽州县政府及其交通运输管理部门对危险货物道路运输安全监管不力。

（1）泽州县道路运输管理所组织开展危险货物道路运输管理和监督检查工作不力，对山西省晋城市福安达物流有限公司存在的行车记录仪终端长时间无法运行、从业人员安全教育培训走形式等问题监管不力、执法不严，督促企业整改安全隐患不到位。晋城市道路运输管理局对危险货物运输安全监管责任、挂牌责任不落实；重审批、轻监管，对山西省晋城市福安达物流有限公司的监督检查不细致，开展安全生产大检查和专项检查工作不深入；对泽州县道路运输管理所履行监管职责督促指导不力。

（2）泽州县交通运输管理局对道路运输管理所组织开展危险货物道路运输安全监管工作监督检查不力，对道路运输管理所未认真履行监管职责的问题失察。晋城市交通运输管理局开展危险货物道路运输安全监管工作不到位，在2013年山西省组织开展的道路运输安全生产大检查等工作中，未认真组织落实对危险货物运输安全的大检查，指导督促泽州县交通运输管理局履行危险货物运输安全监管职责不到位。

（3）泽州县政府对泽州县交通运输管理局开展交通运输行业安全监管工作指导不力，未能有效指导泽州县交通运输管理局认真履行监管职责，未发现和纠正企业违规经营行为。泽州县委未认真贯彻落实"党政同责、一岗双责、齐抓共管"的要求，指导监督县政府和相关职能部门履行安全生产监管责任不到位。

（4）晋城市政府贯彻落实国家道路运输安全相关法律法规不到位，对市交通运输管理部门和泽州县政府履行道路运输安全监管职责的情况督促检查不到位。

6. 河南省焦作市交通运输管理部门和孟州市政府及其交通运输管理部门对危险货物道路运输安全监管不到位。

（1）孟州市公路运输管理所未认真吸取2012年包茂高速陕西延安"8·26"特别重大道路交通事故教训，未能纠正孟州市汽车运输有限责任公司危险货物车辆挂靠经营的问题，对该公司开展从业人员安全教育、隐患排查及应急演练等工作检查指导不到位，督促整改不力。焦作市道路运输管理局对孟州市公路运输管理所业务指导不到位；对危险货物运输企业申请材料办理把关不严，督促检查不到位。

（2）孟州市交通运输局未认真吸取2012年包茂高速陕西延安"8·26"特别重大道路交通事故教训，未能纠正孟州市汽车运输有限责任公司危险货物车辆挂靠经营的问题，对孟州市公路运输管理所开展道路运输企业安全生产监督检查工作督促指导不到位；对局属孟州市汽车运输有限责任公司在安全生产管理中存在的问题督促整改不力。焦作市交通运输局对焦作市道路运输管理局在危险货物业务审批、监督检查等工作中存在的问题监督指导不到位；对孟州市交通运输局业务指导不力。

（3）孟州市政府对孟州市交通运输局开展交通运输行业安全监管工作指导不力，未能有效指导孟州市交通运输局纠正企业违规经营行为。

7. 山西省高速公路管理部门对高速公路管理和拥堵信息处置不到位。

（1）晋城高速公路有限责任公司作为晋济高速公路的运营管理单位，对晋济高速公路煤焦管理站在泽州收费站前方违规设立指挥岗的请求采取默许态度，未予制止；企业应急预案的针对性和可操作性不强，启动标准不明确，培训和演练不到位；信息监控中心发现道路拥堵后，未按应急响应要求及时通知高速交警、煤焦管理站，也未对拥堵情况进行跟踪和处理；泽州收费站未主动向煤焦管理站提出疏导措施建议。

（2）山西省高速公路管理局作为山西省高速公路的行业监管部门和晋城高速公路有限责任公司的上级主管部门，履行高速公路安全运营监管职责不到位，对晋城高速公路有限责任公司交通安全运营工作指导督促不力；应急预案的针对性和可操作性不强；所属信息监控中心在接到拥堵信息后未按规定及时报告领导并作好记录，也未作进一步跟踪处理，安全管理制度不规范、落实不到位。

8. 山西省公安高速交警部门履行道路交通安全监管责任不到位。

（1）山西省公安高速交警三支队八大队未能预判晋济高速公路解除封闭措施后车辆集中驶入高速公路情况，拥堵情况出现后，对事故路段交通巡查、疏导不力，未积极主动协调泽州收费站、煤焦管理站等相关单位采取有效措施疏导车辆。

（2）山西省公安高速交警三支队指导督促八大队开展路面交通巡查、疏导工作不到位，对八大队业务培训教育不到位。

9. 山西省锅炉压力容器监督检验研究院、河南省正拓罐车检测服务有限公司违规出具检验报告。

（1）山西省锅炉压力容器监督检验研究院槽车罐车质量安全检验站为晋 E2932 挂使用罐体出具了"允许使用"的委托检验报告。晋城市福安达物流有限公司晋 E2932 挂使用罐体未安装紧急切断阀，不符合 GB18564.1—2006 标准要求中 5.8 的规定，属于不合格产品，且改变了充装介质。

（2）河南省正拓罐车检测服务有限公司为"豫 H085J"挂使用罐体出具了"允许使用"的年度检验报告。孟州市汽车运输有限责任公司"豫 H085J"挂使用罐体未安装紧急切断阀，且豫 H085J 挂使用罐体壁厚为 4.5mm，不符合 GB18564.1—2006 标准要求。

10. 事故暴露的其他问题。

此次事故中的危险化学品罐式半挂车实际运输介质均与设计充装介质、公告批准、合格证记载的运输介质不相符。按照 GB18564.1—2006 的要求，不同的介质因为化学特性差异，在计算压力、卸料口位置和结构、安全泄放装置的设置要求等方面均存在差异，不按出厂标定介质充装，造成安全隐患。

（三）事故性质

经调查认定，晋济高速公路山西晋城段岩后隧道"3·1"特别重大道路交通危化品燃爆事故是一起生产安全责任事故。

附　录

附录1　危险化学品安全监督管理工作中常见问题及释疑

（一）关于白酒安全生产监管工作有关问题

根据《国家安全监管总局办公厅关于白酒安全生产监管工作有关问题的复函》（安监总厅管四函〔2013〕25号），白酒制造业属于轻工行业安全生产监管工作范畴，白酒制造企业适用《酒厂设计防火规范》（GB50694—2011）等有关标准规程。

（二）关于造纸等工贸企业配套危险化学品生产储存装置安全监管有关问题

根据《国家安全监管总局办公厅关于造纸等工贸企业配套危险化学品生产储存装置安全监管有关问题的复函》（安监总厅管四〔2013〕180号），造纸等工贸企业不是危险化学品生产企业，其内部需要配套建设危险化学品生产装置和储存设施的，根据《危险化学品生产企业安全生产许可证实施办法》（国家安全监管总局令第41号）的规定，无需颁发危险化学品安全生产许可证，可不列为危险化学品生产企业进行监管。鉴于其内部配套建设的危险化学品生产装置和储存设施具有高危性，造纸等工贸企业应从规划、设计、建设、使用等环节，严格按照国家有关危险化学品的法律法规、标准规范要求，做好危险化学品安全生产工作；对于涉及重点监管危险化学品、重点监管危险化工工艺和危险化学品重大危险源的生产装置，要完善自动化控制设施，建立健全监控体系，防止事故发生。

（三）关于具有爆炸危险性危险化学品建设项目界定标准的问题

根据《国家安全监管总局办公厅关于具有爆炸危险性危险化学品建设项目界定标准的复函》（安监总厅管三函〔2014〕5号），危险化学品建设项目所涉及的物料（原料、中间产品、副产品、产品）属于下列情形的：（1）是爆炸品或本身具有爆炸危险性，或者在遇湿、受热、接触明火、受到摩擦、震动撞击时可发生爆炸；（2）在生产过程中具有爆炸危险性，包括可燃气体、可燃液体泄漏后与空气形成爆炸性混合物的情况。该建设项目应当认定为《国家安全监管总局　住房城乡建设部关于进一步加强危险化学品建设项目安全设计管理的通知》（安监总管三〔2013〕76号）第十五条中的"具有爆炸危险性的建设项目"，危险化学品项目设计、评价单位应当对建设项目的爆炸性予以分析，确定是否具有爆炸危险性。对于具有爆炸危险性的建设项目，要严格执行安监总管三〔2013〕76号文件等有关规定。

（四）关于民用爆炸物品重大危险源备案事项有关问题

根据《国家安全监管总局办公厅关于民用爆炸物品重大危险源备案事项的复函》（安监总厅管三函〔2014〕62号），民用爆炸物品从业单位储存民用爆炸物品的数量构成危险化学品重大危险源的，不适用《危险化学品安全管理条例》和《危险化学品重大危险源监督管理暂行规定》（国家安全监管总局令第 40 号）关于报所在地县级安全监管部门备案的规定。民用爆炸物品从业单位应当依据《民用爆炸物品安全管理条例》（国务院令第 466 号）等其他相关法规标准，切实加强民用爆炸物品的安全管理。

（五）关于冶金等工贸行业安全监管工作有关问题

根据《国家安全监管总局办公厅关于冶金等工贸行业安全监管工作有关问题的复函》（安监总厅管四函〔2014〕43 号），冶金等工贸行业企业配套建设危险化学品生产装置和储存设施的新（改、扩）建设项目，其安全设施"三同时"监督管理，按《建设项目安全设施"三同时"监督管理暂行办法》（国家安全监管总局令第 36 号）执行。生产过程中产生的中间产品列入《危险化学品名录》的冶金等工贸企业，在进行相关经营活动时，须办理危险化学品经营许可证。企业应严格按照国家有关危险化学品的法律法规、标准规范要求，做好危险化学品安全生产工作。

（六）关于罐容小于 5 万 m^3 油罐设置超低液位自动联锁停泵措施

油库的建设和运作应根据国家法律法规、标准规范设置自动化控制及安全联锁等安全装置（设施）。如国家有关标准规范对罐容小于 5 万 m^3 油罐未规定设置超低液位自动联锁停泵措施的，在确保安全的前提下可暂时不作为强制要求。

（七）关于危险化学品"一书一签"制度执行过程中有关问题

根据《国家安全监管总局办公厅关于危险化学品"一书一签"制度执行过程中有关问题的复函》（安监总厅管三函〔2014〕47 号），从不同厂家购进危险化学品原料，混装后再分装，如混装过程中组分发生变化，应按照《危险化学品生产企业安全生产许可证实施办法》（国家安全监管总局令第 41 号）相关要求进行管理。其混合后的产品要按照《化学品安全技术说明书内容和项目顺序》（GB/T16483—2008）和《化学品安全标签编写规定》（GB15258—2009）的要求编制"一书一签"；化学品产品包装上安全标签、商品标签和产品合格标签内容混合设计的"三合一"标签，必须符合《化学品安全标签编写规定》（GB15258—2009）和《化学试剂包装及标志》（GB15346—2012）的规定。除产品安全标签另有标准规定的，例如农药、气瓶等，按其标准执行。对于小包装（最小 5ml）的化学试剂，其安全标签也可通过贴于试剂瓶的外包装、缩印或拴挂等方式来实现，只要保证其"一书一签"能够向下游用户传递即可视为符合要求。

（八）关于金属加工等企业建设项目有关问题

根据《国家安全监管总局办公厅关于金属加工等企业建设项目有关问题的复函》（安监总厅管四函〔2014〕188 号），专业从事列入《危险化学品名录》的超细铝粉生产且销售的企业，需要取得危险化学品安全生产许可证，列为危险化学品生产企业进行监管；专业生产氰化金钾的企业，需要取得危险化学品安全生产许可证，列为危险化学品生产企业进行监管；电镀企业内部配套建设氰化金钾生产装置，所生产的氰化金钾不对外销售的，则不需要取得危险化学品安全生产许可证；工贸企业内部配套的危险化学品生产装置和储存设施具有高危性,在规划、设计、建设、使用等环节,应严格按照国家有关法律法规和标准规范要求,做好危险化学品安全生产工作。

(九)关于天然气管道安全设施"三同时"有关问题

从天然气长输管道门站分输至使用企业的天然气是作为燃料,则其天然气管道使用性质属城镇燃气,相关天然气管道应纳入城镇燃气管道管理并由相关部门进行管理;从天然气长输管道门站分输至使用企业的天然气是作为工业原料,则其天然气管道属于使用企业生产装置的配套原材料输送设施,是厂外危险化学品输送管道,应按照危险化学品输送管道纳入使用企业配套设施一并进行管理。

(十)关于天然气终端处理厂有关安全许可和监管问题

根据《国家安全监管总局办公厅关于天然气田终端处理厂有关安全许可和监管问题的复函》(安监总厅函〔2015〕4号),天然气田的岸上处理厂是天然气田的陆岸终端,按照《非煤矿矿山企业安全生产许可证实施办法》(国家安全监管总局令第20号)规定,包含陆岸终端在内的海洋石油独立生产系统应办理非煤矿矿山企业安全生产许可证,涉及多项相关行政许可的非煤矿山、危险化学品、烟花爆竹企业,原则上实行"一企一证",同一个企业颁发一个安全生产许可证,在许可范围中注明相关的许可事项。根据《海洋石油安全生产规定》(国家安全监管总局令第4号)和《海洋石油安全管理细则》(国家安全监管总局令第25号)规定,陆岸终端属于海洋石油生产设施,不属于地方政府安全监管部门监管范畴。

(十一)关于药化企业安全监管有关问题

根据《危险化学品安全管理条例》(国务院令第591号)第九十七条规定,属于危险化学品的药品的安全管理应当适用该条例的规定;法律、行政法规另有规定的,依照其规定。药化生产企业生产的药品属于危险化学品的,应按照《危险化学品生产企业安全生产许可证实施办法》(国家安全监管总局令第41号)的有关规定执行。

(十二)关于汽车加油站建设项目职业卫生"三同时"有关问题

根据《国家安全监管总局办公厅关于汽车加油站建设项目职业卫生"三同时"有关问题的复函》(安监总厅安健函〔2015〕59号),新建、改建和扩建汽车加油站,属于可能产生一般职业病危害的建设项目,建设单位应当按照《中华人民共和国职业病防治法》和《建设项目职业卫生"三同时"监督管理暂行办法》(国家安全监管总局令第51号)等有关规定,向安全监管部门申请职业卫生"三同时"的备案。目前,国家安全监管总局正按国务院统一部署对建设项目职业卫生"三同时"行政许可事项进行改革,在具体办法尚未发布之前,仍按现规定执行。

(十三)关于港口危险化学品安全监督管理的若干问题

根据《交通运输部、国家安全监管总局关于明确港口危险化学品安全监督管理若干问题的通知》(厅水字〔2012〕4号),对有关问题明确如下:

(1)关于港区内危险化学品安全监管。按照部门职责分工,港口行政管理部门根据港口总体规划确定的范围，对港区内危险化学品码头建设项目和储存设施建设项目按照国务院交通运输主管部门的规定进行安全条件审查。港区范围不明确的，其储存设施及仓储作业的安全监管主体和范围由设区的市级港口行政管理部门会同当地规划、安全生产监督管理等部门协商确定（上述职责划分，不涉及海事部门职责）。

在港区内危险化学品生产和使用危险化学品的生产装置及相连储罐部分，由安全生产监督管理部门负责安全监管；仅与危险化学品码头相连的储罐部分，由港口行政管理部门负责安全监管。

（2）关于港区内加油站安全监管。在港区陆上专门为港口企业的装卸设备、非营运车辆服务的加油站，由港口行政管理部门负责安全监管。在港区陆上为社会车辆服务的加油站，由安全生产监督管理部门负责安全监管。

（3）关于港口危险化学品从业人员资格、安全评价机构管理以及生产安全事故调查处理。根据《港口法》和《条例》的规定，鉴于港口危险化学品作业的专业性和危险性，为确保港口安全，切实做好安全管理工作，对从事港口危险化学品装卸管理、申报、集装箱装箱现场检查等业务的人员以及企业主要负责人，由交通运输主管部门负责组织安全培训和资格认定。向港口危险化学品经营人提供安全评价服务的机构和从业人员，应当符合交通运输主管部门的有关要求。

危险化学品港口经营企业发生重大及以下生产安全事故的，根据《生产安全事故报告和调查处理条例》（国务院令第493号），由事故发生地人民政府授权或者委托的部门等单位负责调查处理。

（十四）关于城镇燃气设施建设项目安全设施"三同时"适用法律法规的问题

自2011年3月1日起施行的《城镇燃气管理条例》（国务院令第583号）第二条明确燃气设施保护适用本条例，第五条、第九条、第十一条等对燃气主管部门、燃气发展规划（含燃气设施保护范围、燃气安全保障措施）和燃气设施建设工程竣工验收备案等作出了相应的规定。在此之前，城镇燃气设施建设工程项目的安全管理由有关主管部门按照《城市燃气安全管理规定》（1991年建设部、劳动部、公安部令第10号发布，2011年住房和城乡建设部令第10号废止）和《城市燃气管理办法》（1997年建设部令第62号发布，2011年住房和城乡建设部令第10号废止）等规定执行。

根据《安全生产法》以及《危险化学品安全管理条例》（国务院令第591号）第九十七条等规定，作为燃料使用的城镇燃气不属于安全生产监督管理部门危险化学品安全监管范围，也未纳入安全生产监督管理部门建设项目安全设施"三同时"（安全设施与主体工程同时设计、同时施工、同时投入生产和使用）监督管理范围。

（十五）关于安全资格证书的问题

《国务院关于取消和调整一批行政审批项目等事项的决定》（国发〔2015〕11号）取消危险物品的生产、经营、储存单位主要负责人和安全管理人员安全资格证书认定。根据《国家安全监管总局办公厅关于国务院取消有关安全资格认定后相关工作的复函》（安监总厅宣教函〔2015〕61号），安全监督管理部门不再颁发安全资格证书，各地应及时清理行政许可办事指南、实体办证大厅、网上办证大厅等有关材料清单内容，不再将安全资格证书作为企业申请安全行政许可应提交的材料。

安全行政许可审查是对企业安全生产条件是否符合国家法律法规、标准规范的审查。在国家安全监管总局尚未明确对企业主要负责人和安全生产管理人员安全生产知识和管理能力考核合格的凭证依据之前，各地在安全行政许可过程中对企业主要负责人和安全生产管理人员是否符合《安全生产法》第二十四条规定进行审查时，可以将负有安全生产监督管理职责的主管部门或者依法承接考核的社会组织出具的考核合格证明材料或者录入安全培训考试信息管理系统的回执作为参考依据。评价报告也应对照上述规定，作出是否符合条件的结论性意见，并将相关证明材料作为评价报告的附件。

对主要负责人、安全生产管理人员已取得安全生产监督管理部门颁发危险化学品类安全资格证书（有效期内的）或者注册安全工程师执业资格证书的，可暂视为其安全生产知识和管理能力考核合格，具备与所从事的生产经营活动相应的安全生产知识和管理能力。

（十六）关于危险化学品界定的问题

国家安全监管总局等十部委颁布的《危险化学品目录（2015版）》自2015年5月1日起实施，有关危险化学品界定按如下判别：

（1）关于危险化学品鉴定结论。经过鉴定分类，只要符合确定原则的81类危险性之一，即可得出属于"危险化学品"的结论；如果鉴定及掌握的数据资料没有符合确定原则的依据，可得出"根据现有数据该化学品不符合危险化学品确定原则"。

（2）除混合物之外无含量说明的条目。是指该条目的工业产品或者纯度高于工业产品的化学品，用作农药用途时，是指其原药。

（3）序号2828类属条目。对原纳入《危险化学品名录（2002年版）》中合成树脂、油漆、辅助材料、涂料等含易燃溶剂的品种，暂按其名称标示来判定视为《目录》中序号2828类条目"含易燃溶剂的合成树脂、油漆、辅助材料、涂料等制品［闭杯闪点≤60℃］"。其他制品的名称应参照《危险货物品名表》（GB12268—2012）第4.3条规定，按照适合该物质或物品的名称标示。

（4）柴油［闭杯闪点≤60℃］。暂以0号、-10号、-20号、-35号和-50号柴油来判定视为《目录》中序号1674"柴油［闭杯闪点≤60℃］"。

（5）天然气［富含甲烷的］等气体。暂不考虑物质状态、仅以物质组分来判定视为《目录》中品种，如序号2123"天然气［富含甲烷的］"、序号2661"乙烷"、序号2662"乙烯"等。

（十七）关于《危险化学品目录（2015版）》实施后相关行政许可工作问题

（1）自2015年5月1日起，对列入《目录》的危险化学品，应纳入危险化学品安全监管范畴，实施安全行政许可。以《目录》中品名及附带说明来判定危险化学品，如"乙醇［无水］"；以《目录》中"品名（序号）"格式核定安全许可证许可范围，如"石脑油（1964）"。对序号2828类属条目的，暂按照"含易燃溶剂的合成树脂、油漆、辅助材料、涂料等制品［闭杯闪点≤60℃］（2828，具体品种）"格式核定。对于加油站同时申请许可经营柴油的,许可品种按"柴油[闭杯闪点≤60℃](1674)的格式核定。

(2)对在役的危险化学品生产经营企业初次申请安全生产许可的,应委托具备资质的设计单位,对在役危险化学品建设项目的安全设施设计进行复核;委托具备资质的安全评价机构,对申请安全许可的各项安全条件进行现状评价,并将设计复核报告作为现状安全评价报告附件;参照《危险化学品建设项目安全设施验收工作指引(试行)》(粤安监〔2015〕62号、附件1)组织对在役危险化学品建设项目的安全设施进行验收;验收合格后,按规定申请相关安全生产许可。

(3)对已取得安全许可证的危险化学品生产经营企业,其生产经营品种有新纳入《目录》的,如涉及新增部分的安全生产条件已纳入原申请许可条件评价范围的,可直接书面申请增加许可品种范围变更;否则,应委托具备资质的安全评价机构,对包括原有和新纳入的危险化学品生产经营安全条件进行现状评价,并按规定提出变更申请,变更许可范围。原安全许可证许可范围中的部分品种或全部品种不再列入《目录》的,企业应申请核减部分品种或注销安全许可证。

(4)对已受理安全审查(安全条件审查、安全设施设计审查)的危险化学品建设项目,其危险化学品品种有新增的,建设单位应补充提交危险化学品品种变化说明和新增品种专项评价报告(专篇等);其部分危险化学品品种不再列入《目录》的,建设单位应补充提交危险化学品品种变化说明;不再属于危险化学品建设项目的,应终止安全审查。

对生产经营纳入《危险化学品名录(2002年版)》中合成树脂、油漆、涂料等属于《目录》中序号2828类属条目的企业或不设存储设施的危险化学品经营单位,可直接书面申请许可品种范围变更。

(5)关于危险化学品经营许可证的问题。原来危险化学品经营许可证按《危险化学品名录(2002年版)》中类别发证的,今后应按《目录》品种核发。部分企业经营品种较多如许可证打不下的,可在经营许可证副本打印或增加附表。

对于涉及原列入《剧毒化学品目录(2002版)》的剧毒化学品而在《目录》未列入的危险化学品(如氰化金钾、2,4-二异氰酸酯(TDI)、丙烯腈等),其经营许可发证权限应根据《危险化学品经营许可证管理办法》(国家安全监管总局令第55号)的规定进行相应调整,但对不带储存设施经营的,应严格审查其配送可行性等安全管理条件。

(十八)关于化工医药行业安全监管分类标准的问题

《国民经济行业分类》(GB/T4754—2011)中的第25大类石油加工、炼焦和核燃料加工业(第253中类核燃料加工除外)、第26大类化学原料和化学品制品制造业(第267中类炸药、火工及焰火产品制造除外)、第27大类医药制造业、第28大类化学纤维制造业属于化工、医药行业安全监管范畴。

附录2 危险化学品有关法律法规标准规范目录

一、依据的法律、法规、规章及文件

(1)《中华人民共和国安全生产法》中华人民共和国主席令第13号(2014)
(2)《中华人民共和国特种设备安全法》中华人民共和国主席令第4号(2013)
(3)《中华人民共和国消防法》中华人民共和国主席令第6号(2008)
(4)《中华人民共和国劳动合同法》中华人民共和国主席令第65号(2007)
(5)《危险化学品安全管理条例》国务院令第591号(2011)
(6)《公路安全保护条例》国务院令第593号(2011)
(7)《特种设备安全监察条例》国务院令第549号(2009)
(8)《易制毒化学品安全管理条例》国务院令第445号(2005)
(9)《监控化学品安全管理条例》国务院令第190号(1995)
(10)《国务院关于进一步加强企业安全生产工作的通知》国发〔2010〕23号
(11)《国务院安委会办公室关于进一步加强危险化学品安全生产工作的指导意见》安委办〔2008〕26号
(12)《化工(危险化学品)企业保障生产安全十条规定》国家安全生产监督管理总局令第64号(2013)
(13)《化学品物理危险性鉴定与分类管理办法》国家安全生产监督管理总局令第60号(2013)
(14)《有限空间安全作业五条规定》国家安全生产监督管理总局令第69号(2013)
(15)《工贸企业有限空间作业安全管理与监督暂行规定》国家安全生产监督管理总局令第59号(2013)
(16)《危险化学品登记管理办法》国家安全生产监督管理总局令第53号(2012)
(17)《危险化学品建设项目安全监督管理办法》国家安全生产监督管理总局令第45号(2012)
(18)《危险化学品输送管道安全管理规定》国家安全生产监督管理总局令第43号(2012)
(19)《危险化学品经营许可证管理办法》国家安全生产监督管理总局令第55号(2012)
(20)《危险化学品安全使用许可证实施办法》国家安全生产监督管理总局令第57号(2012)
(21)《危险化学品生产企业安全生产许可证实施办法》国家安全生产监督管理总局令第41号(2011)
(22)《危险化学品重大危险源监督管理暂行规定》国家安全生产监督管理总局令第40

号(2011)

(23)《关于印发〈企业安全生产费用提取和使用管理办法〉的通知》财企〔2012〕16号

(24)《国家安全监管总局办公厅关于国内首次使用化工工艺安全可靠性论证有关问题的复函》安监总厅管三函〔2015〕45号

(25)《危险化学品名录》(2015版)

(26)《危险化学品生产、储存装置个人可接受风险标准和社会可接受风险标准(试行)》2014公告第13号

(27)《关于切实加强城镇地面开挖和地下施工管理保障油气等危险化学品管道安全的紧急通知》安委办明电〔2014〕16号

(28)《国家安全监管总局关于加强化工安全仪表系统管理的指导意见》安监总管三〔2014〕116号

(29)《关于印发光气及光气化产品安全生产管理指南的通知》安监总厅管三〔2014〕104号

(30)《加强化工企业泄漏管理的指导意见》安监总管三〔2014〕94号

(31)《关于在用液体危险货物罐车加装紧急切断装置有关事项的通知》安监总管三〔2014〕74号

(32)《国家安全监管总局关于进一步加强化学品罐区安全管理的通知》安监总管三〔2014〕68号

(33)《关于印发化学品物理危险性鉴定与分类文书的通知》安监总厅管三〔2014〕65号

(34)《关于进一步严格危险化学品和化工企业安全生产监督管理的通知》安监总管三〔2014〕46号

(35)《国家安全监管总局办公厅关于具有爆炸危险性危险化学品建设项目界定标准的复函》安监总厅管三函〔2014〕5号

(36)《国家安全监管总局关于公布第二批重点监管危险化学品名录的通知》安监总管三〔2013〕12号

(37)《国家安全监管总局关于公布第二批重点监管危险化工工艺目录和调整首批重点监管危险化工工艺中部分典型工艺的通知》安监总管三〔2013〕3号

(38)《国家安全监管总局办公厅关于印发危险化学品建设项目安全设施设计专篇编制导则的通知》安监总厅管三〔2013〕39号

(39)《关于进一步加强危险化学品建设项目安全设计管理的通知》安监总管三〔2013〕76号

(40)《危险化学品安全使用许可适用行业目录(2013年版)》

(41)《国家安全监管总局办公厅关于危险化学品经营许可有关事项的通知》安监总厅管三函〔2012〕179号

(42)《关于公布首批重点监管的危险化学品名录的通知》安监总管三〔2011〕95号

(43)《关于印发首批重点监管的危险化学品安全措施和应急处置原则的通知》安监总厅管三〔2011〕142号

(44)《关于印发〈危险化学品从业单位安全生产标准化评审标准〉的通知》安监总管三〔2011〕93号

(45)《关于危险化学品企业贯彻落实〈国务院关于进一步加强企业安全生产工作的通知〉的实施意见》安监总管三〔2010〕186号

(46)《关于公布首批重点监管的危险化工工艺目录的通知》安监总管三〔2009〕116号

(47)《广东省安全生产条例》广东省第十二届人民代表大会常务委员会第四次会议修订(2013)

(48)《广东省安全生产监督管理局关于危险化学品建设项目安全设施验收有关工作的通知》粤安监〔2015〕62号

(49)《广东省安全生产委员会办公室关于加强化工园区安全风险评估和事故(隐患排查治理工作的通知》粤安办〔2015〕34号

(50)关于印发《广东省安全生产监督管理局关于〈危险化学品重大危险源监督管理暂行规定〉的实施细则》的通知 粤安监〔2013〕17号

(51)《关于认真贯彻危险化学品生产企业安全生产许可证实施办法的补充通知》 粤安监〔2012〕56号

(52) 关于印发《广东省安全生产监督管理局关于〈危险化学品建设项目安全监督管理办法〉的实施意见》的通知粤安监〔2012〕62号

(53)《关于加强危险化学品重大危险源备案管理工作的通知》粤安监〔2012〕19号

(54)《关于认真贯彻危险化学品经营许可证管理办法的通知》粤安监〔2012〕129号

(55)《关于印发危险化学品经营许可有关表格的通知》粤安监管三〔2013〕6号

(56)《关于督促危险化学品生产企业按规定要求配备专职安全生产管理人员有关工作的通知》粤安监管三〔2012〕21号

(57)《关于认真做好剧毒化学品相关行政许可事项的通知》粤安监〔2012〕117号

(58)《关于规范危险化学品生产、储存企业作业场所安全标志标识的通知》(粤安监管三〔2011〕50号

(59)《关于认真贯彻危险化学品生产企业安全生产许可证实施办法的通知》粤安监管三〔2011〕44号

(60)《关于进一步做好危险化工工艺自动化控制改造的通知》粤安监〔2010〕274号

其他适用的国家、广东省法律、法规、文件。

二、依据的技术规范、标准

(1)《建筑设计防火规范》GB50016—2014
(2)《爆炸危险环境电力装置设计规范》GB50058—2014

(3)《储罐区防火堤设计规范》GB50351—2014

(4)《化学品生产单位特殊作业安全规范》GB 30871—2014

(5)《石油化工工厂布置设计规范》GB50984—2014

(6)《石油库设计规范》GB50074—2014

(7)《火灾自动报警系统设计规范》GB50116—2013

(8)《工业企业总平面设计规范》GB50187—2012

(9)《化工企业总图运输设计规范》GB50489—2009

(10)《石油化工企业设计防火规范》GB50160—2008

(11)《危险化学品重大危险源辨识》GB18218—2009

(12)《化工企业总图运输设计规范》GB50489—2009

(13)《工业管道的基本识别色、识别符号和安全标识》GB7231—2003

(14)《建筑物防雷设计规范》GB50057—2010

(15)《工业企业设计卫生标准》GBZ 1—2010

(16)《石油化工可燃气体和有毒气体检测报警设计规范》GB 50493—2009

(17)《安全色》GB2893—2008

(18)《安全标志及其使用导则》GB2894—2008

(19)《固定式钢梯及平台安全要求》（第2部分：钢斜梯）GB4053.2—2009

(20)《固定式钢梯及平台安全要求》（第3部分：工业防护栏杆及钢平台）GB4053.3—2009

(21)《工业企业厂内铁路、道路运输安全规程》GB4387—2008

(22)《外壳防护等级（IP 代码）》GB 4208—2008

(23)《建筑物电子信息系统防雷技术规范》GB50343—2004

(24)《生产经营单位生产安全事故应急预案编制导则》GB/T 29639—2013

(25)《危险货物分类和品名编号》GB6944—2012

(26)《危险货物品名表》GB12268—2012

(27)《危险货物包装标志》GB190—2009

(28)《危险货物运输包装类别划分原则》GB/T15098—2008

(29)《危险货物运输包装通用技术条件》GB12463—2009

(30)《易燃易爆性商品储藏养护技术条件》GB17914—2013

(31)《毒害性商品储藏养护技术条件》GB17916—2013

(32)《腐蚀性商品储藏养护技术条件》GB17915—2013

(33)《工作场所有害因素职业接触限值 化学有害因素》GBZ2.1—2007

(34)《工作场所有害因素职业接触限值 物理因素》GBZ2.2—2007

(35)《企业职工伤亡事故分类》GB6441—1986

(36)《危险化学品从业单位安全标准化通用规范》AQ3013—2008

(37)《危险化学品储罐区作业安全通则》AQ3018—2008
(38)《化工建设项目安全设计管理导则》AQ/T 3033—2010
(39)《化工企业工艺安全管理实施导则》AQ/T 3034—2010
(40)《危险化学品重大危险源安全监控通用技术规范》AQ 3035—2010
(41)《危险化学品重大危险源罐区现场安全监控装备设置规范》AQ 3036—2010
(42)《作业场所职业危害基础信息数据》AQ/T 4206—2010
(43)《作业场所职业危害监管信息系统基础数据结构》AQ/T 4207—2010
(44)《有毒作业场所危害程度分级》AQ/T 4208—2010
(45)《化工企业定量风险评价导则》AQ/T3046—2013
(46)《化学品作业场所安全警示标志规范》AQ/T3047—2013
(47)《化工企业劳动防护用品选用及配备》AQ/T3048—2013
(48)《危险与可操作性分析(HAZOP分析)应用导则》AQ/T3049—2013
(49)《喷漆室安全性能检测方法》AQ5215—2013
(50)《涂料与辅料材料使用安全通则》AQ5216—2013
其他适用的国家、行业技术规范、标准。

附录3 危险化学品安全生产法律法规有关罚则摘录

一、《中华人民共和国安全生产法》中华人民共和国主席令第十三号

第六章 法律责任

第八十七条 负有安全生产监督管理职责的部门的工作人员，有下列行为之一的，给予降级或者撤职的处分；构成犯罪的，依照刑法有关规定追究刑事责任：

（一）对不符合法定安全生产条件的涉及安全生产的事项予以批准或者验收通过的；

（二）发现未依法取得批准、验收的单位擅自从事有关活动或者接到举报后不予取缔或者不依法予以处理的；

（三）对已经依法取得批准的单位不履行监督管理职责，发现其不再具备安全生产条件而不撤销原批准或者发现安全生产违法行为不予查处的；

（四）在监督检查中发现重大事故隐患，不依法及时处理的。

负有安全生产监督管理职责的部门的工作人员有前款规定以外的滥用职权、玩忽职守、徇私舞弊行为的，依法给予处分；构成犯罪的，依照刑法有关规定追究刑事责任。

第八十八条 负有安全生产监督管理职责的部门，要求被审查、验收的单位购买其指定的安全设备、器材或者其他产品的，在对安全生产事项的审查、验收中收取费用的，由其上级机关或者监察机关责令改正，责令退还收取的费用；情节严重的，对直接负责的主管人员和其他直接责任人员依法给予处分。

第八十九条 承担安全评价、认证、检测、检验工作的机构，出具虚假证明的，没收违法所得；违法所得在10万元以上的，并处违法所得2倍以上5倍以下的罚款；没有违法所得或者违法所得不足10万元的，单处或者并处10万元以上20万元以下的罚款；对其直接负责的主管人员和其他直接责任人员处2万元以上5万元以下的罚款；给他人造成损害的，与生产经营单位承担连带赔偿责任；构成犯罪的，依照刑法有关规定追究刑事责任。

对有前款违法行为的机构，吊销其相应资质。

第九十条 生产经营单位的决策机构、主要负责人或者个人经营的投资人不依照本法规定保证安全生产所必需的资金投入，致使生产经营单位不具备安全生产条件的，责令限期改正，提供必需的资金；逾期未改正的，责令生产经营单位停产停业整顿。

有前款违法行为，导致发生生产安全事故的，对生产经营单位的主要负责人给予撤职处分，对个人经营的投资人处2万元以上20万元以下的罚款；构成犯罪的，依照刑法有关规定追究刑事责任。

第九十一条 生产经营单位的主要负责人未履行本法规定的安全生产管理职责的，责令限期改正；逾期未改正的，处2万元以上5万元以下的罚款，责令生产经营单位停产停

业整顿。

生产经营单位的主要负责人有前款违法行为，导致发生生产安全事故的，给予撤职处分；构成犯罪的，依照刑法有关规定追究刑事责任。

生产经营单位的主要负责人依照前款规定受刑事处罚或者撤职处分的，自刑罚执行完毕或者受处分之日起，五年内不得担任任何生产经营单位的主要负责人；对重大、特别重大生产安全事故负有责任的，终身不得担任本行业生产经营单位的主要负责人。

第九十二条 生产经营单位的主要负责人未履行本法规定的安全生产管理职责，导致发生生产安全事故的，由安全生产监督管理部门依照下列规定处以罚款：

（一）发生一般事故的，处上一年年收入30%的罚款；

（二）发生较大事故的，处上一年年收入40%的罚款；

（三）发生重大事故的，处上一年年收入60%的罚款；

（四）发生特别重大事故的，处上一年年收入80%的罚款。

第九十三条 生产经营单位的安全生产管理人员未履行本法规定的安全生产管理职责的，责令限期改正；导致发生生产安全事故的，暂停或者撤销其与安全生产有关的资格；构成犯罪的，依照刑法有关规定追究刑事责任。

第九十四条 生产经营单位有下列行为之一的，责令限期改正，可以处5万元以下的罚款；逾期未改正的，责令停产停业整顿，并处5万元以上10万元以下的罚款，对其直接负责的主管人员和其他直接责任人员处1万元以上2万元以下的罚款：

（一）未按照规定设置安全生产管理机构或者配备安全生产管理人员的；

（二）危险物品的生产、经营、储存单位以及矿山、金属冶炼、建筑施工、道路运输单位的主要负责人和安全生产管理人员未按照规定经考核合格的；

（三）未按照规定对从业人员、被派遣劳动者、实习学生进行安全生产教育和培训，或者未按照规定如实告知有关的安全生产事项的；

（四）未如实记录安全生产教育和培训情况的；

（五）未将事故隐患排查治理情况如实记录或者未向从业人员通报的；

（六）未按照规定制定生产安全事故应急救援预案或者未定期组织演练的；

（七）特种作业人员未按照规定经专门的安全作业培训并取得相应资格，上岗作业的。

第九十五条 生产经营单位有下列行为之一的，责令停止建设或者停产停业整顿，限期改正；逾期未改正的，处50万元以上100万元以下的罚款，对其直接负责的主管人员和其他直接责任人员处2万元以上5万元以下的罚款；构成犯罪的，依照刑法有关规定追究刑事责任：

（一）未按照规定对矿山、金属冶炼建设项目或者用于生产、储存、装卸危险物品的建设项目进行安全评价的；

（二）矿山、金属冶炼建设项目或者用于生产、储存、装卸危险物品的建设项目没有安全设施设计或者安全设施设计未按照规定报经有关部门审查同意的；

（三）矿山、金属冶炼建设项目或者用于生产、储存、装卸危险物品的建设项目的施工单位未按照批准的安全设施设计施工的；

（四）矿山、金属冶炼建设项目或者用于生产、储存危险物品的建设项目竣工投入生产或者使用前，安全设施未经验收合格的。

第九十六条 生产经营单位有下列行为之一的，责令限期改正，可以处 5 万元以下的罚款；逾期未改正的，处 5 万元以上 20 万元以下的罚款，对其直接负责的主管人员和其他直接责任人员处 1 万元以上 2 万元以下的罚款；情节严重的，责令停产停业整顿；构成犯罪的，依照刑法有关规定追究刑事责任：

（一）未在有较大危险因素的生产经营场所和有关设施、设备上设置明显的安全警示标志的；

（二）安全设备的安装、使用、检测、改造和报废不符合国家标准或者行业标准的；

（三）未对安全设备进行经常性维护、保养和定期检测的；

（四）未为从业人员提供符合国家标准或者行业标准的劳动防护用品的；

（五）危险物品的容器、运输工具，以及涉及人身安全、危险性较大的海洋石油开采特种设备和矿山井下特种设备未经具有专业资质的机构检测、检验合格，取得安全使用证或者安全标志，投入使用的；

（六）使用应当淘汰的危及生产安全的工艺、设备的。

第九十七条 未经依法批准，擅自生产、经营、运输、储存、使用危险物品或者处置废弃危险物品的，依照有关危险物品安全管理的法律、行政法规的规定予以处罚；构成犯罪的，依照刑法有关规定追究刑事责任。

第九十八条 生产经营单位有下列行为之一的，责令限期改正，可以处 10 万元以下的罚款；逾期未改正的，责令停产停业整顿，并处 10 万元以上 20 万元以下的罚款，对其直接负责的主管人员和其他直接责任人员处 2 万元以上 5 万元以下的罚款；构成犯罪的，依照刑法有关规定追究刑事责任：

（一）生产、经营、运输、储存、使用危险物品或者处置废弃危险物品，未建立专门安全管理制度、未采取可靠的安全措施的；

（二）对重大危险源未登记建档，或者未进行评估、监控，或者未制定应急预案的；

（三）进行爆破、吊装以及国务院安全生产监督管理部门会同国务院有关部门规定的其他危险作业，未安排专门人员进行现场安全管理的；

（四）未建立事故隐患排查治理制度的。

第九十九条 生产经营单位未采取措施消除事故隐患的，责令立即消除或者限期消除；生产经营单位拒不执行的，责令停产停业整顿，并处 10 万元以上 50 万元以下的罚款，对其直接负责的主管人员和其他直接责任人员处 2 万元以上 5 万元以下的罚款。

第一百条 生产经营单位将生产经营项目、场所、设备发包或者出租给不具备安全生产条件或者相应资质的单位或者个人的，责令限期改正，没收违法所得；违法所得 10 万元以上的，并处违法所得 2 倍以上 5 倍以下的罚款；没有违法所得或者违法所得不足 10 万元的，单处或者并处 10 万元以上 20 万元以下的罚款；对其直接负责的主管人员和其他直接责任人员处 1 万元以上 2 万元以下的罚款；导致发生生产安全事故给他人造成损害的，与承包方、承租方承担连带赔偿责任。

生产经营单位未与承包单位、承租单位签订专门的安全生产管理协议或者未在承包合同、租赁合同中明确各自的安全生产管理职责，或者未对承包单位、承租单位的安全生产统一协调、管理的，责令限期改正，可以处 5 万元以下的罚款，对其直接负责的主管人员和其他直接责任人员可以处 1 万元以下的罚款；逾期未改正的，责令停产停业整顿。

第一百零一条 两个以上生产经营单位在同一作业区域内进行可能危及对方安全生产的生产经营活动，未签订安全生产管理协议或者未指定专职安全生产管理人员进行安全检查与协调的，责令限期改正，可以处 5 万元以下的罚款，对其直接负责的主管人员和其他直接责任人员可以处 1 万元以下的罚款；逾期未改正的，责令停产停业。

第一百零二条 生产经营单位有下列行为之一的，责令限期改正，可以处 5 万元以下的罚款，对其直接负责的主管人员和其他直接责任人员可以处 1 万元以下的罚款；逾期未改正的，责令停产停业整顿；构成犯罪的，依照刑法有关规定追究刑事责任：

（一）生产、经营、储存、使用危险物品的车间、商店、仓库与员工宿舍在同一座建筑内，或者与员工宿舍的距离不符合安全要求的；

（二）生产经营场所和员工宿舍未设有符合紧急疏散需要、标志明显、保持畅通的出口，或者锁闭、封堵生产经营场所或者员工宿舍出口的。

第一百零三条 生产经营单位与从业人员订立协议，免除或者减轻其对从业人员因生产安全事故伤亡依法应承担的责任的，该协议无效；对生产经营单位的主要负责人、个人经营的投资人处 2 万元以上 10 万元以下的罚款。

第一百零四条 生产经营单位的从业人员不服从管理，违反安全生产规章制度或者操作规程的，由生产经营单位给予批评教育，依照有关规章制度给予处分；构成犯罪的，依照刑法有关规定追究刑事责任。

第一百零五条 违反本法规定，生产经营单位拒绝、阻碍负有安全生产监督管理职责的部门依法实施监督检查的，责令改正；拒不改正的，处 2 万元以上 20 万元以下的罚款；对其直接负责的主管人员和其他直接责任人员处 1 万元以上 2 万元以下的罚款；构成犯罪的，依照刑法有关规定追究刑事责任。

第一百零六条 生产经营单位的主要负责人在本单位发生生产安全事故时，不立即组织抢救或者在事故调查处理期间擅离职守或者逃匿的，给予降级、撤职的处分，并由安全生产监督管理部门处上一年年收入 60%～100% 的罚款；对逃匿的处 15 日以下拘留；构成犯罪的，依照刑法有关规定追究刑事责任。

生产经营单位的主要负责人对生产安全事故隐瞒不报、谎报或者迟报的，依照前款规定处罚。

第一百零七条 有关地方人民政府、负有安全生产监督管理职责的部门，对生产安全事故隐瞒不报、谎报或者迟报的，对直接负责的主管人员和其他直接责任人员依法给予处分；构成犯罪的，依照刑法有关规定追究刑事责任。

第一百零八条 生产经营单位不具备本法和其他有关法律、行政法规和国家标准或者行业标准规定的安全生产条件，经停产停业整顿仍不具备安全生产条件的，予以关闭；有关部门应当依法吊销其有关证照。

第一百零九条 发生生产安全事故,对负有责任的生产经营单位除要求其依法承担相应的赔偿等责任外,由安全生产监督管理部门依照下列规定处以罚款:

(一)发生一般事故的,处 25 万元以上 50 万元以下的罚款;

(二)发生较大事故的,处 50 万元以上 150 万元以下的罚款;

(三)发生重大事故的,处 100 万元以上 500 万元以下的罚款;

(四)发生特别重大事故的,处 500 万元以上 1000 万元以下的罚款;情节特别严重的,处 1000 万元以上 2000 万元以下的罚款。

第一百一十条 本法规定的行政处罚,由安全生产监督管理部门和其他负有安全生产监督管理职责的部门按照职责分工决定。予以关闭的行政处罚由负有安全生产监督管理职责的部门报请县级以上人民政府按照国务院规定的权限决定;给予拘留的行政处罚由公安机关依照治安管理处罚法的规定决定。

第一百一十一条 生产经营单位发生生产安全事故造成人员伤亡、他人财产损失的,应当依法承担赔偿责任;拒不承担或者其负责人逃匿的,由人民法院依法强制执行。

生产安全事故的责任人未依法承担赔偿责任,经人民法院依法采取执行措施后,仍不能对受害人给予足额赔偿的,应当继续履行赔偿义务;受害人发现责任人有其他财产的,可以随时请求人民法院执行。

二、《危险化学品安全管理条例》中华人民共和国国务院令第591号

第七章 法律责任

第七十五条 生产、经营、使用国家禁止生产、经营、使用的危险化学品的,由安全生产监督管理部门责令停止生产、经营、使用活动,处 20 万元以上 50 万元以下的罚款,有违法所得的,没收违法所得;构成犯罪的,依法追究刑事责任。

有前款规定行为的,安全生产监督管理部门还应当责令其对所生产、经营、使用的危险化学品进行无害化处理。

违反国家关于危险化学品使用的限制性规定使用危险化学品的,依照本条第一款的规定处理。

第七十六条 未经安全条件审查,新建、改建、扩建生产、储存危险化学品的建设项目的,由安全生产监督管理部门责令停止建设,限期改正;逾期不改正的,处 50 万元以上 100 万元以下的罚款;构成犯罪的,依法追究刑事责任。

未经安全条件审查,新建、改建、扩建储存、装卸危险化学品的港口建设项目的,由港口行政管理部门依照前款规定予以处罚。

第七十七条 未依法取得危险化学品安全生产许可证从事危险化学品生产,或者未依法取得工业产品生产许可证从事危险化学品及其包装物、容器生产的,分别依照《安全生产许可证条例》、《中华人民共和国工业产品生产许可证管理条例》的规定处罚。

违反本条例规定，化工企业未取得危险化学品安全使用许可证，使用危险化学品从事生产的，由安全生产监督管理部门责令限期改正，处10万元以上20万元以下的罚款；逾期不改正的，责令停产整顿。

违反本条例规定，未取得危险化学品经营许可证从事危险化学品经营的，由安全生产监督管理部门责令停止经营活动，没收违法经营的危险化学品以及违法所得，并处10万元以上20万元以下的罚款；构成犯罪的，依法追究刑事责任。

第七十八条 有下列情形之一的，由安全生产监督管理部门责令改正，可以处5万元以下的罚款；拒不改正的，处5万元以上10万元以下的罚款；情节严重的，责令停产停业整顿：

（一）生产、储存危险化学品的单位未对其铺设的危险化学品管道设置明显的标志，或者未对危险化学品管道定期检查、检测的；

（二）进行可能危及危险化学品管道安全的施工作业，施工单位未按照规定书面通知管道所属单位，或者未与管道所属单位共同制定应急预案、采取相应的安全防护措施，或者管道所属单位未指派专门人员到现场进行管道安全保护指导的；

（三）危险化学品生产企业未提供化学品安全技术说明书，或者未在包装（包括外包装件）上粘贴、拴挂化学品安全标签的；

（四）危险化学品生产企业提供的化学品安全技术说明书与其生产的危险化学品不相符，或者在包装（包括外包装件）粘贴、拴挂的化学品安全标签与包装内危险化学品不相符，或者化学品安全技术说明书、化学品安全标签所载明的内容不符合国家标准要求的；

（五）危险化学品生产企业发现其生产的危险化学品有新的危险特性不立即公告，或者不及时修订其化学品安全技术说明书和化学品安全标签的；

（六）危险化学品经营企业经营没有化学品安全技术说明书和化学品安全标签的危险化学品的；

（七）危险化学品包装物、容器的材质以及包装的型式、规格、方法和单件质量（重量）与所包装的危险化学品的性质和用途不相适应的；

（八）生产、储存危险化学品的单位未在作业场所和安全设施、设备上设置明显的安全警示标志，或者未在作业场所设置通信、报警装置的；

（九）危险化学品专用仓库未设专人负责管理，或者对储存的剧毒化学品以及储存数量构成重大危险源的其他危险化学品未实行双人收发、双人保管制度的；

（十）储存危险化学品的单位未建立危险化学品出入库核查、登记制度的；

（十一）危险化学品专用仓库未设置明显标志的；

（十二）危险化学品生产企业、进口企业不办理危险化学品登记，或者发现其生产、进口的危险化学品有新的危险特性不办理危险化学品登记内容变更手续的。

从事危险化学品仓储经营的港口经营人有前款规定情形的，由港口行政管理部门依照前款规定予以处罚。储存剧毒化学品、易制爆危险化学品的专用仓库未按照国家有关规定设置相应的技术防范设施的，由公安机关依照前款规定予以处罚。

生产、储存剧毒化学品、易制爆危险化学品的单位未设置治安保卫机构、配备专职治安保卫人员的,依照《企业事业单位内部治安保卫条例》的规定处罚。

第七十九条 危险化学品包装物、容器生产企业销售未经检验或者经检验不合格的危险化学品包装物、容器的,由质量监督检验检疫部门责令改正,处10万元以上20万元以下的罚款,有违法所得的,没收违法所得;拒不改正的,责令停产停业整顿;构成犯罪的,依法追究刑事责任。

将未经检验合格的运输危险化学品的船舶及其配载的容器投入使用的,由海事管理机构依照前款规定予以处罚。

第八十条 生产、储存、使用危险化学品的单位有下列情形之一的,由安全生产监督管理部门责令改正,处5万元以上10万元以下的罚款;拒不改正的,责令停产停业整顿直至由原发证机关吊销其相关许可证件,并由工商行政管理部门责令其办理经营范围变更登记或者吊销其营业执照;有关责任人员构成犯罪的,依法追究刑事责任:

(一)对重复使用的危险化学品包装物、容器,在重复使用前不进行检查的;

(二)未根据其生产、储存的危险化学品的种类和危险特性,在作业场所设置相关安全设施、设备,或者未按照国家标准、行业标准或者国家有关规定对安全设施、设备进行经常性维护、保养的;

(三)未依照本条例规定对其安全生产条件定期进行安全评价的;

(四)未将危险化学品储存在专用仓库内,或者未将剧毒化学品以及储存数量构成重大危险源的其他危险化学品在专用仓库内单独存放的;

(五)危险化学品的储存方式、方法或者储存数量不符合国家标准或者国家有关规定的;

(六)危险化学品专用仓库不符合国家标准、行业标准的要求的;

(七)未对危险化学品专用仓库的安全设施、设备定期进行检测、检验的。

从事危险化学品仓储经营的港口经营人有前款规定情形的,由港口行政管理部门依照前款规定予以处罚。

第八十一条 有下列情形之一的,由公安机关责令改正,可以处1万元以下的罚款;拒不改正的,处1万元以上5万元以下的罚款:

(一)生产、储存、使用剧毒化学品、易制爆危险化学品的单位不如实记录生产、储存、使用的剧毒化学品、易制爆危险化学品的数量、流向的;

(二)生产、储存、使用剧毒化学品、易制爆危险化学品的单位发现剧毒化学品、易制爆危险化学品丢失或者被盗,不立即向公安机关报告的;

(三)储存剧毒化学品的单位未将剧毒化学品的储存数量、储存地点以及管理人员的情况报所在地县级人民政府公安机关备案的;

(四)危险化学品生产企业、经营企业不如实记录剧毒化学品、易制爆危险化学品购买单位的名称、地址、经办人的姓名、身份证号码以及所购买的剧毒化学品、易制爆危险化学品的品种、数量、用途,或者保存销售记录和相关材料的时间少于1年的;

(五)剧毒化学品、易制爆危险化学品的销售企业、购买单位未在规定的时限内将所销售、购买的剧毒化学品、易制爆危险化学品的品种、数量以及流向信息报所在地县级人民政府公安机关备案的；

（六）使用剧毒化学品、易制爆危险化学品的单位依照本条例规定转让其购买的剧毒化学品、易制爆危险化学品，未将有关情况向所在地县级人民政府公安机关报告的。

生产、储存危险化学品的企业或者使用危险化学品从事生产的企业未按照本条例规定将安全评价报告以及整改方案的落实情况报安全生产监督管理部门或者港口行政管理部门备案，或者储存危险化学品的单位未将其剧毒化学品以及储存数量构成重大危险源的其他危险化学品的储存数量、储存地点以及管理人员的情况报安全生产监督管理部门或者港口行政管理部门备案的，分别由安全生产监督管理部门或者港口行政管理部门依照前款规定予以处罚。

生产实施重点环境管理的危险化学品的企业或者使用实施重点环境管理的危险化学品从事生产的企业未按照规定将相关信息向环境保护主管部门报告的，由环境保护主管部门依照本条第一款的规定予以处罚。

第八十二条 生产、储存、使用危险化学品的单位转产、停产、停业或者解散，未采取有效措施及时、妥善处置其危险化学品生产装置、储存设施以及库存的危险化学品，或者丢弃危险化学品的，由安全生产监督管理部门责令改正，处 5 万元以上 10 万元以下的罚款；构成犯罪的，依法追究刑事责任。

生产、储存、使用危险化学品的单位转产、停产、停业或者解散，未依照本条例规定将其危险化学品生产装置、储存设施以及库存危险化学品的处置方案报有关部门备案的，分别由有关部门责令改正，可以处 1 万元以下的罚款；拒不改正的，处 1 万元以上 5 万元以下的罚款。

第八十三条 危险化学品经营企业向未经许可违法从事危险化学品生产、经营活动的企业采购危险化学品的，由工商行政管理部门责令改正，处 10 万元以上 20 万元以下的罚款；拒不改正的，责令停业整顿直至由原发证机关吊销其危险化学品经营许可证，并由工商行政管理部门责令其办理经营范围变更登记或者吊销其营业执照。

第八十四条 危险化学品生产企业、经营企业有下列情形之一的，由安全生产监督管理部门责令改正，没收违法所得，并处 10 万元以上 20 万元以下的罚款；拒不改正的，责令停产停业整顿直至吊销其危险化学品安全生产许可证、危险化学品经营许可证，并由工商行政管理部门责令其办理经营范围变更登记或者吊销其营业执照：

（一）向不具有本条例第三十八条第一款、第二款规定的相关许可证件或者证明文件的单位销售剧毒化学品、易制爆危险化学品的；

（二）不按照剧毒化学品购买许可证载明的品种、数量销售剧毒化学品的；

（三）向个人销售剧毒化学品（属于剧毒化学品的农药除外）、易制爆危险化学品的。

不具有本条例第三十八条第一款、第二款规定的相关许可证件或者证明文件的单位购买剧毒化学品、易制爆危险化学品，或者个人购买剧毒化学品（属于剧毒化学品的农药除外）、易制爆危险化学品的，由公安机关没收所购买的剧毒化学品、易制爆危险化学品，可以并处 5000 元以下的罚款。

使用剧毒化学品、易制爆危险化学品的单位出借或者向不具有本条例第三十八条第一款、第二款规定的相关许可证件的单位转让其购买的剧毒化学品、易制爆危险化学品，或者向个人转让其购买的剧毒化学品（属于剧毒化学品的农药除外）、易制爆危险化学品的，由公安机关责令改正，处10万元以上20万元以下的罚款；拒不改正的，责令停产停业整顿。

第八十五条　未依法取得危险货物道路运输许可、危险货物水路运输许可，从事危险化学品道路运输、水路运输的，分别依照有关道路运输、水路运输的法律、行政法规的规定处罚。

第八十六条　有下列情形之一的，由交通运输主管部门责令改正，处5万元以上10万元以下的罚款；拒不改正的，责令停产停业整顿；构成犯罪的，依法追究刑事责任：

（一）危险化学品道路运输企业、水路运输企业的驾驶人员、船员、装卸管理人员、押运人员、申报人员、集装箱装箱现场检查员未取得从业资格上岗作业的；

（二）运输危险化学品，未根据危险化学品的危险特性采取相应的安全防护措施，或者未配备必要的防护用品和应急救援器材的；

（三）使用未依法取得危险货物适装证书的船舶，通过内河运输危险化学品的；

（四）通过内河运输危险化学品的承运人违反国务院交通运输主管部门对单船运输的危险化学品数量的限制性规定运输危险化学品的；

（五）用于危险化学品运输作业的内河码头、泊位不符合国家有关安全规范，或者未与饮用水取水口保持国家规定的安全距离，或者未经交通运输主管部门验收合格投入使用的；

（六）托运人不向承运人说明所托运的危险化学品的种类、数量、危险特性以及发生危险情况的应急处置措施，或者未按照国家有关规定对所托运的危险化学品妥善包装并在外包装上设置相应标志的；

（七）运输危险化学品需要添加抑制剂或者稳定剂，托运人未添加或者未将有关情况告知承运人的。

第八十七条　有下列情形之一的，由交通运输主管部门责令改正，处10万元以上20万元以下的罚款，有违法所得的，没收违法所得；拒不改正的，责令停产停业整顿；构成犯罪的，依法追究刑事责任：

（一）委托未依法取得危险货物道路运输许可、危险货物水路运输许可的企业承运危险化学品的；

（二）通过内河封闭水域运输剧毒化学品以及国家规定禁止通过内河运输的其他危险化学品的；

（三）通过内河运输国家规定禁止通过内河运输的剧毒化学品以及其他危险化学品的；

（四）在托运的普通货物中夹带危险化学品，或者将危险化学品谎报或者匿报为普通货物托运的。

在邮件、快件内夹带危险化学品，或者将危险化学品谎报为普通物品交寄的，依法给予治安管理处罚；构成犯罪的，依法追究刑事责任。

邮政企业、快递企业收寄危险化学品的，依照《中华人民共和国邮政法》的规定处罚。

第八十八条 有下列情形之一的，由公安机关责令改正，处5万元以上10万元以下的罚款；构成违反治安管理行为的，依法给予治安管理处罚；构成犯罪的，依法追究刑事责任：

（一）超过运输车辆的核定载质量装载危险化学品的；

（二）使用安全技术条件不符合国家标准要求的车辆运输危险化学品的；

（三）运输危险化学品的车辆未经公安机关批准进入危险化学品运输车辆限制通行的区域的；

（四）未取得剧毒化学品道路运输通行证，通过道路运输剧毒化学品的。

第八十九条 有下列情形之一的，由公安机关责令改正，处1万元以上5万元以下的罚款；构成违反治安管理行为的，依法给予治安管理处罚：

（一）危险化学品运输车辆未悬挂或者喷涂警示标志，或者悬挂或者喷涂的警示标志不符合国家标准要求的；

（二）通过道路运输危险化学品，不配备押运人员的；

（三）运输剧毒化学品或者易制爆危险化学品途中需要较长时间停车，驾驶人员、押运人员不向当地公安机关报告的；

（四）剧毒化学品、易制爆危险化学品在道路运输途中丢失、被盗、被抢或者发生流散、泄露等情况，驾驶人员、押运人员不采取必要的警示措施和安全措施，或者不向当地公安机关报告的。

第九十条 对发生交通事故负有全部责任或者主要责任的危险化学品道路运输企业，由公安机关责令消除安全隐患，未消除安全隐患的危险化学品运输车辆，禁止上道路行驶。

第九十一条 有下列情形之一的，由交通运输主管部门责令改正，可以处1万元以下的罚款；拒不改正的，处1万元以上5万元以下的罚款：

（一）危险化学品道路运输企业、水路运输企业未配备专职安全管理人员的；

（二）用于危险化学品运输作业的内河码头、泊位的管理单位未制定码头、泊位危险化学品事故应急救援预案，或者未为码头、泊位配备充足、有效的应急救援器材和设备的。

第九十二条 有下列情形之一的，依照《中华人民共和国内河交通安全管理条例》的规定处罚：

（一）通过内河运输危险化学品的水路运输企业未制定运输船舶危险化学品事故应急救援预案，或者未为运输船舶配备充足、有效的应急救援器材和设备的；

（二）通过内河运输危险化学品的船舶的所有人或者经营人未取得船舶污染损害责任保险证书或者财务担保证明的；

（三）船舶载运危险化学品进出内河港口，未将有关事项事先报告海事管理机构并经其同意的；

（四）载运危险化学品的船舶在内河航行、装卸或者停泊，未悬挂专用的警示标志，或者未按照规定显示专用信号，或者未按照规定申请引航的。

未向港口行政管理部门报告并经其同意，在港口内进行危险化学品的装卸、过驳作业的，依照《中华人民共和国港口法》的规定处罚。

第九十三条 伪造、变造或者出租、出借、转让危险化学品安全生产许可证、工业产品生产许可证，或者使用伪造、变造的危险化学品安全生产许可证、工业产品生产许可证的，分别依照《安全生产许可证条例》、《中华人民共和国工业产品生产许可证管理条例》的规定处罚。

伪造、变造或者出租、出借、转让本条例规定的其他许可证，或者使用伪造、变造的本条例规定的其他许可证的，分别由相关许可证的颁发管理机关处 10 万元以上 20 万元以下的罚款，有违法所得的，没收违法所得；构成违反治安管理行为的，依法给予治安管理处罚；构成犯罪的，依法追究刑事责任。

第九十四条 危险化学品单位发生危险化学品事故，其主要负责人不立即组织救援或者不立即向有关部门报告的，依照《生产安全事故报告和调查处理条例》的规定处罚。

危险化学品单位发生危险化学品事故，造成他人人身伤害或者财产损失的，依法承担赔偿责任。

第九十五条 发生危险化学品事故，有关地方人民政府及其有关部门不立即组织实施救援，或者不采取必要的应急处置措施减少事故损失，防止事故蔓延、扩大的，对直接负责的主管人员和其他直接责任人员依法给予处分；构成犯罪的，依法追究刑事责任。

第九十六条 负有危险化学品安全监督管理职责的部门的工作人员，在危险化学品安全监督管理工作中滥用职权、玩忽职守、徇私舞弊，构成犯罪的，依法追究刑事责任；尚不构成犯罪的，依法给予处分。

三、《危险化学品建设项目安全监督管理办法》国家安全生产监督管理总局令第 45 号

第七章 法律责任

第四十条 安全生产监督管理部门工作人员徇私舞弊、滥用职权、玩忽职守，未依法履行危险化学品建设项目安全审查和监督管理职责的，依法给予处分。

第四十一条 未经安全条件审查或者安全条件审查未通过，新建、改建、扩建生产、储存危险化学品的建设项目的，责令停止建设，限期改正；逾期不改正的，处 50 万元以上 100 万元以下的罚款；构成犯罪的，依法追究刑事责任。

建设项目发生本办法第十五条规定的变化后，未重新申请安全条件审查，以及审查未通过擅自建设的，依照前款规定处罚。

第四十二条 建设单位有下列行为之一的，依照《中华人民共和国安全生产法》有关建设项目安全设施设计审查、竣工验收的法律责任条款给予处罚：

（一）建设项目安全设施设计未经审查或者审查未通过，擅自建设的；

（二）建设项目安全设施设计发生本办法第二十一条规定的情形之一，未经变更设计审查或者变更设计审查未通过，擅自建设的；

（三）建设项目的施工单位未根据批准的安全设施设计施工的；

（四）建设项目安全设施未经竣工验收或者验收不合格，擅自投入生产（使用）的。

第四十三条 建设单位有下列行为之一的，责令改正，可以处1万元以下的罚款；逾期未改正的，处1万元以上3万元以下的罚款：

(一)建设项目安全设施竣工后未进行检验、检测的；

(二)在申请建设项目安全审查时提供虚假文件、资料的；

(三)未组织有关单位和专家研究提出试生产(使用)可能出现的安全问题及对策，或者未制定周密的试生产(使用)方案，进行试生产(使用)的；

(四)未组织有关专家对试生产(使用)方案进行审查、对试生产(使用)条件进行检查确认的；

(五)试生产(使用)方案未报安全生产监督管理部门备案的。

第四十四条 建设单位隐瞒有关情况或者提供虚假材料申请建设项目安全审查的，不予受理或者审查不予通过，给予警告，并自安全生产监督管理部门发现之日起一年内不得再次申请该审查。

建设单位采用欺骗、贿赂等不正当手段取得建设项目安全审查的，自安全生产监督管理部门撤销建设项目安全审查之日起三年内不得再次申请该审查。

第四十五条 承担安全评价、检验、检测工作的机构出具虚假报告、证明的，依照《中华人民共和国安全生产法》的有关规定给予处罚。

四、《危险化学品生产企业安全生产许可证实施办法》国家安全生产监督管理总局令第41号

第六章 法律责任

第四十二条 实施机关工作人员有下列行为之一的，给予降级或者撤职的处分；构成犯罪的，依法追究刑事责任：

(一)向不符合本办法第二章规定的安全生产条件的企业颁发安全生产许可证的；

(二)发现企业未依法取得安全生产许可证擅自从事危险化学品生产活动，不依法处理的；

(三)发现取得安全生产许可证的企业不再具备本办法第二章规定的安全生产条件，不依法处理的；

(四)接到对违反本办法规定行为的举报后，不及时依法处理的；

(五)在安全生产许可证颁发和监督管理工作中，索取或者接受企业的财物，或者谋取其他非法利益的。

第四十三条 企业取得安全生产许可证后发现其不具备本办法规定的安全生产条件的，依法暂扣其安全生产许可证1个月以上6个月以下；暂扣期满仍不具备本办法规定的安全生产条件的，依法吊销其安全生产许可证。

第四十四条 企业出租、出借或者以其他形式转让安全生产许可证的，没收违法所得，处10万元以上50万元以下的罚款，并吊销安全生产许可证；构成犯罪的，依法追究刑事责任。

第四十五条 企业有下列情形之一的，责令停止生产危险化学品，没收违法所得，并

处 10 万元以上 50 万元以下的罚款；构成犯罪的，依法追究刑事责任：

（一）未取得安全生产许可证，擅自进行危险化学品生产的；

（二）接受转让的安全生产许可证的；

（三）冒用或者使用伪造的安全生产许可证的。

第四十六条 企业在安全生产许可证有效期届满未办理延期手续，继续进行生产的，责令停止生产，限期补办延期手续，没收违法所得，并处 5 万元以上 10 万元以下的罚款；逾期仍不办理延期手续，继续进行生产的，依照本办法第四十五条的规定进行处罚。

第四十七条 企业在安全生产许可证有效期内主要负责人、企业名称、注册地址、隶属关系发生变更或者新增产品、改变工艺技术对企业安全生产产生重大影响，未按照本办法第三十条规定的时限提出安全生产许可证变更申请的，责令限期申请，处 1 万元以上 3 万元以下的罚款。

第四十八条 企业在安全生产许可证有效期内，其危险化学品建设项目安全设施竣工验收合格后，未按照本办法第三十二条规定的时限提出安全生产许可证变更申请并且擅自投入运行的，责令停止生产，限期申请，没收违法所得，并处 1 万元以上 3 万元以下的罚款。

第四十九条 发现企业隐瞒有关情况或者提供虚假材料申请安全生产许可证的，实施机关不予受理或者不予颁发安全生产许可证，并给予警告，该企业在 1 年内不得再次申请安全生产许可证。

企业以欺骗、贿赂等不正当手段取得安全生产许可证的，自实施机关撤销其安全生产许可证之日起 3 年内，该企业不得再次申请安全生产许可证。

第五十条 安全评价机构有下列情形之一的，给予警告，并处 1 万元以下的罚款；情节严重的，暂停资质半年，并处 1 万元以上 3 万元以下的罚款；对相关责任人依法给予处理：

（一）从业人员不到现场开展安全评价活动的；

（二）安全评价报告与实际情况不符，或者安全评价报告存在重大疏漏，但尚未造成重大损失的；

（三）未按照有关法律、法规、规章和国家标准或者行业标准的规定从事安全评价活动的。

第五十一条 承担安全评价、检测、检验的机构出具虚假报告和证明，构成犯罪的，依照刑法有关规定追究刑事责任；尚不构成刑事处罚的，没收违法所得，违法所得在 5 千元以上的，并处违法所得 2 倍以上 5 倍以下的罚款，没有违法所得或者违法所得不足 5 千元的，单处或者并处 5 千元以上 2 万元以下的罚款，对其直接负责的主管人员和其他直接责任人员处 5 千元以上 5 万元以下的罚款；给他人造成损害的，与企业承担连带赔偿责任。

对有本条第一款违法行为的机构，依法撤销其相应资格；该机构取得的资质由其他部门颁发的，将其违法行为通报相关部门。

第五十二条 本办法规定的行政处罚，由国家安全生产监督管理总局、省级安全生产监督管理部门决定。省级安全生产监督管理部门可以委托设区的市级或者县级安全生产监督管理部门实施。

五、《危险化学品输送管道安全管理规定》国家安全生产监督管理总局令第43号

第六章 法律责任

第三十三条 新建、改建、扩建危险化学品管道建设项目未经安全条件审查的,由安全生产监督管理部门责令停止建设,限期改正;逾期不改正的,处50万元以上100万元以下的罚款;构成犯罪的,依法追究刑事责任。

危险化学品管道建设单位将管道建设项目发包给不具备相应资质等级的勘察、设计、施工单位或者委托给不具有相应资质等级的工程监理单位的,由安全生产监督管理部门移送建设行政主管部门依照《建设工程质量管理条例》第五十四条规定予以处罚。

第三十四条 有下列情形之一的,由安全生产监督管理部门责令改正,可以处5万元以下的罚款;拒不改正的,处5万元以上10万元以下的罚款;情节严重的,责令停产停业整顿。

(一)管道单位未对危险化学品管道设置明显标志或者未按照本规定对管道进行检测、维护的;

(二)进行可能危及危险化学品管道安全的施工作业,施工单位未按照规定书面通知管道单位,或者未与管道单位共同制定应急预案并采取相应的防护措施,或者管道单位未指派专人到现场进行管道安全保护指导的。

第三十五条 对转产、停产、停止使用的危险化学品管道,管道单位未采取有效措施及时、妥善处置的,由安全生产监督管理部门责令改正,处5万元以上10万元以下的罚款;构成犯罪的,依法追究刑事责任。

对转产、停产、停止使用的危险化学品管道,管道单位未按照本规定将处置方案报县级以上安全生产监督管理部门的,由安全生产监督管理部门责令改正,可以处1万元以下的罚款;拒不改正的,处1万元以上5万元以下的罚款。

第三十六条 违反本规定,采用移动、切割、打孔、砸撬、拆卸等手段实施危害危险化学品管道安全行为,尚不构成犯罪的,由有关主管部门依法给予治安管理处罚。

六、《危险化学品登记管理办法》国家安全生产监督管理总局令第53号

第六章 法律责任

第二十八条 登记机构的登记人员违规操作、弄虚作假、滥发证书,在规定限期内无故不予登记且无明确答复,或者泄露登记企业商业秘密的,责令改正,并追究有关责任人员的责任。

第二十九条 登记企业不办理危险化学品登记,登记品种发生变化或者发现其生产、进口的危险化学品有新的危险特性不办理危险化学品登记内容变更手续的,责令改正,可

以处 5 万元以下的罚款；拒不改正的，处 5 万元以上 10 万元以下的罚款；情节严重的，责令停产停业整顿。

第三十条　登记企业有下列行为之一的，责令改正，可以处 3 万元以下的罚款：

（一）未向用户提供应急咨询服务或者应急咨询服务不符合本办法第二十二条规定的；

（二）在危险化学品登记证有效期内企业名称、注册地址、应急咨询服务电话发生变化，未按规定按时办理危险化学品登记变更手续的；

（三）危险化学品登记证有效期满后，未按规定申请复核换证，继续进行生产或者进口的；

（四）转让、冒用或者使用伪造的危险化学品登记证，或者不如实填报登记内容、提交有关材料的。

（五）拒绝、阻挠登记机构对本企业危险化学品登记情况进行现场核查的。

七、《危险化学品经营许可证管理办法》国家安全生产监督管理总局令第 55 号

第五章　法律责任

第二十九条　未取得经营许可证从事危险化学品经营的，依照《中华人民共和国安全生产法》有关未经依法批准擅自生产、经营、储存危险物品的法律责任条款并处罚款；构成犯罪的，依法追究刑事责任。

企业在经营许可证有效期届满后，仍然从事危险化学品经营的，依照前款规定给予处罚。

第三十条　带有储存设施的企业违反《危险化学品安全管理条例》规定，有下列情形之一的，责令改正，处 5 万元以上 10 万元以下的罚款；拒不改正的，责令停产停业整顿；经停产停业整顿仍不具备法律、法规、规章、国家标准和行业标准规定的安全生产条件的，吊销其经营许可证：

（一）对重复使用的危险化学品包装物、容器，在重复使用前不进行检查的；

（二）未根据其储存的危险化学品的种类和危险特性，在作业场所设置相关安全设施、设备，或者未按照国家标准、行业标准或者国家有关规定对安全设施、设备进行经常性维护、保养的；

（三）未将危险化学品储存在专用仓库内，或者未将剧毒化学品以及储存数量构成重大危险源的其他危险化学品在专用仓库内单独存放的；

（四）未对其安全生产条件定期进行安全评价的；

（五）危险化学品的储存方式、方法或者储存数量不符合国家标准或者国家有关规定的；

（六）危险化学品专用仓库不符合国家标准、行业标准的要求的；

（七）未对危险化学品专用仓库的安全设施、设备定期进行检测、检验的。

第三十一条　伪造、变造或者出租、出借、转让经营许可证，或者使用伪造、变造的经营许可证的，处 10 万元以上 20 万元以下的罚款，有违法所得的，没收违法所得；构成违反治安管理行为的，依法给予治安管理处罚；构成犯罪的，依法追究刑事责任。

第三十二条 已经取得经营许可证的企业不再具备法律、法规和本办法规定的安全生产条件的,责令改正;逾期不改正的,责令停产停业整顿;经停产停业整顿仍不具备法律、法规、规章、国家标准和行业标准规定的安全生产条件的,吊销其经营许可证。

第三十三条 已经取得经营许可证的企业出现本办法第十四条、第十六条规定的情形之一,未依照本办法的规定申请变更的,责令限期改正,处1万元以下的罚款;逾期仍不申请变更的,处1万元以上3万元以下的罚款。

第三十四条 安全生产监督管理部门的工作人员徇私舞弊、滥用职权、弄虚作假、玩忽职守,未依法履行危险化学品经营许可证审批、颁发和监督管理职责的,依照有关规定给予处分。

第三十五条 承担安全评价的机构和安全评价人员出具虚假评价报告的,依照有关法律、法规、规章的规定给予行政处罚;构成犯罪的,依法追究刑事责任。

第三十六条 本办法规定的行政处罚,由安全生产监督管理部门决定。其中,本办法第三十一条规定的行政处罚和第三十条、第三十二条规定的吊销经营许可证的行政处罚,由发证机关决定。

八、《生产经营单位安全培训规定》国家安全生产监督管理总局令第63号

第六章 罚则

第二十七条 生产经营单位有下列行为之一的,由安全生产监管监察部门责令其限期改正,并处2万元以下的罚款:

(一)未将安全培训工作纳入本单位工作计划并保证安全培训工作所需资金的;

(二)未建立健全从业人员安全培训档案的;

(三)从业人员进行安全培训期间未支付工资并承担安全培训费用的。

第二十八条 生产经营单位有下列行为之一的,由安全生产监管监察部门责令其限期改正;逾期未改正的,责令停产停业整顿,并处2万元以下的罚款:

(一)煤矿、非煤矿山、危险化学品、烟花爆竹等生产经营单位主要负责人和安全管理人员未按本规定经考核合格的;

(二)非煤矿山、危险化学品、烟花爆竹等生产经营单位未按照本规定对其他从业人员进行安全培训的;

(三)非煤矿山、危险化学品、烟花爆竹等生产经营单位未如实告知从业人员有关安全生产事项的;

(四)生产经营单位特种作业人员未按照规定经专门的安全技术培训并取得特种作业人员操作资格证书,上岗作业的。

县级以上地方人民政府负责煤矿安全生产监督管理的部门发现煤矿未按照本规定对井下作业人员进行安全培训的,责令限期改正,处10万元以上50万元以下的罚款;逾期未改正的,责令停产停业整顿。

煤矿安全监察机构发现煤矿特种作业人员无证上岗作业的,责令限期改正,处10万

元以上50万元以下的罚款；逾期未改正的，责令停产停业整顿。

第二十九条 生产经营单位有下列行为之一的，由安全生产监管监察部门给予警告，吊销安全资格证书，并处3万元以下的罚款：

（一）编造安全培训记录、档案的；

（二）骗取安全资格证书的。

第三十条 安全生产监管监察部门有关人员在考核、发证工作中玩忽职守、滥用职权的，由上级安全生产监管监察部门或者行政监察部门给予记过、记大过的行政处分。

九、《安全生产事故隐患排查治理暂行规定》国家安全生产监督管理总局令第16号

第四章 罚 则

第二十五条 生产经营单位及其主要负责人未履行事故隐患排查治理职责，导致发生生产安全事故的，依法给予行政处罚。

第二十六条 生产经营单位违反本规定，有下列行为之一的，由安全监管监察部门给予警告，并处3万元以下的罚款：

（一）未建立安全生产事故隐患排查治理等各项制度的；

（二）未按规定上报事故隐患排查治理统计分析表的；

（三）未制定事故隐患治理方案的；

（四）重大事故隐患不报或者未及时报告的；

（五）未对事故隐患进行排查治理擅自生产经营的；

（六）整改不合格或者未经安全监管监察部门审查同意擅自恢复生产经营的。

第二十七条 承担检测检验、安全评价的中介机构，出具虚假评价证明，尚不够刑事处罚的，没收违法所得，违法所得在5千元以上的，并处违法所得2倍以上5倍以下的罚款，没有违法所得或者违法所得不足5千元的，单处或者并处5千元以上2万元以下的罚款，同时可对其直接负责的主管人员和其他直接责任人员处5千元以上5万元以下的罚款；给他人造成损害的，与生产经营单位承担连带赔偿责任。

对有前款违法行为的机构，撤销其相应的资质。

第二十八条 生产经营单位事故隐患排查治理过程中违反有关安全生产法律、法规、规章、标准和规程规定的，依法给予行政处罚。

第二十九条 安全监管监察部门的工作人员未依法履行职责的，按照有关规定处理。

十、《危险化学品重大危险源监督管理暂行规定》国家安全生产监督管理总局令第40号

第五章 法律责任

第三十二条 危险化学品单位有下列行为之一的，由县级以上人民政府安全生产监督

管理部门责令限期改正；逾期未改正的，责令停产停业整顿，可以并处 2 万元以上 10 万元以下的罚款：

（一）未按照本规定要求对重大危险源进行安全评估或者安全评价的；
（二）未按照本规定要求对重大危险源进行登记建档的；
（三）未按照本规定及相关标准要求对重大危险源进行安全监测监控的；
（四）未制定重大危险源事故应急预案的。

第三十三条 危险化学品单位有下列行为之一的，由县级以上人民政府安全生产监督管理部门责令限期改正；逾期未改正的，责令停产停业整顿，并处 5 万元以下的罚款：

（一）未在构成重大危险源的场所设置明显的安全警示标志的；
（二）未对重大危险源中的设备、设施等进行定期检测、检验的。

第三十四条 危险化学品单位有下列情形之一的，由县级以上人民政府安全生产监督管理部门给予警告，可以并处 5000 元以上 3 万元以下的罚款：

（一）未按照标准对重大危险源进行辨识的；
（二）未按照本规定明确重大危险源中关键装置、重点部位的责任人或者责任机构的；
（三）未按照本规定建立应急救援组织或者配备应急救援人员，以及配备必要的防护装备及器材、设备、物资，并保障其完好的；
（四）未按照本规定进行重大危险源备案或者核销的；
（五）未将重大危险源可能引发的事故后果、应急措施等信息告知可能受影响的单位、区域及人员的；
（六）未按照本规定要求开展重大危险源事故应急预案演练的；
（七）未按照本规定对重大危险源的安全生产状况进行定期检查，采取措施消除事故隐患的。

第三十五条 承担检测、检验、安全评价工作的机构，出具虚假证明，构成犯罪的，依照刑法有关规定追究刑事责任；尚不构成刑事处罚的，由县级以上人民政府安全生产监督管理部门没收违法所得；违法所得在 5000 元以上的，并处违法所得 2 倍以上 5 倍以下的罚款；没有违法所得或者违法所得不足 5000 元的，单处或者并处 5000 元以上 2 万元以下的罚款；同时可对其直接负责的主管人员和其他直接责任人员处 5000 元以上 5 万元以下的罚款；给他人造成损害的，与危险化学品单位承担连带赔偿责任。

对有前款违法行为的机构，撤销其相应资格。

附录4　名词术语解释

(1)危险化学品，是指具有毒害、腐蚀、爆炸、燃烧、助燃等性质，对人体、设施、环境具有危害的剧毒化学品和其他化学品。

危险化学品目录，由国务院安全生产监督管理部门会同国务院工业和信息化、公安、环境保护、卫生、质量监督检验检疫、交通运输、铁路、民用航空、农业主管部门，根据化学品危险特性的鉴别和分类标准确定、公布，并适时调整。

(2)危险化学品生产企业，是指依法设立且取得工商营业执照或者工商核准文件从事生产最终产品或者中间产品列入《危险化学品目录》的企业。

(3)安全生产事故隐患（以下简称事故隐患），是指生产经营单位违反安全生产法律、法规、规章、标准、规程和安全生产管理制度的规定，或者因其他因素在生产经营活动中存在可能导致事故发生的物的危险状态、人的不安全行为和管理上的缺陷。

(4)建设项目安全设施，是指生产经营单位在生产经营活动中用于预防生产安全事故的设备、设施、装置、构（建）筑物和其他技术措施的总称。

(5)危险化学品建设项目，是指中华人民共和国境内新建、改建、扩建危险化学品生产、储存的建设项目以及伴有危险化学品产生的化工建设项目（包括危险化学品长输管道建设项目）。

(6)危险化学品重大危险源，是指按照《危险化学品重大危险源辨识》（GB18218）标准辨识确定，生产、储存、使用或者搬运危险化学品的数量等于或者超过临界量的单元（包括场所和设施）

附录5 化工危化常用网址

（1）国家安全生产监督管理总局 http：//www.chinasafety.gov.cn/newpage/
（2）中国化学品安全协会 http：//www.chemicalsafety.org.cn/
（3）中国石油和化学工业联合会 http：//www.cpcia.org.cn/
（4）中国安全生产科学研究院 http：//www.chinasafety.ac.cn/
（5）广东省安全生产监督管理局 http：//www.gdsafety.gov.cn/
（6）广东省安全生产技术中心 http：//www.gtcws.com/
（7）中国化工网 http：//cheman.chemnet.com/dict/msds.html
（8）工业信息化部——全球化学品统一分类和标签制度 http：//ghschina.miit.gov.cn/n11293472/n11293877/n14505342/index.html 及其链接的国际相关组织